羊依军 李江

Excel

图表 应用

高级卷 大全

北京大学出版社
PEKING UNIVERSITY PRESS

内 容 提 要

本书以服务零基础读者为宗旨，在《Excel图表应用大全（基础卷）》的基础上，讲解了使用函数、切片器、窗体控件、VBA编程、PowerBI等多种方法制作动态图表，以及使用"九步法"创建数据可视化分析系统。本书融合了"大咖"们多年积累的Excel动态图表设计经验和高级技巧，并用大量实际工作案例去引导读者学习，帮助读者打破固化思维，成为制作数据分析报告图表的高手。

本书既适合Excel初学者使用，也适合有一定Excel图表基础并想快速提升Excel图表制作技能的读者使用，还适合作为计算机办公培训班的高级版教材使用。

图书在版编目（CIP）数据

Excel图表应用大全. 高级卷 / 羊依军，李江江，陈红友编著. — 北京：北京大学出版社，2020.11
ISBN 978-7-301-31653-5

Ⅰ. ①E… Ⅱ. ①羊… ②李… ③陈… Ⅲ. ①表处理软件 Ⅳ. ①TP391.13

中国版本图书馆CIP数据核字(2020)第182657号

书　　　名	Excel 图表应用大全（高级卷）	
	Excel TUBIAO YINGYONG DAQUAN（GAOJI JUAN）	
著作责任者	羊依军 李江江 陈红友 编著	
责 任 编 辑	张云静 刘云	
标 准 书 号	ISBN 978-7-301-31653-5	
出 版 发 行	北京大学出版社	
地　　　址	北京市海淀区成府路 205 号 100871	
网　　　址	http://www. pup. cn 新浪微博：@北京大学出版社	
电 子 信 箱	pup7@ pup. cn	
电　　　话	邮购部 010-62752015 发行部 010-62750672 编辑部 010-62570390	
印 刷 者	北京宏伟双华印刷有限公司	
经 销 者	新华书店	
	787 毫米 ×1092 毫米 16 开本 21 印张 466 千字	
	2020 年 11 月第 1 版 2020 年 11 月第 1 次印刷	
印　　　数	1-4000 册	
定　　　价	98.00 元	

前 言

♦

| PREFACE |

◆ 01 为什么写这本书?

从对数百名图表使用者和学习者的问卷调查发现,大家学习图表最期望解决以下6个问题。

如果有一本 Excel 图表的书,您期望获得:
■如何选图? 用什么图来表达数据逻辑关系?
■如何建立数据分析模型和系统,提高效率?
■怎样构建数据源,画出自己想要的图?
■如何从很多案例中拓展视野?
■怎样使用图表和按钮实现动态效果?
■怎样画图表?

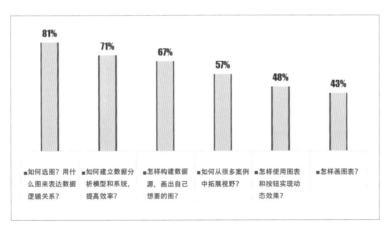

本书将对这些问题一一做出解答,以期读者通过本书学习,能够轻松找到解决以上6个问题的方法。更为关键的是,笔者想写一本人人都可以买得起且有一定实用价值的图书。

◆ 02 本书适合谁看?

■ 职场"小白"及零基础的读者。

■ 经常要使用图表,渴望提升能力的职场人。

■ 有图表基础,但不知道如何制作动态图表的人员。

■ 图表创设功底不错，想进一步学习如何建模来制作可视化分析系统的人员。

■ 缺乏灵感，希望学习更多动态图表案例的图表应用者。

◆ 03　本书层次结构是什么？

本书主要注重实用性，紧抓读者痛点，解决制作动态图表的困惑，帮助读者突破传统制作图表的思维，让每一张图表的产生都有理有据。

主要内容层次结构	说　明	亮点评级
数据索引动态图	使用 4 种常用函数实现动态图表	★★★★★
切片器动态图	通过切片器实现透视动态图	★★★★★
窗体控件动态图	通过各种窗体控件制作动态图表	★★★★★
VBA 定制动态图表	通过 VBA 简单编程实现动态图表	★★★★★
Power BI 实现数据的动态呈现与分析	Power BI 经验之汇，主要介绍制作图表时绕不开的技巧和锦上添花的技巧，让图表更形象、更具体、更生动	★★★★
"九步法"构建数据可视化分析系统	主要介绍创建数据可视化分析系统的九大步骤	★★★★★

◆ 04　为什么选择本书？

本书将笔者近20多年的数据分析及企业内部培训师的经验进行提炼，结合笔者在数据分析领域中独到的见解，形成了诸多原创原则，解决读者的痛点，帮助读者轻松学习。本书具有以下几个特点。

■ 内容全面：囊括各类常见动态图表的实现原理及制作方法。

■ 分析独到：先介绍原始数据，并构建数据源，再讲解操作，最后分析案例，便于读者理解做图思路。

■ 独创原则：介绍笔者独创的"九步法"原则，制作出专业的可视化分析系统。

■ 案例精美：案例均根据不同行业的实际案例改编，真实、专业、实用且案例效果精美，并在每章末辅以实战练习。

■ 讲解透彻：案例讲解采用"大步骤+小步骤"的形式，方便读者阅读。

◆ 05 服务与支持

1. 附赠资源

除了同步教学视频、素材文件及结果文件外，还有以下附赠资源，供读者下载学习，请关注封底"博雅读书社"微信公众号，找到"资源下载"栏目，根据提示获取。

"Excel函数查询手册""200个Office常用技巧汇总""手机办公10招就够""微信高手技巧随身查""QQ高手技巧随身查""高效人士效率倍增手册"电子书、1000个Office常用模板、10招精通超级时间整理术教学视频、五分钟教你学会番茄工作法教学视频等。

2. 技术支持

在学习本书的过程中，如果有看不明白的地方，怎么办？

■ 到龙马高新教育网http://www.51pcbook.cn的龙马社区发帖交流。

■ 发送E-mail到读者信箱：march98@163.com。

◆ 06 学员收获

"基础篇让我学会了近300个常用图表的制作方法，不仅学会了美化技巧，还学会了如何规避误区；而通过学习动态图表，不仅拓展了我的思维，还让我体会到了Excel图表功能的强大。"

——某空调企业财务主管 李晓

"学习使用高级动态图表，让我的工作更加顺畅，汇报工作更加有效。"

——某国企人力资源经理 刘俊鹏

"掌握了'九步法'原则，终于可以得心应手地制作出与企业生产相关的可视化分析系统。我学到的不是技巧本身，而是一种图表技能，更是一种思维模式。"

——某汽车制造企业生产主管 谢易轩

"跟着老师学习，你将学会如何构建模型和分析系统，实现数据可视化，提高工作效率，提升管理效能，为实现自我价值助力。我就是这样的受益者。"

——某电视机制造企业销售经理 梁水科

◆ 07 感谢

出版一本关于Excel图表的实用书，一直是我的梦想。感谢长征哥和左琨，一直给我鼓励并提供本次机会使这本书出现在大家面前，让我的梦想得以实现。

感谢出版社的编辑老师们。在编写过程中，尤其得到了长征哥和奎奎的悉心指导和帮助，在此表示诚挚的谢意。

感谢参与回答图表相关调查问卷的学员们，调查结果帮助我构思了本书的侧重点。

感谢我的爱人，正是有你在背后支持，我才可以无忧追寻和实现梦想。

此外，参与本书编写的还有李江江先生、陈红友先生，以及刘颜杰先生，感谢他们的辛苦付出。

最后，感谢读者朋友们，谢谢你们的信任。由于编写水平有限，加之时间仓促，书中难免存在疏漏和不足之处，还请各位读者见谅，多提宝贵意见。

编者

目 录

CONTENTS

第1章

动态图表的基本原理

在日常工作过程中经常会遇到动态图表，所谓动态图表就是图表的展示会随着数据源的变化而变化，进而使图表变得很灵活。使用动态图表可以方便用户根据自己的需要选择所要展现的图表，突出重点和避免其他不需要数据图的干扰。在给老板的报表中加上一个"会动"的图表，会使原本沉闷的报表瞬间灵动起来，整个报表也会变得高大上起来了呢！本章就先来学习制作动态图表的基本原理，为接下来的操作实践打下坚实的理论基础。

1.1 索引定位等函数实现动态图

通过数据索引制作动态图是比较简单的一种方法，其基本原理是先使用函数在源数据中定位查找到所需要的数据，将被查找到的数据作为绘图数据，然后通过绘图数据的变化实现图表的动态展示。下面通过一个例子来具体介绍其操作原理。

案例名称	公司营业额对比（1）
素材文件	素材 \ch01\1.1.xlsx
结果文件	结果 \ ch01\1.1.xlsx

销售 范例1-1 公司营业额对比（1）

下图所示的表格数据是各个公司上半年的营业额，只看表格中的数据很难对各个公司的营业额进行对比分析。

	A	B	C	D	E	F	G
1	单位	1月	2月	3月	4月	5月	6月
2	A1公司	30	35	26	28	30	35
3	A2公司	40	35	38	45	30	32
4	A3公司	40	46	36	42	54	50
5	A4公司	35	42	28	54	48	54
6	A5公司	18	16	24	11	18	22
7	A6公司	35	25	40	22	35	36

为了更加直观地查看各个公司的营业额对比情况，员工小李选择插入一张普通的图表来展示数据，如下图所示。

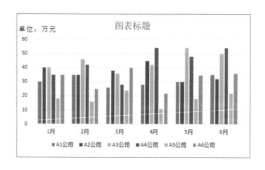

上图所示的图表虽然看起来比表格中的数据直观，但给人的第一感觉是复杂，有些混乱，且不美观。为了解决这些问题，小李绞尽脑汁终于想到了用动态图表来展示数据的方法，在动态图表中每次只展示一家公司的数据，根据所选择的公司不同，图表也会随着发生变化，如下图所示。

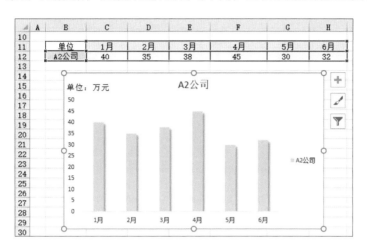

操作步骤

第一步●　准备工作

创建动态图表的绘图数据区域B11：B12，即复制源数据的行标题和列标题，如下图所示。

单位	1月	2月	3月	4月	5月	6月
A1公司	30	35	26	28	30	35
A2公司	40	35	38	45	30	32
A3公司	40	46	36	42	54	50
A4公司	35	42	28	54	48	54
A5公司	18	16	24	11	18	22
A6公司	35	25	40	22	35	36
单位	1月	2月	3月	4月	5月	6月
A1公司						

第二步●　结合函数查找数据

结合函数查找A1公司的数据，并显示在对应的绘图数据区域。这里使用VLOOKUP函数，在C12单元格中输入公式"=VLOOKUP($B$12, $B$2:$H$8,COLUMN(A1)+1,FALSE)"，然后使用数据填充功能完成绘图数据的填充，如下图所示。

Tips　公式：=VLOOKUP($B$12,$B$2:$H$8,COLUMN(A1)+1,FALSE)

（1）第1个参数$B$12，即是指定的查找的内容或单元格引用。本例源数据表中B列的各个公司名称就是要查找的目标。如上图所示，指定的查找目标是A1公司。

（2）第2个参数$B$2:$H$8，指定了查找范围，即源数据区域B2:H8单元格区域。

（3）第3个参数COLUMN(A1)+1，表示"返回值"在查找区域中的列数。COLUMN 函数返回给定单元格引用的列号，所以当公式中COLUMN(A1)+1返回值为2时，在本例中表示查找B2:H8单元格区域的第2列。

（4）第4个参数FALSE，表示精确查找。

第三步● 插入图表

选中绘图数据区域B11:H12，插入图表，效果如下图所示。

第四步● 查看效果

将B12单元格中的"A1公司"改为"A2公司"，即可看到C12:H12单元格区域的数据会自动发生变化。如下图所示，图表也会随着变化。

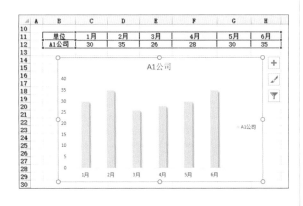

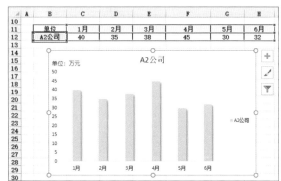

【案例分析】

这种方法实用性非常广泛，凡是需要对数据进行对比的情况，都可以采用上述方法进行操作。也可以根据需要生成其他形式的数据图表，使得数据能够清晰明了地显示出来。

1.2 切片器实现动态图

使用切片器制作动态图的原理与数据索引类似，都需要将绘图数据筛选出来，只是筛选的方法不一样。使用切片器制作动态图的基本原理是通过规范的源数据制作数据透视表，根据数据透视表中的数据制作图表，使用切片器控制数据透视表中的数据，从而实现切片器、数据透视表及图表三者之间的联动。使用切片器制作动态图更多地适用于对大量数据的统计分析中。下面通过一个例子来具体介绍其操作原理。

案例名称	公司营业额对比（2）	
素材文件	素材 \ch01\1.2.xlsx	
结果文件	结果 \ ch01\1.2.xlsx	

销售 范例1-2 公司营业额对比（2）

下图所示的数据是各公司1~4月份的销量，现在需要制作一个动态图表将各个公司的销量展现出来。

	A	B	C	D
1	单位	月份	数据	
2	A1公司	1月	30	
3	A2公司	1月	40	
4	A3公司	1月	40	
5	A4公司	1月	35	
6	A5公司	1月	18	
7	A6公司	1月	35	
8	A1公司	2月	35	
9	A2公司	2月	35	
10	A3公司	2月	46	
11	A4公司	2月	42	
12	A5公司	2月	16	
13	A6公司	2月	25	
14	A1公司	3月	26	
15	A2公司	3月	38	
16	A3公司	3月	36	
17	A4公司	3月	28	
18	A5公司	3月	24	
19	A6公司	3月	40	
20	A1公司	4月	28	
21	A2公司	4月	45	
22	A3公司	4月	42	
23	A4公司	4月	54	
24	A5公司	4月	11	
25	A6公司	4月	22	
26				

对于大量数据，首先需要观察以发现其规律，然后整理成如上图所示的源数据，再借助透视表分析汇总数据，从而方便对数据的查看。在本案例中，可以使用透视表中的切片器来实现图表的动态展示。使用数据透视表工具插入切片器，再根据透视表数据插入透视图，然后通过切片器来选择要显示的数据，即可实现动态图表的制作，最终效果如下图所示。不用函数也可制作动态图表，简单方便，易操作。

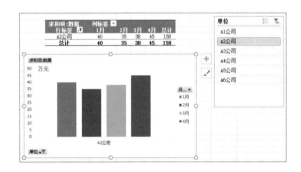

第一步 ● **制作数据透视表**

根据规范的源数据，插入一个数据透视表，行标签及列标签的设置如下图所示。

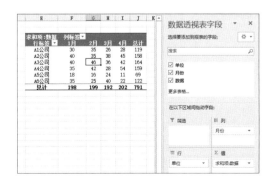

第二步▶ 插入切片器筛选数据

❶ 选择创建的数据透视表，选择【分析】→【筛选】→【插入切片器】选项。打开【插入切片器】对话框，选中【单位】复选框，单击【确定】按钮。

❷ 插入【单位】切片器，在切片器中选择A1公司，即可在数据透视表中看到筛选出来的A1公司的数据，如下图所示。

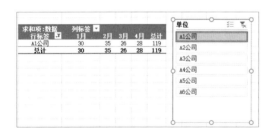

第三步▶ 插入图表

选择数据透视表任意单元格，选择【分析】→【工具】→【数据透视图】选项，在【插入图表】对话框中选择【簇状柱形图】图表，单击【确定】按钮，插入数据透视图，效果如下图所示。

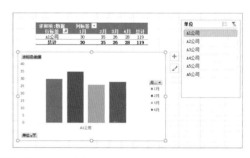

第四步▶ 查看效果

在插入的【单位】切片器中选择A2公司，即可看到数据透视表中的数据发生变化，且图表也跟着发生变化，如下图所示。

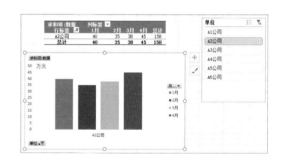

【案例分析】

一般的列表框只能返回一个值，而作为高级列表框，切片器可以返回多个值，可以用于单元格公式、条件格式公式的参数输入等。

1.3 表单控件实现动态图

Excel中的表单控件可以实现用户和Excel图表的交互，将数据标题以按钮、单选按钮、复选框、列表框、组合框等表单控件的形式显示在工作表中，用户只需要单击按钮、选中对应的单选按钮或复选框、选择列表框或组合框中的选项，图表中显示的数据就会随着用户的选择而改变。

在使用表单控件制作动态图之前，需要先将功能区中的"开发工具"调用出来。在【Excel选项】对话框中的【自定义功能区】中，选中【开发工具】复选框，单击【确定】按钮即可，如下图所示。

此时，在【开发工具】选项卡的【控件】选项组中单击【插入】按钮，即可看到Excel自带的各种表单控件，如下图所示。

使用表单控件制作动态图的基本原理与前两种方法有一定的相似性，都是需要筛选出绘图数据，同时还是体现在筛选方式的不同。使用表单控件制作动态图是通过单元格链接定位实现表单控件与绘图数据的联动，从而实现动态图表的制作。下面通过一个例子来具体介绍其操作原理。

案例名称	公司营业额对比（3）
素材文件	素材 \ch01\1.3.xlsx
结果文件	结果 \ ch01\1.3.xlsx

 销售　范例1-3　公司营业额对比（3）

如下图所示的表格是各公司1~6月份的销量，现在需要通过表单控件制作一个动态图表将各个公司的销量展现出来。

	C	D	E	F	G	H	I
5							
6	单位	1月	2月	3月	4月	5月	6月
7	A1公司	30	35	26	28	30	35
8	A2公司	40	35	38	45	30	32
9	A3公司	40	46	36	42	54	50
10	A4公司	35	42	28	54	48	54
11	A5公司	18	16	24	11	18	22
12	A6公司	35	25	40	22	35	36
13							

通过表单控件来查看各公司的营业额对比情况，可以使用单选按钮控件，通过单元格链接实现按钮与图表之间的联动。如下图所示，当选中【A3公司】单选按钮时，图表会自动显示A3公司的数据。

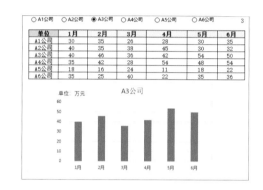

第一步 ● **数据准备**

数据准备就是将表格中的数据整理成规范的数据源，即如上图所示的数据表格。

第二步 ● **插入控件**

这里以单选按钮控件为例进行介绍，其他控件的使用方法及原理与此相同，读者可自行尝试。这里选择插入6个单选按钮，并将按钮的名称改为各个公司的名称，效果如下图所示。

	C	D	E	F	G	H	I
4	○A1公司	○A2公司	○A3公司	○A4公司	○A5公司	○A6公司	
5							
6	单位	1月	2月	3月	4月	5月	6月
7	A1公司	30	35	26	28	30	35
8	A2公司	40	35	38	45	30	32
9	A3公司	40	46	36	42	54	50
10	A4公司	35	42	28	54	48	54
11	A5公司	18	16	24	11	18	22
12	A6公司	35	25	40	22	35	36
13							

第三步 ● **单元格链接**

❶ 在插入的单选按钮控件上右击，在弹出的快捷菜单中选择【设置控件格式】命令，弹出【设置控件格式】对话框，设置单元格链接，这里链接的是I4单元格。

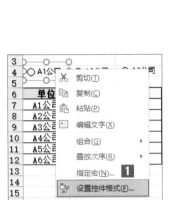

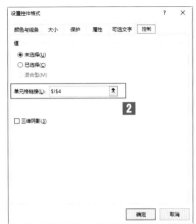

❷ 当选中【A1公司】控件按钮时，在I4单元格中显示1；当选择【A2公司】控件按钮时，会显示2（如下图所示），依此类推。

	C	D	E	F	G	H	I
3							
4	○A1公司	◉A2公司	○A3公司	○A4公司	○A5公司	○A6公司	2
5							
6	单位	1月	2月	3月	4月	5月	6月
7	A1公司	30	35	26	28	30	35
8	A2公司	40	35	38	45	30	32
9	A3公司	40	46	36	42	54	50
10	A4公司	35	42	28	54	48	54
11	A5公司	18	16	24	11	18	22
12	A6公司	35	25	40	22	35	36

第四步 ● 插入图表

在源数据表中选中绘图数据区域，这里先插入A1公司的图表，如下图所示。

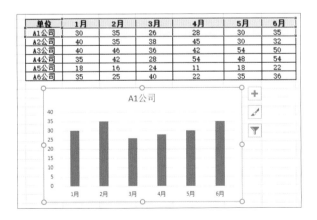

第五步 ● 自定义名称

自定义名称后，可以在其他公式中直接调用该名称，选择【公式】→【定义的名称】→【定义名称】选项，打开【新建名称】对话框，设置【名称】为"数据"，在【引用位置】文本框中输入公式"=OFFSET(表单控件!$C$6,表单控件!$I$4,1,1,6)"。使用同样的方法再自定义一个名称，名称为"公司名称"，在【引用位置】文本框中输入公式"=OFFSET(表单控件!\$C\$6,表单控件!\$I\$4,0,1,1)"，如下图所示。

> **TIPS** 函数OFFSET(a,b,c,d,e)中，参数a表示定位位置，参数b表示从定位位置向下移b行，参数c表示向右移c列，参数d表示要调用d行数据，参数e表示要调用e列数据。
>
> （1）公式"=OFFSET(表单控件!\$C\$6,表单控件!\$I\$4,1,1,6)"，表示定位在C6单元格；根据I4单元格中的数值确定向下移动的行数；向右移1列，定位在D列；调用该行D列到I列的6个数据，此处选择的是绘图数据。
>
> （2）公式"=OFFSET(表单控件!\$C\$6,表单控件!\$I\$4,0,1,1)"，表示定位在C6单元格；根据I4单元格中的数值确定向下移动的行数；向右移0列，定位在C列；调用该行C列的数据，此处选择的是公司名称。

第六步 ● **自定义名称与函数嵌套**

选中第四步插入的图表中的数据条，在编辑栏中即可看到使用的公式"=SERIES(表单控件!\$C\$7,表单控件!\$D\$6:\$I\$6,表单控件!\$D\$7:\$I\$7,1)"，此时使用上步自定义的名称，将公式改为"=SERIES('1.3.xlsx'!公司名称,表单控件!\$D\$6:\$I\$6,'1.3.xlsx'!数据,1)"，此时即可完成动态图表的制作。

第七步 ● **查看效果**

选中【A2公司】控件按钮，即可看到图表会随着自动变化，如下图所示。

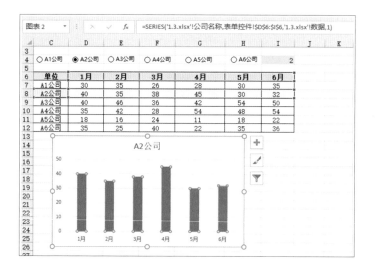

【案例分析】

使用表单控件制作数据动态图表，可以通过相应控件选择不同的数据图表，使得原本杂乱无章的数据信息变得更加易于观察和对比。

1.4 多个表单控件与函数结合实现动态图

根据数据统计的要求，结合多控件与函数的逻辑关系，可以构建多元化的模型或分析系统。多控件功能就是将上节介绍的单控件功能进行组合，以实现对复杂数据的分类处理。通过多个表单控件与函数的结合，可以实现更复杂、更强大的功能，做出的动态图表更能满足用户多样化的需求。其操作原理与单控件的相同，下面通过一个具体的例子来介绍。

案例名称	各公司不同产品销量对比
素材文件	素材 \ch01\1.4.xlsx
结果文件	结果 \ ch01\1.4.xlsx

销售 范例1-4 各公司不同产品销量对比

以5家公司苹果、香蕉、梨子的销售额（单位：万元）为例，数据准备如下图所示。要求能够精确选择不同公司、不同水果的销量，并显示生成图表。

单位	水果	1月	2月	3月	4月	5月	6月
A1公司	苹果	30	35	26	28	30	35
A1公司	香蕉	30	37	34	37	37	46
A1公司	梨子	36	41	40	30	49	46
A2公司	苹果	37	50	30	42	46	50
A2公司	香蕉	43	44	31	38	46	39
A2公司	梨子	36	31	50	40	38	39
A3公司	苹果	34	36	33	37	32	33
A3公司	香蕉	37	43	43	33	46	32
A3公司	梨子	42	30	38	42	45	46
A4公司	苹果	45	43	45	46	41	32
A4公司	香蕉	46	43	40	45	43	47
A4公司	梨子	38	48	48	40	50	30
A5公司	苹果	50	36	32	37	36	38
A5公司	香蕉	42	49	41	45	38	36
A5公司	梨子	38	42	33	48	39	46

当遇到上图所示的比较复杂的数据信息时，单个表单控件很难达到想要的图表效果，此时可以使用多个表单控件来实现。在本案例中使用的是列表框控件和组合框控件，通过单元格的链接实现列表框、组合框及图表三者之间的联动。如下图所示，在组合框中选择想要查看的公司，在列表框中选择该公司中要查看的水果。

单位	水果	1月	2月	3月	4月	5月	6月
A2公司	苹果	37	50	30	42	46	50

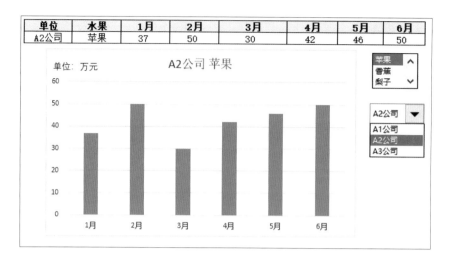

第一步 ▶ 数据准备

在源数据表格中复制第一行的表头信息，创建绘图数据区域C26：J26，在源数据区域外创建辅助数据信息，如下图所示。

	C	D	E	F	G	H	I	J	K	L	M
4											
5	单位	水果	1月	2月	3月	4月	5月	6月			
6	A1公司	苹果	30	35	26	28	30	35			
7	A1公司	香蕉	30	37	34	37	37	46			
8	A1公司	梨子	36	41	40	30	49	46			
9	A2公司	苹果	37	50	30	42	46	50			
10	A2公司	香蕉	43	44	31	38	46	39			
11	A2公司	梨子	36	31	50	40	38	39			
12	A3公司	苹果	34	36	33	37	32	33			
13	A3公司	香蕉	37	43	43	33	46	32			
14	A3公司	梨子	42	30	38	42	45	46			
15	A4公司	苹果	45	43	45	46	41	32			
16	A4公司	香蕉	46	43	40	45	43	47			
17	A4公司	梨子	38	48	48	40	50	30			
18	A5公司	苹果	50	36	32	37	36	38			
19	A5公司	香蕉	42	49	41	45	38	36			
20	A5公司	梨子	38	42	33	48	39	46			
21										公司	水果
22										A1公司	苹果
23										A2公司	香蕉
24										A3公司	梨子
25											
26	单位	水果	1月	2月	3月	4月	5月	6月			
27											
28											

第二步 ▶ 插入控件

❶ 这里插入组合框控件，并设置控件格式，【数据源区域】文本框选择的是辅助信息数据区域中的"公司"列的数据，在【单元格链接】文本框中任意指定一个单元格赋值，即可实现通过组合框选择不同公司，如下图所示。

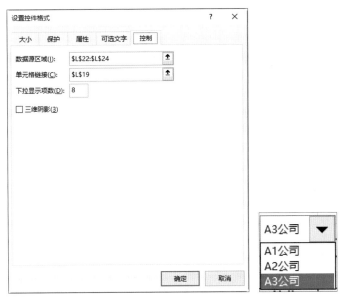

❷ 再插入一个列表框控件，并设置控件格式，在【数据源区域】文本框选择的是辅助信息数据区域中的"水果"列的数据，在【单元格链接】文本框中任意指定一个单元格赋值，即可实现通过列表框选择不同水果，如下图所示。

第三步 ▶ 使用函数筛选数据

❶ 公司名称和水果名称的筛选定位。

在绘图数据区域选中C27单元格，并输入公式"=INDEX(L22:L24,L19)"，选中D27单元格，并输入公式"=INDEX(M22:M24,M19)"，从而实现对公司名称和水果名称数据的定位显示，如下图所示。

SUM	▼	:	×	✓	*fx*	=INDEX(L22:L24,L19)					

	C	D	E	F	G	H	I	J	K	L	M
18	A5公司	苹果	50	36	32	37	36	38			
19	A5公司	香蕉	42	49	41	45	38	36		1	3
20	A5公司	梨子	38	42	33	48	39	46			
21	A1公司 ▼		苹果 ∧							公司	水果
22			香蕉							A1公司	苹果
23			梨子							A2公司	香蕉
24			∨							A3公司	梨子
25											
26	单位	水果	1月	2月	3月	4月	5月	6月			
27	L19)	梨子									
28											

SUM	▼	:	×	✓	*fx*	=INDEX(M22:M24,M19)					

	C	D	E	F	G	H	I	J	K	L	M
18	A5公司	苹果	50	36	32	37	36	38			
19	A5公司	香蕉	42	49	41	45	38	36		1	2
20	A5公司	梨子	38	42	33	48	39	46			
21	A1公司 ▼		苹果 ∧							公司	水果
22			香蕉							A1公司	苹果
23			梨子							A2公司	香蕉
24			∨							A3公司	梨子
25											
26	单位	水果	1月	2月	3月	4月	5月	6月			
27	A1公司	M19)									
28											

> **Tips**　INDEX函数的功能是返回表格（或区域）中的值或对值的引用，公式"=INDEX(L22:L24,L19)"表示返回L22:L24单元格区域中对L19单元格的引用，公式"=INDEX(M22:M24,M19)"表示返回M22:M24单元格区域中对M19单元格的引用。

❷ 销售额数据的筛选定位。

在源数据区域调用水果销售量数据较复杂，需要用到INDEX函数、COLUMN函数及MATCH函数，通过嵌套实现调用所选公司及水果的具体销售量。

先自定义一个名称，命名为"行"，用MATCH函数来定位所需数据所在行，在【引用位置】文本框中输入公式"=MATCH('1-4'!$C$27,'1-4'!$C$5:$C$20,0)+'1-4'!$M$19-1"，如下图所示。

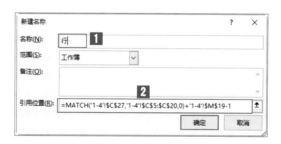

> **Tips**　当单元格C27为"A1公司"、D27为"梨子"时，需要的是C5:J20单元格区域内第4行的数据。公式"=MATCH('1-4'!$C$27,'1-4'!$C$5:$C$20,0)+'1-4'!$M$19-1"返回的值为4。因为MATCH('1-4'!$C$27,'1-4'!$C$5:$C$20,0)返回C5:C20单元格区域中与C27单元格内容相同的"A1公司"所在的位置，此时返回值为"2"，M19单元格中的值是"3"，因此2+3-1=4。当单元格C27为"A2公司"、D27为"梨子"的时候，返回的值是7。以此类推。

再进行函数的嵌套，调用销售额数据。选中E27单元格，在编辑栏中输入公式"=INDEX('1-4'!$C$5:$J$20,行,COLUMN()-2)"，然后使用填充功能填充数据，此时即可完成绘图数据的筛选。在组合框中选择要显示的公司名称，在列表框中选择要显示的水果名称，即可在绘图数据区域显示相应的数据信息，如下图所示。

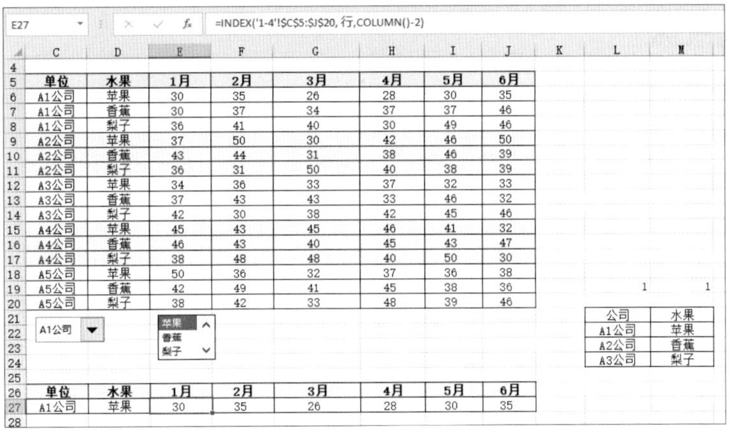

第四步 ● **插入图表**

最后根据筛选出来的数据插入图表，即可完成动态图表的制作。

【案例分析】

熟练地使用多控件结合不同函数对复杂数据进行准确调用，有助于清晰地显示出所需数据内容。若需要进一步得到数据对应的图表，可以结合前面小节内容的介绍，由读者自行完成。

1.5 四大动态图表分析与对比

四大动态图标制作方式的优缺点如表1.1所示。

表1.1　四大动态图表优缺点分析

序号	项目	优点	缺点	与其他关系
①	数据索引动态图表	简单、易学、易懂	（1）应用范围受局限，较单一 （2）不能做多元化的分析系统	与③④可以联合应用
②	切片器透视动态图表	简单、高级、快捷	（1）适用于较简单的统计分析 （2）对透视表熟练程度要求高	与其他动态图表制作方式联合度较低
③	表单控件动态图表	高级、灵活	（1）数据量大会影响运算速度 （2）对函数应用和嵌套有一定要求	与①④可以联合应用
④	VBA 定制动态图表	高级、灵活、运算速度快	需要懂 VBA 编程；对于没有编程基础的人来说，上手比较困难	与①③可以联合应用

TIPS 如果需要利用切片器做分析模型、分析系统，需要对透视表、透视图、切片器的功能掌握进行加强。本章只是对透视表进行了相对基础的讲解，如果感兴趣，市面上有专门讲透视表的书籍可供选购。如果喜欢VBA编程，可以在市面购买专门讲VBA的书籍。

1.6 高手点拨

本章动态图表的基本原理，是对Excel数据的进一步处理，并由数据生成对应图表，广泛适用于各种数据的对比与直观显示，例如生产数据、销售数据及销量数据对比等。动态图表突出的优点是能够根据数据的不同类型（如不同公司、不同班级、不同产品等）或不同的需要对数据分类进行显示，再结合函数及对单元格数据的调用，能够使图表跟随单元格数据的变化实时更新，避免了因数据变化而重新做图的麻烦。因此，深刻理解并熟练掌握函数功能及使用方法是学好本节内容的关键。建议读者要多加练习各种常用函数的使用方法，熟练掌握动态图表的制作与应用，让枯燥的数据变得熠熠生辉。

1.7 实战练习

练习 1

根据下图中不同省份、不同年份的某产品销量数据，制作对应的销量动态饼形图。

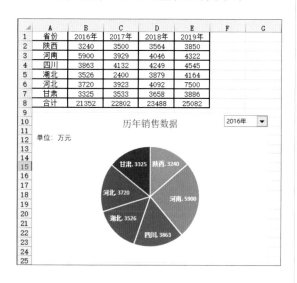

练习 2

根据下图中3家公司上半年的产品销售额制作动态图表，要求能够根据所选择的公司及月份显示该公司该月份的销售额柱状图。

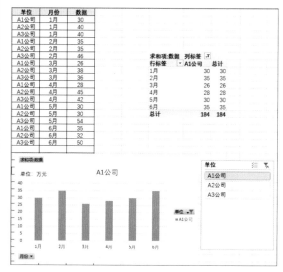

第2章

数据索引动态图

数据索引动态图就是通过函数来定位查找数据，从而实现动态图表的制作。Excel自带的函数种类有很多，本章介绍在生成动态图表时常用的4种。

 2.1 巧用VLOOKUP查找函数实现动态图表

VLOOKUP函数是Excel中的一个纵向查找函数，它与LOOKUP函数和HLOOKUP函数属于一类函数，在实际工作中都有广泛应用，例如，核对数据，多个表格之间快速导入数据等函数功能。VLOOKUP函数是按列查找的，最终返回该列所需查询序列所对应的值；与其对应的HLOOKUP函数是按行查找的。

【公式理解】

VLOOKUP函数的语法格式为：

VLOOKUP(lookup_value,table_array,col_index_num,range_lookup)

其参数介绍如下所示。

（1）lookup_value：指要查找的值，输入数据类型为数值、引用或文本字符串。

（2）table_array：指要查找的区域，输入数据类型为数据表区域。

（3）col_index_num：指返回数据在查找区域的第几列，输入数据类型为正整数。

（4）range_lookup：指模糊匹配/精确匹配，输入数据类型为TRUE（或不填）/FALSE。

案例名称	同一产品在不同地区的销量对比	
素材文件	素材 \ch02\2.1.xlsx	X
结果文件	结果 \ ch02\2.1.xlsx	

 销 售 范例2-1 同一产品在不同地区的销量对比

如下图所示，是同一产品在6个不同分公司近半年的销售情况，需要根据该表做一个销量对比图。要求在该对比图中，能查到每个公司近半年的销量趋势，也就是说，要求用VLOOKUP查找函数实现动态图表，来展示这6个分公司的销量趋势。

单位	1月	2月	3月	4月	5月	6月
北京	30	35	26	28	30	35
上海	40	35	38	45	30	32
武汉	40	46	36	42	54	50
成都	35	42	28	54	48	54
广州	18	16	24	11	18	22
厦门	35	25	40	22	35	36

【诉求理解】

对于上图所示的原始数据，它的诉求是在这批数据源中，要查到每一个城市每个月的销量。也就是说，要看它每个月的趋势是一个什么样的情况。像目前这样看是看不出一个整体趋势的，怎么办呢？可以通过制作下拉菜单显示单位名称并实现对应单位的数据查询，然后用查到的对应单位的数据，制作其对应月份的数据可视化图表来查看各地的销量趋势，即在一个图表里能动态显示每个城市分公司每个月的销量。最终效果如下图所示。

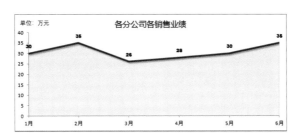

操作步骤

❶ 提取数据源。选定目标单元格，如C14，选择【数据】→【数据工具】→【数据验证】选项，在弹出的【数据验证】对话框中选择【设置】选项卡，在【允许】下拉列表中选择【序列】选项，单击【来源】文本框右侧的箭头，选取目标数据，即"=$C$3:$C$8"，然后单击【确定】按钮，如下左图所示。设置完成后，即可在下拉菜单中选择不同单位，如下右图所示。

❷ 选定目标单元格，这里选中D14单元格，在编辑栏中输入公式"=VLOOKUP($C$14,$C$3:$I$8,COLUMN()–2,FALSE)"实现数据的查询功能，输入完成后，使用填充功能完成数据的填充。

	B	C	D	E	F	G	H	I
			=VLOOKUP($C$14,$C$3:$I$8,COLUMN()-2,FALSE)					
10								
11								
12								
13		单位	1月	2月	3月	4月	5月	6月
14		北京	30	35	26	28	30	35
15								

公式 "=VLOOKUP($C$14,$C$3:$I$8,
COLUMN()-2,FALSE)" 中$C$14表示查找的
值，$C$3:$I$8表示查找区域，COLUMN()-2
表示返回C14单元格的值在查找区域的第几列，
COLUMN()表示公式所在列，COLUMN()-2在此
处表示返回D列的数据，FALSE表示精确查找。

❸ 选中动态查询行的数据，这里选中的是
C13:I14单元格区域，选择【插入】→【图表】
→【推荐的图表】选项，在弹出的【插入图表】
对话框中选择【所有图表】选项卡，选择【面
积图】→【面积图】选项，单击【确定】按钮，
即可插入一张面积图，效果如下图所示。

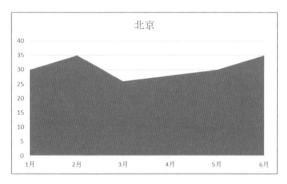

❹ 再次选中动态查询行的数据，按【Ctrl+C】
快捷键，选中刚才生成的面积图，按【Ctrl+V】
快捷键即可再次生成面积图，然后在绘图区选
中第二次生成的面积图，选择【插入】→【图
表】→【折线图】选项，效果如下图所示。

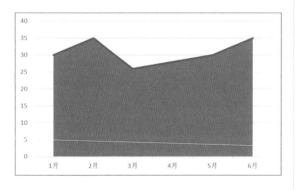

❺ 选中折线图并右击，在弹出的快捷菜单
中选择【设置数据系列格式】命令，在弹出的
【设置数据系列格式】任务窗格中，设置折线的
阴影效果和填充颜色，如下图所示。

❻ 选中面积图并右击，在弹出的快捷菜单
中单击【填充】按钮，找到自己喜欢的颜色填
充面积图即可，如下图所示。

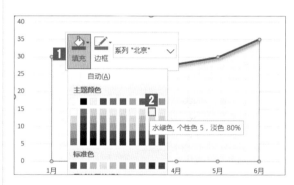

❼ 删除网格线，添加图例、图题，美化图
表，具体方法这里就不再赘述。最终效果如下
图所示。

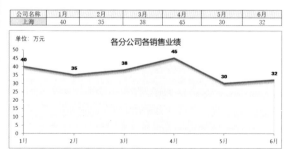

【案例分析】

思路：对需要做图的数据源进行单独获取，制作成下拉菜单。

（1）下拉菜单：通过数据验证（数据有效性）实现，需要注意所选区域不能重复。

（2）VLOOKUP函数：对其格式可理解为=VLOOKUP(你要找什么,需要找的内容在什么范围,需要找的内容在这个范围的第几列,0)。

（3）图形：折线图与面积图组合，形成视觉差别，以避免单调。

（4）阴影效果：凸显差异。

【提示与建议】

VLOOKUP获取的是第一次出现的目标对象的数据，因此基础表数据源的名称不能重复。

 巧用INDEX索引功能实现动态图表

INDEX函数是Excel中广泛应用的查找引用函数，除其自身具有按位置调取数据的功能外，INDEX函数还能结合众多的函数，在实际工作中展现Excel的强大威力，比如"INDEX+MATCH"函数组合就能轻松搞定很多需要使用VLOOKUP函数的高级应用案例。可见，INDEX函数无疑属于职场办公必备函数。在使用INDEX函数时，其第二、第三参数一般情况下往往与MATCH函数配合使用，以实现动态查找引用的目的。本节要讲的范例就是借助"INDEX+MATCH"函数组合生成动态图表的。

【公式理解】

INDEX函数的功能是返回指定行、列或单元格的值。语法格式为：

INDEX(array, row_num, [column_num])

其中参数如下。

（1）array：表示返回值所在的单元格区域或数组。

（2）row_num：表示返回值所在行号。

（3）column_num：表示返回值所在列号。

如果区域只包含一行或一列，则相对应的参数 row_num 或 column_num可以相应省略1个。

比如，如果在目标单元格中输入"=INDEX(A1:E21,7,5)"，表示在A1:E21单元格区域中找到第7行第5列的数据输出。注意此处的行列号是相对于第一参数的区域而言的，不是Excel工作表中的行或列的序号。

MATCH函数属于查找函数，其功能是返回指定数值在指定区域中的位置。语法格式为：

MATCH(lookup-value,lookup-array,match-type)

其中参数如下。

（1）lookup-value：表示需要在lookup_array中查找的值。

（2）lookup-array：表示查找值所在的区域。

（3）match-type：表示查找方式，0代表精确查找，1代表查找不到它的值则返回小于它的最大值，−1代表查找不到它的值则返回大于它的最大值。

案例名称	5个不同小朋友的身高体重对比
素材文件	素材 \ch02\2.2.xlsx
结果文件	结果 \ ch02\2.2.xlsx

 民 生 范例2-2　5个不同小朋友的身高体重对比

如下图所示的是5个不同小朋友的身高和体重，现在要求对这5个小朋友的实际成长发育情况与标准值做一个对比，并通过动态图表的形式展现出来。

	B	C	D	E	F	G	H	I
2								
3		身高	120cm	130cm	140cm	150cm	160cm	170cm
4		标准	41.7	42.2	48.9	55.0	60.0	70.0
5		孝孝	42.0	45.0	52.0	60.0	65.0	75.0
6		牛牛	30.0	43.0	52.0	60.0	61.0	63.0
7		萌萌	30.0	48.3	50.0	70.0	90.0	105.0
8		豆豆	42.0	43.0	51.9	83.6	106.8	112.0
9		开开	40.9	44.7	49.0	56.0	62.0	71.5
10								

【诉求理解】

针对上图所示的原始数据，它的诉求是在这批数据源中，查询每个小朋友的身高和体重，并用图表的形式与标准数据做对比，进而发现小朋友在成长过程中的生长发育问题。比如身高130cm对应的标准体重是42.2kg，萌萌小朋友在这个阶段就有点儿偏胖。本案例的查询方式和上节一样采用制作下拉列表的方式实现，在这里实现动态图表的函数用的是INDEX函数，它与VLOOKUP函数制作动态图表的步骤基本一致，只是取数的函数提取方式不一样，INDEX函数是按数据源的指定行进行提取的，而VLOOKUP函数则是根据关键字相对应的列进行提取的。最终效果如下图所示。

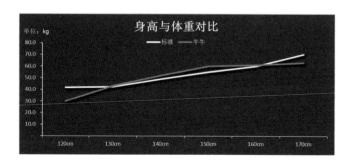

 操作步骤

❶ 选定目标单元格，这里选择C16单元格，选择【数据】→【数据工具】→【数据验证】（低版本为【数据有效性】）选项，在弹出的【数据验证】对话框中选择【设置】选项卡，在【允许】下拉列表中选择【序列】选项，单击【来源】文本框右侧的箭头，选取目标数据，即"$C$5:$C$9"，然后单击【确定】按钮。设置完成后，即可在下拉列表中选择不同的人名，如下图所示。

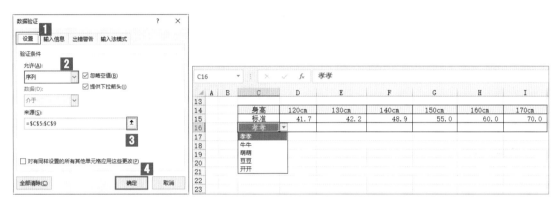

❷ 选定目标单元格，如单元格D16，输入公式 "=INDEX($C$4:$I$9,MATCH($C$16,$C$4:$C$9,0),MATCH(D14,$C$3:$I$3,0))"，按【Enter】键确认，此时即可完成数据的调用。然后使用填充功能，完成剩余单元格数据的填充，如下图所示。

	B	C	D	E	F	G	H	I
13								
14		身高	120cm	130cm	140cm	150cm	160cm	170cm
15		标准	41.7	42.2	48.9	55.0	60.0	70.0
16		孝孝	42.0	45.0	52.0	60.0	65.0	75.0
17								

Tips 函数INDEX($C$4:$I$9,MATCH($C$16,$C$4:$C$9,0),MATCH(D14,$C$3:$I$3,0))是一个嵌套函数，先计算MATCH函数，再将结果作为参数，计算INDEX函数。

（1）MATCH($C$16,$C$4:$C$9,0)表示在C4:C9区域查找匹配C16单元格中数值的位置，结果为2，即C16的值在C4:C9区域中位于第2行。

（2）MATCH(D14,$C$3:$I$3,0)表示在C3:I3区域查找匹配D14单元格中数值的位置，结果为2，即D14的值在C3:I3区域中位于第2列。

所以函数INDEX($C$4:$I$9,2,2)就表示在C4:I9单元格区域中取第2行第2列的数据。

❸ 选中动态查询行的数据，选择【插入】→【插图】→【折线图】选项，插入折线图，效果如下图所示。

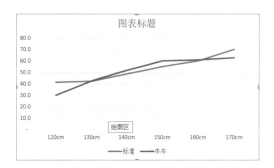

❹ 选中图表，在图表区右击，在弹出的快捷菜单中单击【填充】按钮，在弹出的下拉菜单中选择一种颜色为背景色，如下图所示。

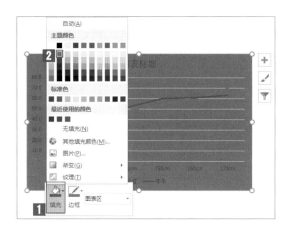

❺ 选中红色折线图并右击，在弹出的快捷菜单中选择【设置数据系列格式】命令，在弹出的【设置数据系列格式】任务窗格中选择【填充与线条】选项卡，将线条【颜色】改为"黄色"，线条【宽度】改为"2.5磅"，然后选择【效果】选项卡，在【阴影】中的【预设】下选择外部阴影为【偏移：右下】，如下图所示。

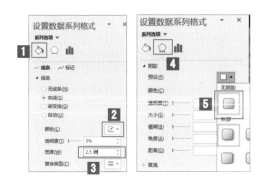

❻ 选中蓝色折线图，用同样的操作方式将线条颜色改为"白色"，线条宽度改为"2.5磅"，外部阴影为【偏移：右下】，效果图如下图所示。

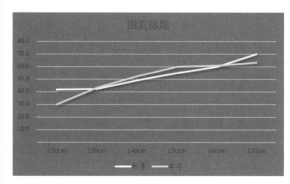

❼ 选中网格线，按键盘上的【Delete】键，删除网格线。选中坐标轴，切换到【开始】选项卡下设置【字体颜色】为"白色"。使用同样的方法，修改图表中的其他元素，效果图如下图所示。

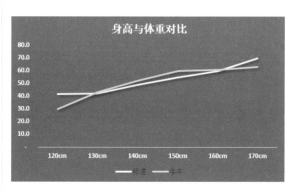

❽ 选中纵轴坐标轴并右击，在弹出的快捷菜单中选择【设置坐标轴格式】命令，在弹出的【设置坐标轴格式】任务窗格，切换到【填充与线条】选项卡，展开【线条】选项，选中【实线】单选按钮，设置【颜色】为"白色"，然后切换到【坐标轴选项】选项卡，展开【刻度线】选项，将【主刻度线类型】设置为"外部"，如下图所示。用同样的方法，更改横轴坐标轴。

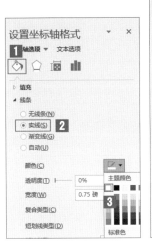

【图例位置】选项，并选中【靠上】单选按钮，如下图所示。

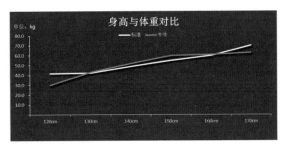

❾ 选中图例并右击，在弹出的快捷菜单中选择【设置图例格式】命令，在弹出的【设置图例格式】任务窗格中选择【图例选项】→

【案例分析】

思路：对需要做图的数据源进行单独获取，制作成下拉菜单。

（1）下拉菜单：通过"数据验证"（数据有效性）实现，需要注意所选区域不能重复。

（2）INDEX函数：含义理解，INDEX函数通常与MACTH函数套用。

（3）背景色：通过差异化突出重点。

【提示与建议】

（1）理解"INDEX+MACTH"函数组合的用法。

（2）自定义名称时将MACTH函数与OFFSET、INDEX、INDIRECT等函数嵌套的用法也较多，需掌握。

2.3 巧用OFFSET定位功能实现动态图表

在Excel中，OFFSET函数的功能是以指定的引用为参照系，通过给定偏移量得到新的引用。其返回的引用可以为一个单元格或单元格区域。

【公式理解】

OFFSET函数语法格式为：

OFFSET(reference,rows,cols,[height],[width])

其中，参数如下所示。

（1）reference：表示基点。

（2）rows：表示要偏移几行，正数向下，负数向上。

（3）cols：表示要偏移几列，正数向右，负数向左。

（4）height：表示新引用几行。

（5）width：表示新引用几列。

如果不使用第4个和第5个参数，新引用的区域就是和基点一样大小的区域。

例如：OFFSET(B1,4,3,4,3)就是以B1为基点，向下移4行，向右移3列，得到E5，再以E5为起点，向下移4行，向右移3列，得到新引用区域E5:G8。示意图如下图所示。

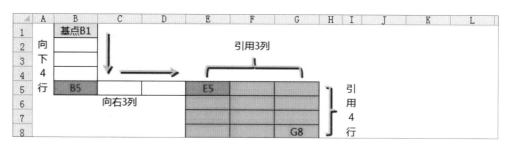

在使用OFFSET函数时，其第2个和第3个参数一般情况下往往与MATCH函数和COLUMN函数配合使用，以实现动态查找引用的目的。MATCH函数属于查找函数，功能是返回指定数值在指定区域中的位置。其语法在上节已介绍过，这里不再赘述。

COLUMN函数的功能是返回所选择的某一个单元格的列数。语法格式为：

COLUMN(reference)

如果省略reference，则默认返回COLUMN函数所在单元格的列数。

比如，如果输入公式"=COLUMN(E6)"，则表示返回E6单元格所在列数，返回值为5。

案例名称	不同公司近一年来销量对比
素材文件	素材 \ch02\2.3.xlsx
结果文件	结果 \ ch02\2.3.xlsx

 销 售 范例2-3　不同公司近一年来销量对比

假设对不同公司统计近一年来的销售情况，并把每个公司每月的数据和平均值对比。按照常规思路，可以为每个公司创建一个表格，但更专业的方法是只用一个图表，由我们来决定要显示哪一个公司的数据，即在制作的图表中，只需要调整一下公司名称，图表就会跟着变化。下图显示的是6个公司近一年来的销售情况，要求用刚才叙述的方法制作一个动态图表。

品牌	1月	2月	3月	4月	5月	6月	7月	8月	9月	10月	11月	12月
华新	400	200	300	400	500	600	700	800	900	1000	1100	1200
欧米	1050	1200	900	400	900	600	700	800	900	1000	1100	1500
普星	200	210	260	240	300	220	200	210	200	198	175	165
索亚	200	230	200	260	200	220	320	400	300	350	420	250
力卡	1200	1100	500	800	1200	800	900	1000	1300	1200	1250	1600
枚花	1200	1800	2000	1400	1600	1870	2000	1600	1200	1300	1200	2200

【诉求理解】

针对上图所示的原始数据，它的诉求是根据这批数据源制作一个图，这个图能够查询到每个公司每个月的销售情况和近一年来的销售平均值，并能将每月的销售数据和平均值进行对比，以便查看每个月的销量和平均值是高了还是低了。在这里实现动态图表的函数用的是OFFSET函数，它也是通过改变图表源数据，从而实现数据与图表之间的联动。最终效果如下图所示。

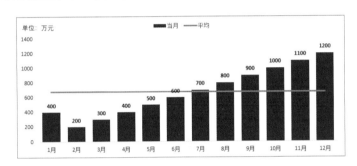

操作步骤

❶ 新建一个表格，将从上方提取的数据源放到新表格中，如下图所示。

❷ 选中目标单元格N16，将单元格的【填充颜色】改为"红色，个性色2，深色25%"，选择【数据】→【数据工具】→【数据验证】（低版本为【数据有效性】）选项，在弹出的【数据验证】对话框中选择【设置】选项卡，在【允许】下拉列表中选择【序列】选项，单击【来源】文本框右侧的箭头按钮，选取目标数据，这里选择B9:B14单元格区域，单击【确定】按钮，如下左图所示。设置完成后，即可在下拉菜单中选择不同的公司名称，然后将其【字体颜色】更改为"白色"，如下右图所示。

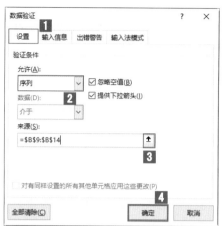
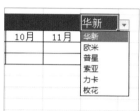

❸ 选中C18单元格，输入公式 "=OFFSET($B$8,MATCH($N$16,$B$9:$B$14,0),COLUMN(A1),1,1)"，实现数据的查询功能。输入完成后，使用填充功能实现其他单元格数据的填充。

> **Tips** 该函数是一个嵌套函数，先计算MATCH函数和COLUMN函数，再将结果作为参数，计算OFFSET函数。
>
> （1）MATCH($N$16,$B$9:$B$14,0)：表示在B9:B14单元格区域查找匹配位置，返回结果为1，即N16的值在B9:B14单元格区域中位于第1行。
>
> （2）COLUMN(A1)：表示计算A1的列号，返回结果为1。
>
> 最后将MATCH函数和COLUMN函数的结果作为参数，计算OFFSET函数，将数值 "400" 赋给相应的单元格。

❹ 选定目标单元格C19，在该单元格中输入公式 "=AVERAGE(C18:N18)"，按【Enter】键确认，再选中D19单元格，在编辑栏中输入公式 "=C19"，按【Enter】键确认，然后使用填充功能实现其他单元格数据的填充。效果如下图所示。

C19				fx	=AVERAGE(C18:N18)							
	B	C	D	E	F	G	H	I	J	K	L	M	N
16						市场销售情况							华新
17		1月	2月	3月	4月	5月	6月	7月	8月	9月	10月	11月	12月
18	当月	400	200	300	400	500	600	700	800	900	1000	1100	1200
19	平均	675	675	675	675	675	675	675	675	675	675	675	675
20													

> **Tips** 有时候求得的平均值可能是小数，如果想将小数变为整数，可选中目标单元格并右击，在弹出的快捷菜单中选择【设置单元格格式】命令，在弹出的【设置单元格格式】对话框中选择【数字】→【数值】选项，将【小数位数】改为 "0" 即可，如下图所示。

❺ 选中动态查询表格，这里选择B17:N19单元格区域，选择【插入】→【图表】→【柱形图】选项，即可插入一个柱形图，然后选中"平均"数据系列，选择【插入】→【图表】→【折线图】选项，将"平均"的柱形图变为折线图，如下图所示。

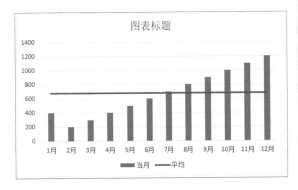

❻ 分别选中网格线和图表标题，按【Delete】键将其删除。然后选中图例并右击，在弹出的快捷菜单中选择【设置图例格式】命令，在弹出的【设置图例格式】窗格中选择【图例选项】→【图例位置】选项，并选中【靠上】单选按钮，将图例放于图表上方，如右上图所示。

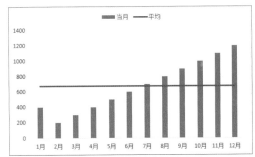

❼ 选中"当月"数据系列并右击，在弹出的快捷菜单中选择【添加数据标签】命令，即可将"当月"的数据显示在图表中，然后选中添加的数据标签，在【开始】选项卡下将数据标签的字体加粗，如下图所示。

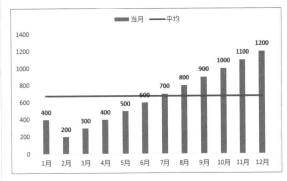

❽ 选中"当月"数据系列并右击，在弹出的快捷菜单中选择【设置数据系列格式】命

令，在弹出的【设置数据系列格式】窗格中选择【系列选项】选项，将【间隙宽度】设置为"40%"，调整柱形图的分类间距，然后选择【填充与线条】→【填充】→【纯色填充】选项，将【颜色】更改为"红色，个性色2，深色25%"，调整柱形图颜色，最后使用同样的方法更改折线图的颜色，效果如下图所示。

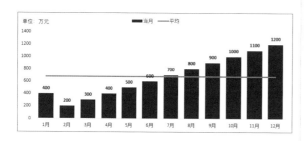

【案例分析】

思路：单独获取需要做图的数据源，制作成下拉菜单。

（1）下拉菜单：通过"数据验证"（数据有效性）实现，需要注意所选区域不能重复。

（2）OFFSET函数：其语法结构可理解为：=OFFSET(基准位置,向下或上偏移几行,向右或左偏移几列,引用区域的高度,引用区域的宽度)。

（3）图表与单元格的融合：通过颜色和边框的调整配合，让图表和表格融为一体。

【提示与建议】

自定义名称一般用OFFSET函数与其他函数嵌套，用法较多，需掌握。

2.4 巧用INDIRECT引用功能实现动态图表

INDIRECT函数的功能是引用，并显示其内容。其可以将一个字符表达式或名称转换为地址引用。

【公式理解】

INDIRECT函数语法格式为：

INDIRECT(ref_text, [a1])

其中，各参数如下所示。

（1）ref_text：必选，表示对单元格的引用。如果 ref_text 不是合法的单元格引用，则返回错误值。

（2）a1：可选，表示一个逻辑值，用于指定包含在单元格 ref_text 中的引用类型。

 INDIRECT函数的引用有两种形式：一种加引号，另一种不加引号。

（1）INDIRECT("A1")——加引号，表示文本引用，即引用A1单元格中的文本。

（2）INDIRECT(A1)——不加引号，表示地址引用，因为A1的值为地址。

案例名称	同一公司不同产品近半年来销量对比	
素材文件	素材 \ch02\2.4.xlsx	
结果文件	结果 \ ch02\2.4.xlsx	

销 售 范例2-4 同一公司不同产品近半年来销量对比

假设要对某一公司分月统计不同产品的销售情况，并对该公司当月的销售数据进行比较。如下图所示的表格中展示了电子产品销售公司每月不同产品的销量，要求用动态图表的形式对比不同产品在当月的销量情况。

月份	手机	平板	手环	音响	风扇	电视
1月	30	35	26	28	30	35
2月	40	35	38	45	30	32
3月	40	46	36	42	54	50
4月	35	42	28	54	48	54
5月	18	16	24	11	18	22
6月	35	25	40	22	35	36

【诉求理解】

针对上图所示的原始数据，它的诉求比较简单，要求根据这批数据源做一个动态图表，该动态图表可通过下拉列表来调整月份信息，当月份信息变化时，当月的销售数据比较情况也会跟着变化。在这里实现动态图表的函数用的是INDIRECT函数。最终效果如下图所示。

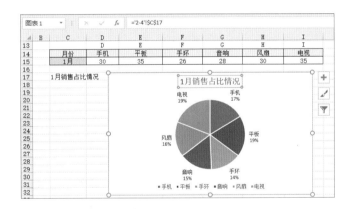

操作步骤

❶ 新建一个表格，将从上方提取的数据源放到新表格中，如下图所示。

月份	手机	平板	手环	音响	风扇	电视

❷ 选定目标单元格，这里选中C15单元格，选择【数据】→【数据工具】→【数据验证】（低版本为【数据有效性】）选项，在弹出的【数据验证】对话框中选择【设置】选项卡，在【允许】下拉列表中选择【序列】选项，单击【来源】文本框右侧的箭头，选取目标数据，这里选择C4:C9

单元格区域，单击【确定】按钮，如下左图所示。设置完成后，即可在下拉菜单中选择不同的月份，如下右图所示。

❸ 选定目标单元格D15，输入公式"=INDIRECT(D13&MATCH($C$15,$C$4:$C$9,0)+3)"，实现数据的查询功能。输入完成后，使用填充功能实现其他单元格数据的填充。

> **Tips**
>
> 该函数是一个嵌套函数，先计算MATCH函数，再将结果作为参数，计算INDIRECT函数。
>
> （1）MATCH($C$15,$C$4:$C$9,0)：表示在C4:C9单元格区域查找匹配位置，返回结果为1，即C15的值在C4:C9单元格区域中位于第1行。
>
> （2）计算D13&（1+3），返回结果为D4。
>
> （3）计算INDIRECT函数，将数值"30"赋给相应的单元格。
>
> 效果如下图所示。

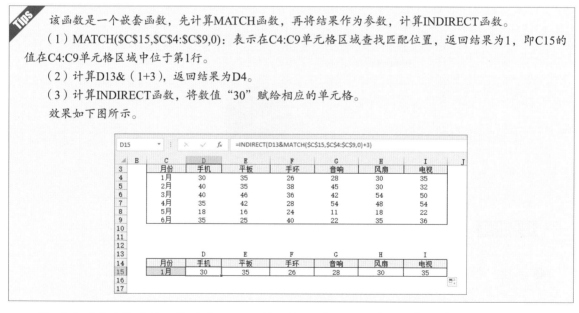

❹ 选中动态查询表格，即选中C14:I15单元格区域，选择【插入】→【图表】→【饼图】按钮，插入一个饼图。在绘图区内选中饼图数据并右击，在弹出的快捷菜单中选择【添加数据标签】命令，然后再次右击，选择【设置数据标签格式】命令，在弹出的【设置数据标签格式】窗格中选择【标签选项】→【标签选项】选项，在【标签包括】选项中选中【类别名称】和【百分比】复选框，在【标签位置】下选中【数据标签外】单选按钮，如下图所示。

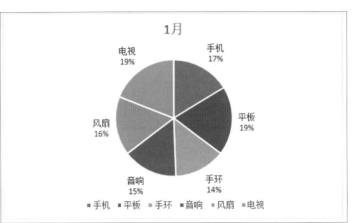

❺ 选中目标单元格，如C17单元格，在该单元格中输入公式"=C15&"销售占比情况""（可以看出图表标题是用连接符连接起来的），然后按【Enter】键，完成单元格内容填充。此时，会看到C17单元格中的内容变为了"1月销售占比情况"。最后选中图表标题，在编辑栏中输入"="，并单击C17单元格，这样图表标题就变为C17单元格的内容，如下图所示。

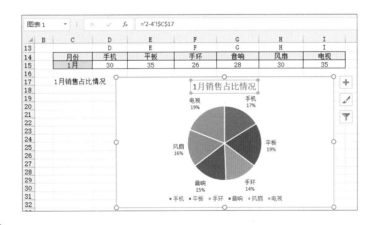

【案例分析】

思路：通过辅助列实现。

（1）下拉菜单：通过"数据验证"（数据有效性）实现，需要注意所选区域不能重复。

（2）INDIRECT函数：含义理解及与MATCH函数的套用。

（3）变动标题：通过文本框内容引用单元格内容来实现。

【提示与建议】

自定义名称一般用INDIRECT函数与其他函数嵌套，用法较多，需掌握。

2.5 高手点拨

动态图表制作的方法很多，根据不同情况，可以使用数据透视图实现，也可以用函数公式实现，本章表采用的是后者。不同的公式用到的步骤略有差异，但最终都是要通过公式的选择来创造一个根据选项变化的区域，然后利用这个区域做图即可。

2.6 实战练习

练习 1

打开"素材\ch02\实战练习1.xlsx"文件，6名员工近半年对某款产品的销售量情况如下图所示，现需要制作动态图表对这6名员工的销量做对比，试用VLOOKUP函数解决该问题。

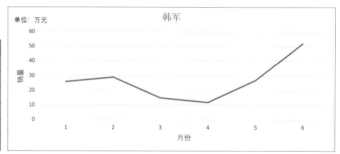

姓名	1月	2月	3月	4月	5月	6月
韩军	26	29	15	12	27	52
陶庆义	11	20	75	12	61	24
李高鹏	25	100	8	78	12	17
朱火英	46	25	12	18	63	34
蒋半雪	84	8	58	33	53	99
朱海燕	23	90	59	40	50	99

练习 2

打开"素材\ch02\实战练习2.xlsx"文件，某公司5名业务员的销售业绩年表如下图所示，现需要制作动态图表对这5名业务员的销售业绩做对比，试用OFFSET函数解决该问题。

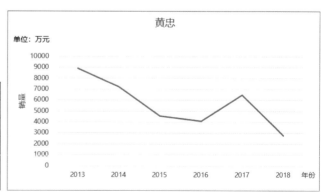

姓名	2013	2014	2015	2016	2017	2018
张飞	2043	4810	2934	7252	7605	6289
赵云	8880	2309	2970	3839	3386	1407
黄忠	8902	7234	4567	4088	6493	2775
马超	1480	7256	6762	9221	3817	1047
关羽	9059	9647	8675	5516	4764	9631

第3章

切片器透视动态图

3.1 透视图基础与技巧

　　数据透视表是一种快速汇总、分析大量数据表格的交互式工具。使用数据透视表可以按照数据表格的不同字段从多个角度进行透视，并建立交叉表格，用以查看数据表格不同层面的汇总信息、分析结果及摘要数据。

　　而数据透视图是在数据透视表的基础上创建的图表，与数据透视表关联，数据透视图也是交互式的。创建数据透视图时，会显示筛选按钮。可使用筛选按钮对数据透视图显示的数据进行排序和筛选。数据透视图的创建方法与普通图表的创建方法类似。

　　使用数据透视表和数据透视图可以深入分析数据，以帮助用户发现关键数据，进而做出有关企业中关键性决策。

案例名称	不同地区不同产品销售数量及金额对比（1）	
素材文件	素材 \ch03\3.1.xlsx	
结果文件	结果 \ ch03\3.1.xlsx	

 销 售 　**范例3-1　不同地区不同产品销售数量及金额对比（1）**

　　下图所示为不同地区不同产品销售数量及金额的数据。经过一年的销售，年底需要对不同地区同一产品的销量及同一地区不同产品的销量进行对比分析。

　　这时常需要利用透视图对数据进行比较，如下图所示。从图中用户可以看出所有片区的电脑、电视、空调、手机的销售数量，也可以通过筛选功能选择不同片区来进行观察对比以分析数据。

▲	A	B	C	D	E
1					
2	片区	产品名称	数量	单价	金额
3	华中	电视	246	6000	1,476,000
4	华中	电视	207	6000	1,242,000
5	华中	手机	254	3000	762,000
6	华中	电脑	284	4000	1,136,000
7	华中	电脑	221	4000	884,000
8	华北	空调	240	9000	2,160,000
9	华北	电视	254	6000	1,524,000
10	华北	电视	239	6000	1,434,000
11	华北	手机	215	3000	645,000
12	华北	手机	233	3000	699,000
13	华南	空调	213	9000	1,917,000
14	华南	手机	287	3000	861,000
15	华南	手机	271	3000	813,000
16	华南	手机	276	3000	828,000
17					

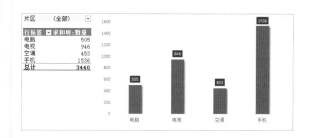

操作步骤

第一步● 创建数据透视表

❶ 选中数据区域中的任意一个单元格，选择【插入】→【表格】→【数据透视表】选项，弹出【创建数据透视表】对话框，在【请选择要分析的数据】区域中已经自动选中了光标所在位置的整个连续数据区域，也可以重新选择想要分析的数据区域。选中【现有工作表】单选按钮，在【位置】区域内这里选择的是H3单元格，单击【确定】按钮，如下图所示。

❷ 此时，即可创建一个数据透视表。然后在数据透视表字段列表框中选中【片区】字段、【产品名称】字段和【数量】字段。这时候【产品名称】字段自动出现在【行】标签区域内；由于【数量】字段是【数字】型数据，因此会自动出现在【值】区域内；将【片区】字段拖曳至【筛选】区域，如右上图所示。

❸ 在【报表筛选】区域，可以对报表实现筛选，查看所关注的特定片区的详细信息。直接单击【报表筛选】区域中【片区】字段右边的下拉按钮，选中要查看的片区，即可对数据透视表实现筛选。例如，筛选华北、华中地区后，可以看出数据的变化，如下图所示。

第二步● 创建数据透视图

（1）使用Excel数据透视图可以将数据透视表中的数据可视化，以便于查看、比较和预测趋势，辅助用户做出针对关键数据的决策。前面已将数据透视化，在数据透视表的基础上就可以创建透视图了。

❶ 选中数据透视表中的任意数据，选择【数据透视表分析】→【工具】→【数据透视

图】选项，在弹出的【插入图表】对话框中，选择【柱形图】→【簇状柱形图】选项，单击【确定】按钮，即可插入一张柱形图，如下图所示。

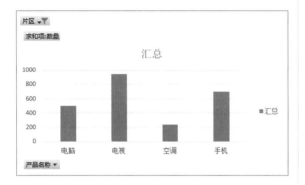

❷ 选中数据透视图，单击【片区】下拉列表框右侧的下拉按钮，在弹出下拉列表中选择要显示的数据，这里选择只显示"华北"地区的数据，此时即可看到数据透视图的变化，效果如下图所示。

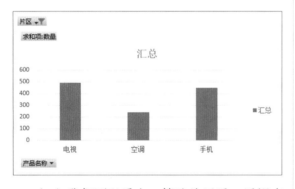

（2）我们可以看出，筛选片区后，透视表和透视图的数据都会发生变化，这样就达到了联动的效果。用户可以根据自己的需求对透视图进行美化，如隐藏字段名、删除图例/图题/网格线、修改柱状图等。其修改方法如下。

❶ 选中数据透视图中的字段名并右击，在弹出的快捷菜单中选择【隐藏图表上的所有字段按钮】命令，如右上图所示。

❷ 如需删除透视图中的图例、图题或网格线，直接选中所要删除的内容并右击，在弹出的快捷菜单中选择【删除】命令，或者选中后直接按【Delete】键进行删除，优化后如下图所示。

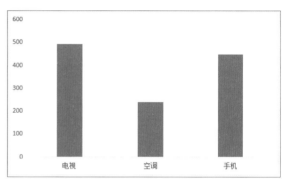

❸ 选中图表中的数据系列并右击，在弹出的快捷菜单中选择【填充】下拉列表框右侧的下拉按钮，选择需要的颜色，这里选择"红色，个性色2"，如下图所示。

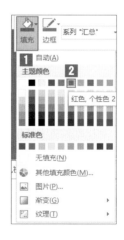

❹ 选择【数据透视图工具】→【格式】→
【形状样式】选项，单击【形状效果】按钮，在
其下拉列表中选择一种样式来改变柱形图的形
状效果。这里选择【阴影】→【偏移：右下】
选项，如下图所示。

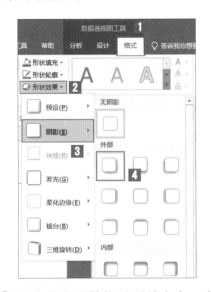

❺ 选中柱状图数据系列并右击，在弹出
的快捷菜单中选择【添加数据标签】命令，然
后选中添加的数据标签，在【开始】选项卡的
【字体】选项组中将【填充颜色】改为"黑色"，
将【字体颜色】改为"白色"，如下图所示。

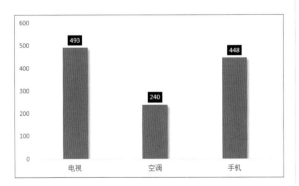

❻ 在数据透视表中单击"片区"右侧的
下拉按钮，在弹出的下拉列表框中选中【全部】
复选框，即可将"华北""华南""华中"的数
据全部显示出来，最终效果如右上图所示。

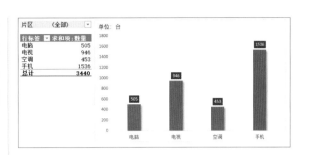

Tips　当用户不需要显示透视表的时候可以进行隐
藏，具体操作：选中数据透视表所在单元格的列，
本案例中数据透视表所在的列为H、I，选中后右
击，在弹出的快捷菜单中选择【隐藏】命令。

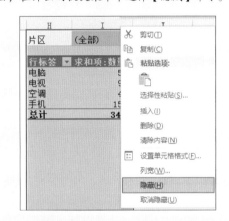

需要再次显示时，可以取消隐藏，具体操作：
选中与隐藏列相邻的列，本案例中选中H、K列，
选中后右击，在弹出的快捷菜单中选择【取消隐
藏】命令，如下图所示。

【案例分析】

在数据信息较多时，使用数据透视表和数据透视图能够帮助我们更加快捷而直观地获取到有效信息。

3.2 切片器让透视图动起来

"切片"的概念就是将物质切成极微小的横断面薄片，以观察其内部的组织结构。数据透视表的切片器实际上就是以一种图形化的筛选方式单独为数据透视表中的每个字段创建一个选取器，浮动于数据透视表之上，通过对选取器中字段项的筛选，实现比字段下拉列表筛选按钮更加方便、灵活的筛选功能。共享后的切片器还可以应用到其他的数据透视表中，从而在多个数据透视表数据之间架起一座桥梁，轻松地实现多个数据透视表联动。

案例名称	不同地区不同产品销售数量及金额对比（2）	
素材文件	素材 \ch03\3.2.xlsx	
结果文件	结果 \ ch03\3.2.xlsx	

销售 范例3-2 不同地区不同产品销售数量及金额对比（2）

下图所示为不同地区不同产品销售数量及金额的数据。经过一年的销售，年底需要对不同地区同一产品的销量、同一地区不同产品的销量进行对比分析。

	A	B	C	D	E
1					
2	片区	产品名称	数量	单价	金额
3	华中	电视	246	6000	1,476,000
4	华中	电视	207	6000	1,242,000
5	华中	手机	254	3000	762,000
6	华中	电脑	284	4000	1,136,000
7	华中	电脑	221	4000	884,000
8	华北	空调	240	9000	2,160,000
9	华北	电视	254	6000	1,524,000
10	华北	电视	239	6000	1,434,000
11	华北	手机	215	3000	645,000
12	华北	手机	233	3000	699,000
13	华南	空调	213	9000	1,917,000
14	华南	手机	287	3000	861,000
15	华南	手机	271	3000	813,000
16	华南	手机	276	3000	828,000
17					

这时常需要利用透视图进行比较，如下图所示。本节中通过插入切片器来控制数据透视图，从而实现动态表的制作。

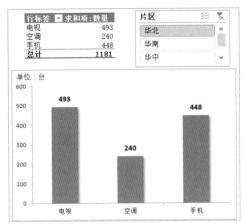

操作步骤

第一步● 插入切片器

❶ 接第3.1的内容继续操作，在【数据透视表字段】窗格中删除【片区】字段，选中数据透视表数据区域中的任意一个单元格，选择【数据透视表分析】→【筛选】→【插入切片器】选项，在弹出的【插入切片器】对话框中选择【片区】复选框，单击【确定】按钮，即可插入【片区】字段切片器，效果如下图所示。

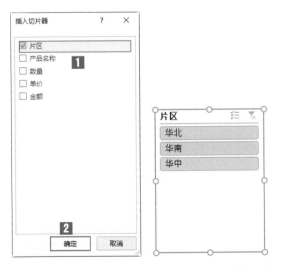

❷ 选择【片区】切片器的字段项【华北】，数据透视表就立即显示出筛选结果，如右图所示。

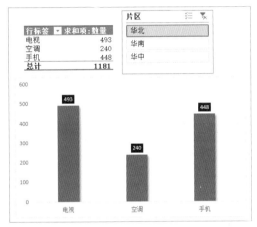

> **Tips** 在切片器筛选框内，按住【Ctrl】键的同时，可以使用鼠标选中【华南】和【华中】字段项进行筛选，如下图所示。也可以单击切片器中的【多选】按钮，实现两个及两个以上字段选项的多选；单击【清除筛选器】按钮，即可清除筛选状态，全选所有字段。

第二步● 添删数据

❶ 在源数据表中添删数据之前，需要更改源数据表的格式。选中源数据表区域，这里选择A2:E16数据区域，选择【插入】→【表格】→【表格】选项，弹出【创建表】对话框，单击

【确定】按钮，即可将该区域变成一个"表格"。它会应用默认的表格样式，效果如下图所示。

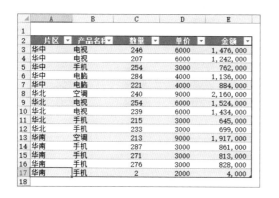

❷ 此时在表格下方第17行增加一行数据，即可看到表格区域自动扩大到第17行，如下图所示。

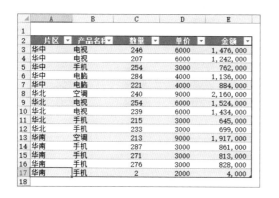

> **Tips** 若想将表格转换为普通区域，只要选中数据区域中的任意一个单元格，选择【表格工具】→【设计】→【工具】→【转换为区域】选项即可。

❸ 在切片器中只选中【华南】字段项，即可看到数据透视表的数据随之发生变化，如下图所示。

❹ 选择【数据透视表分析】→【数据】→【刷新】选项，即可完成数据的更新，如下图所示。

> **Tips** 刷新数据时，也可以选中数据透视表中的任意一个单元格，右击，在弹出的快捷菜单中选择【刷新】命令。

【案例分析】

如果没有把源数据表转换为"表格"，源数据表只是一个普通的数据区域，那么在源数据表中增加数据时，单击【刷新】按钮，无法实现数据透视表数据的更新。

3.3 自定义计算字段制作复合图

当我们根据原始数据做出透视表后，如果想在透视表的基础上分析不同数据的变化，就需要自定义字段来增加透视表的维度，并且能够制作出数据对比的复合图。

案例名称	客户今年与去年的销量对比
素材文件	素材 \ch03\3.3.xlsx
结果文件	结果 \ ch03\3.3.xlsx

 销售 范例3-3 **客户今年与去年的销量对比**

下图所示为不同客户去年销量和今年销量的数据，现希望可以直观地看到不同客户销量的对比，并且能够分析出销量的变动。

客户名称 ▼	月份 ▼	去年销量 ▼	今年销量 ▼
小宇	1月	266	298
小宇	2月	226	231
小宇	3月	242	215
小宇	4月	262	270
小宇	5月	217	273
康龙	1月	216	259
康龙	2月	226	298
康龙	3月	208	278
康龙	4月	219	300
康龙	5月	258	209
九田	1月	273	203
九田	2月	259	289
九田	3月	260	225
九田	4月	200	289
九田	5月	290	257
东安	1月	201	254
东安	2月	236	267
东安	3月	275	242
东安	4月	269	217
东安	5月	236	292
北通	1月	231	232
北通	2月	244	275
北通	3月	281	209
北通	4月	231	290
北通	5月	223	242
欧产	1月	279	214
欧产	2月	251	255
欧产	3月	234	267
欧产	4月	237	214
欧产	5月	220	284

这时常需要借助自定义字段的方式来处理。原始数据中并没有变动率的数据，我们通过自定义字段计算出去年销量和今年销量的变动率，增加了原有透视表的维度，制作出的动态复合图如下图所示。

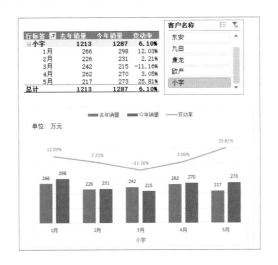

第一步 输入透视图和切片器

按照前面章节所讲述的内容插入透视图和切片器，内容不再赘述，效果如下图所示。

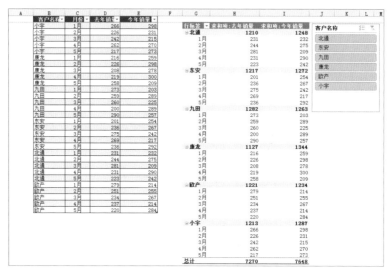

第二步 自定义字段及美化图表

❶ 选中数据透视表中的任意一个单元格，选择【数据透视表工具】→【分析】→【计算】→【字段、项目和集】→【计算字段】选项，弹出【插入计算字段】对话框。在【名称】文本框中输入"变动率"，在【公式】文本框中输入"=(今年销量–去年销量)/去年销量"，单击【确定】按钮，如下图所示。

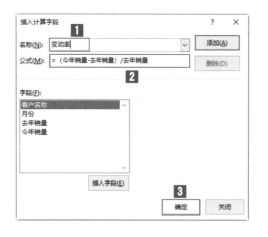

❷ 这时的变动率不是百分比的形式，需选中"变动率"列的所有数据，在【开始】下的【数字】选项组中单击【数字格式】下拉按钮，在其下拉列表中选择【百分比】选项，即可将变动率变为百分比形式，如下图所示。

行标签	求和项:去年销量	求和项:今年销量	求和项:变动率
⊟康龙	1127	1344	19%
1月	216	259	20%
2月	226	298	32%
3月	208	278	34%
4月	219	300	37%
5月	258	209	-19%
总计	**1127**	**1344**	**19%**

❸ 在切片器中选中【康龙】字段选项，在数据透视表中即可看到筛选出来的数据，然后选中数据透视表区域中的任意一个单元格，插入一个柱形图，隐藏不需要的文字，将【图例】放于图表上方，效果如下图所示。

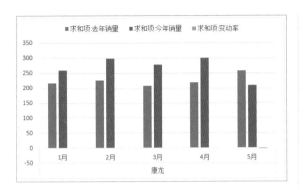

❹ 选择【数据透视图工具】→【格式】→
【当前所选内容】选项，单击【图表元素】下
拉按钮，在弹出的下拉列表中选择【系列"求
和项:变动率"】选项，单击【设置所选内容格
式】按钮，在弹出的【设置数据系列格式】窗
格中展开【系列选项】选项，选中【次坐标轴】
单选按钮，然后再选择【插入】→【图表】→
【折线图】选项，即可将"求和项:变动率"数
据由柱形图变为折线图，效果如下图所示。

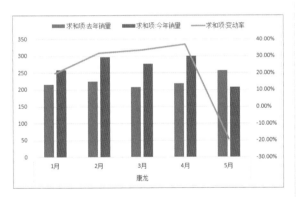

❺ 在已创建的数据透视表中，选中想要
更改的列标签，如这里选中"求和项:去年销
量"，在编辑栏中将"求和项:"文本删除，按
【Enter】键确认，此时会弹出提示框，提示"已
有相同数据透视表字段名存在"，单击【确定】
按钮，在编辑栏的"去年销量"文本后加一个
空格，即可解决该问题，然后使用同样的方法
更改其他列标签，效果如右上图所示。

Tips 在数据透视表区域中右击，在弹出的快捷菜
单中选择【值字段设置】命令，或者在列标签上
双击，弹出【值字段设置】对话框，在【自定义
名称】文本框也可以修改列标签，如下图所示。

❻ 选中柱状图中的纵坐标轴并右击，在弹
出的快捷菜单中选择【设置坐标轴格式】命令，
在弹出的【设置坐标轴格式】窗格中展开【坐
标轴选项】选项，将【边界】区域中的【最大
值】改为"600"，然后在图表中选中次坐标轴，
展开【坐标轴选项】选项，将【边界】区域中
的【最小值】和【最大值】分别改为"-1.0"和
"0.5"，再展开【数字】选项，将【小数位数】
改为"0"，效果如下图所示。

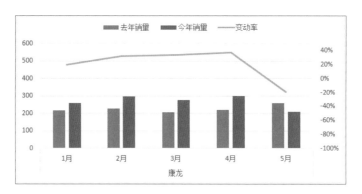

 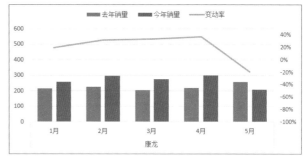

❼ 选中柱状图中代表"去年销量"的数据系列并右击，在弹出的快捷菜单中单击【填充】按钮右侧的下拉按钮，选择需要填充的颜色，然后在【设置数据系列格式】窗格中分别调整【系列重叠】和【间隙宽度】的值，如下图所示。

❽ 分别选中柱状图中代表"去年销量"和"今年销量"的数据系列及代表"变动率"的折线，然后右击，在弹出的快捷菜单中选择【添加数据标签】命令，效果如下图所示。

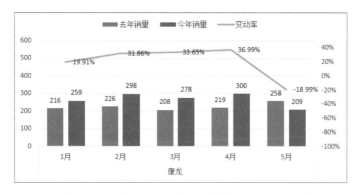

❾ 选中"变动率"折线新添加的数据，在【设置数据系列格式】窗格中展开【标签选项】选项，设置【标签位置】为"靠上"，然后在【开始】选项卡下修改字体颜色，对数据进行区分，再分别选中柱状图中的主坐标轴和次坐标轴，在【设置数据系列格式】窗格中展开【标签】选项，将【标签位置】设置为"无"，即可将主坐标轴和次坐标轴隐去，最后添加单位，效果如下图所示。

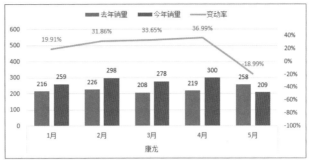

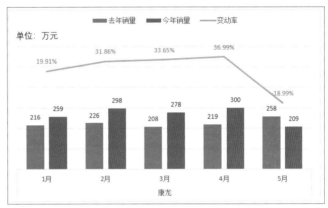

【案例分析】

数据透视表非常灵活，通过自定义字段，可以随时切换数据的显示效果，并且能够将数据进行计算比较，不仅增加了透视表的维度，还可以根据透视表制作出复杂的组合图表，对用户进行数据的分析处理有很大的帮助。

3.4 值显示方式制作个性图表

除了前面所讲的利用自定义字段进行数据计算比较外，我们也可以通过值显示方式来完成个性化图表的制作。

案例名称	门店和网络的销量对比	
素材文件	素材 \ch03\3.4.xlsx	
结果文件	结果 \ ch03\3.4.xlsx	

销售 范例3-4　门店和网络的销量对比

在不同销售渠道下各种产品的销量数据如下图所示。由原始数据可以看出产品的销售渠道有网络和门店，销售的产品类别分别有手环、平板、台灯、背包、电脑、电视、音响、手机。

渠道	产品类别	销量
网络	手环	266
门店	手环	226
网络	手环	242
门店	手环	262
门店	手环	217
网络	平板	216
网络	平板	226
门店	平板	208
门店	台灯	219
网络	台灯	258
网络	背包	273
门店	背包	259
门店	背包	260
网络	背包	200

门店	电脑	201
网络	电脑	236
网络	电脑	275
网络	电脑	269
门店	电脑	236
网络	电视	231
网络	电视	244
网络	电视	281
门店	音响	231
网络	音响	223
网络	手机	279
门店	手机	251
网络	手机	234
网络	手机	237
网络	手机	220

现希望达到一种效果，即当选择"门店"时，透视图中会出现门店所销售产品的类别、销量及销量占比等数据。但是原始数据中并没有不同销售渠道产品的占比，此时通过值显示方式便可计算出不同销售渠道产品销量的占比，增加了原有透视表的维度，制作出的动态复合图如下图所示。

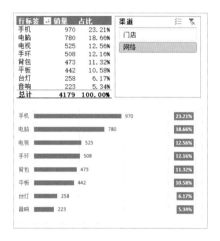

操作步骤

❶ 按照前面章节所讲述的内容插入透视图，用户需要计算销量占比，因此将销量进行两次求和，在【数据透视表字段】窗格中将【销量】字段拖入下方的【值】区域两次，将【产品类别】拖入下方的【行】标签区域，效果如下图所示。

行标签	求和项:销量	求和项:销量2
背包	1282	1282
电脑	1217	1217
电视	756	756
平板	650	650
手环	1213	1213
手机	1221	1221
台灯	477	477
音响	454	454
总计	7270	7270

❷ 在"求和项：销量"列中选中任意单元格并右击，在弹出的快捷菜单中选择【排序】→【降序】命令，再在"求和项:销量2"列中选中任意单元格并右击，在弹出的快捷菜单中选择【值显示方式】→【列汇总的百分比】命令，然后将透视表中的列标签名称"求和项:销量"和"求和项:销量2"分别修改为"销量"和"占比"，效果如下图所示。

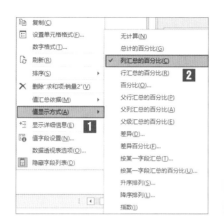

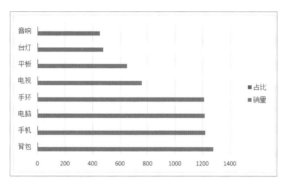

❸ 选中透视表中的任意单元格，选择【插入】→【图表】→【柱形图】→【二维条形图】选项，即可插入条形图，并隐藏图表上的字段按钮，效果如下图所示。

❹ 选中条形图中的纵坐标轴并右击，在弹出的快捷菜单中选择【设置坐标轴格式】命令，在弹出的【设置坐标轴格式】窗格中展开【坐标轴选项】选项，选中【逆序类别】复选框，如下图所示。

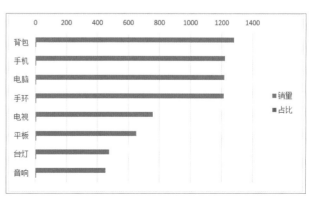

❺ 选择【数据透视图工具】→【格式】→【当前所选内容】选项，单击【图表元素】按钮，在

弹出的下拉列表中选择【系列"占比"】选项，并单击【设置所选内容格式】按钮，在弹出的【设置数据系列格式】窗格中展开【系列选项】选项，选中【次坐标轴】单选按钮，然后选中图表中表示"占比"的条形图，右击，在弹出的快捷菜单中选择【添加数据标签】命令，效果如下图所示。

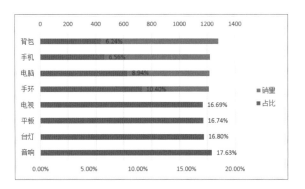

⑥ 销量占比要与销量相对应，选中条形图，单击图表右上角的【图表元素】按钮![img]，展开列表，选中【坐标轴】复选框，再选中对应的【次要纵坐标轴】复选框，如下图所示。

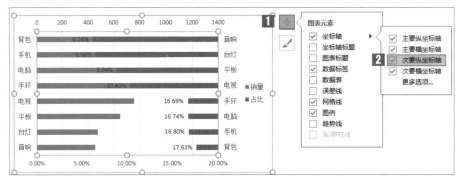

⑦ 选中【数据标签】复选框，在【设置数据标签格式】窗格中展开【标签选项】选项，在【标签位置】下选中【轴内侧】单选按钮，效果如下图所示。

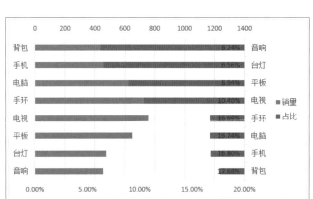

❽ 选中次要纵坐标轴，在【设置坐标轴格式】窗格中选中【逆序类别】复选框，并将次坐标轴的条形图颜色设置为"无填充"，效果如下图所示。

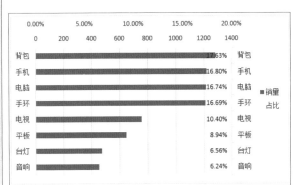

❾ 选中主坐标水平轴，打开【设置坐标轴格式】窗格，在【坐标轴选项】下的【边界】区域中将【最小值】改为"0"，【最大值】改为"1800"，再展开【标签】选项，将【标签位置】设置为"无"，然后选中"销量"数据系列，并添加数据标签，最后选中"占比"数据标签，设置其填充颜色和字体颜色，隐藏条形图中不需要的元素，效果如下图所示。

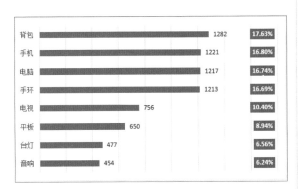

❿ 插入切片器，对销售渠道进行筛选，如右图所示。

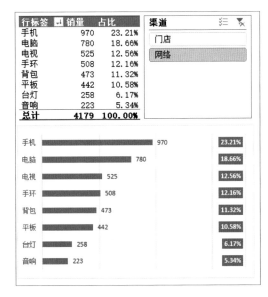

【案例分析】

在数据透视表中可以更改值的显示方式，如总计的百分比、按列汇总的百分比、行汇总的百分比等，通过更改值显示方法，可以用百分比的形式显示数据透视表中数据，达到在同一图表中用多种形式展示同一数据的目的。

3.5 透视图的布局和美化

初步创建的数据透视图，往往需要经过进一步的编辑美化，才能达到向用户展示数据的要求。

案例名称	不同部门不同年份销量对比
素材文件	素材 \ch03\3.5.xlsx
结果文件	结果 \ ch03\3.5.xlsx

 美 化 范例3-5 不同部门不同年份销量对比

下图所示的表格是某公司对2018年和2019年的销量统计。

部门	经理	月份	2018年销售	2019年销售
卡车部	经理2	4	132	111
卡车部	经理2	4	135	110
卡车部	经理3	5	134	131
卡车部	经理2	1	143	120
卡车部	经理2	2	119	135
卡车部	经理3	3	118	100
卡车部	经理2	4	135	120
卡车部	经理3	5	109	114
卡车部	经理3	1	143	101
卡车部	经理3	3	125	121
卡车部	经理2	3	107	125
卡车部	经理3	4	142	109
卡车部	经理3	4	107	145
卡车部	经理3	5	138	103
客车部	经理5	1	141	132
客车部	经理5	2	135	120
客车部	经理5	3	125	150
客车部	经理5	4	107	125
客车部	经理6	5	119	144
客车部	经理6	1	119	135
客车部	经理5	3	115	148
客车部	经理5	3	115	137
客车部	经理6	4	128	126
客车部	经理6	4	143	101
客车部	经理6	5	127	125
客车部	经理6	1	109	131
客车部	经理5	2	135	112
客车部	经理5	3	112	131

根据原始数据制作出透视表、透视图，虽然能够直观展示数据的对比效果，但初步制作出的透视图并不美观，需要进行美化。美化后的图表如下图所示。

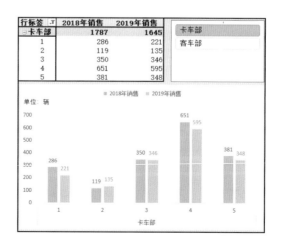

![操作步骤]

❶ 按照前面章节所讲述的内容插入透视表、透视图（柱状图），如下图所示。

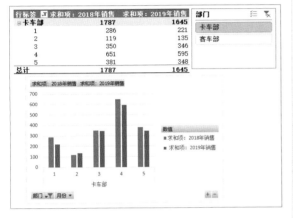

❷ 根据前面所讲的内容对柱形图进行美

化，如隐藏不需要的字段，调整图例位置，删除网格线，修改柱形图颜色，添加数据标签等，效果如下图所示。

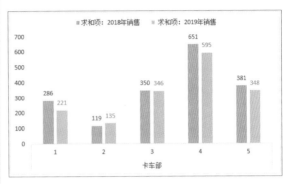

❸ 选中切片器并右击，在弹出的快捷菜单中选择【切片器设置】命令，在弹出的【切片器设置】对话框中取消选中【显示页眉】复选框，单击【确定】按钮，如下图所示。

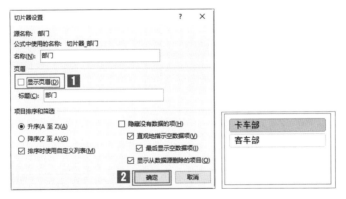

❹ 选中切片器，在【切片器工具】下选择【选项】选项卡，在【按钮】选项组中将【列】改为"2"，切片器标签即可转换为横向排列，如下图所示。

❺ 在【切片器样式】选项组中，也可以选择自己喜欢的样式对切片器进行调整，如下图所示。

⑥ 更改列标签，然后选择"透视表""透视图""切片器"所占的单元格，在【开始】下的【字体】选项组中设置填充颜色，效果如下图所示。

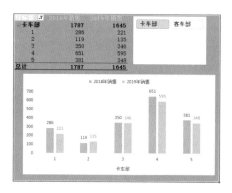

⑦ 改变背景色后有部分文字不清晰，可以选中不清晰的文字，在【开始】选项卡下的【字体】选项组中，将字体颜色改为"黑色"，如下图所示。

行标签	2018年销售	2019年销售
卡车部	1787	1645
1	286	221
2	119	135
3	350	346
4	651	595
5	381	348
总计	1787	1645

⑧ 选中透视表后，选择【设计】→【布局】→【总计】选项，在弹出的下拉列表中选择【仅对行启用】选项，然后填充颜色，效果如右上图所示。

行标签	2018年销售	2019年销售
卡车部	1787	1645
1	286	221
2	119	135
3	350	346
4	651	595
5	381	348

⑨ 选择填充区域，选择【开始】→【字体】选项，单击【边框】按钮右侧的下拉按钮，在弹出的下拉列表中选择【粗外侧框线】选项，效果如下图所示。

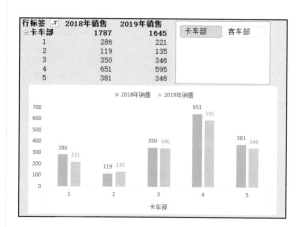

⑩ 对"透视表""透视图""切片器"进行最后调整，达到期望的效果，如下图所示。

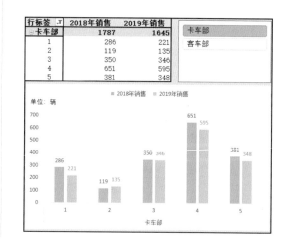

【案例分析】

调整切片器的大小及样式，并且将其移动至合适的位置，可以方便用户切换切片器选项并观察数据透视图的显示效果。美化数据透视表和数据透视图，除了使用Excel内置的样式外，还可以发挥想象力，制作出美观、专业的数据透视图。

3.6 切片器与透视图综合应用

本节介绍在复杂的数据中如何使用切片器和数据透视图分析数据，并美化图表。

案例名称	不同客户不同类别销售数量及金额对比
素材文件	素材 \ch03\3.6.xlsx
结果文件	结果 \ ch03\3.6.xlsx

 销售　范例3-6　不同客户不同类别销售数量及金额对比

下图所示为不同客户不同类别产品的销售数量及金额，现要求在数据对比时销售数量和金额能够进行联动。

客户名称	月份	类别	数量	金额(万元)
成东汽车	1	轮毂	20	1,817.00
成东汽车	2	轴承	2	1,555.00
成东汽车	3	轴承	4	1,060.00
成东汽车	4	轴承	8	1,106.00
成东汽车	5	轴承	16	1,403.00
广艾汽车	1	轮毂	26	1,975.00
广艾汽车	2	轮毂	10	1,429.00
广艾汽车	3	轮毂	190	1,125.00
广艾汽车	4	轴承	190	1,530.00
广艾汽车	5	轴承	80	1,941.00
合林汽车	1	轮毂	40	1,128.00
合林汽车	2	轮毂	40	1,975.00
合林汽车	3	轮毂	30	1,837.00
合林汽车	4	轴承	160	1,096.00
合林汽车	5	轴承	10	1,144.00
长马汽车	1	轴承	30	1,878.00
长马汽车	2	轮毂	1	1,466.00
长马汽车	3	轮毂	5	1,601.00
长马汽车	4	轮毂	45	1,076.00
长马汽车	5	轮毂	8	1,914.00

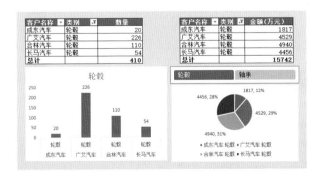

从上图可以看出，要进行数量和金额的联动需要建立两个透视表来完成，这样在进行筛选时，才能同时显示数量和金额。

操作步骤

❶ 根据原始数据及要求，需要建立两个透视表，在透视表的【行】标签区域中分别选择"客户名称"及"类别"，在【值】区域中分别选择"数量"和"金额"，如下图所示。

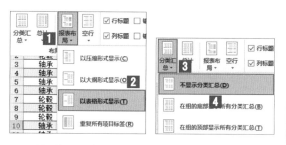

❷ 选择【设计】→【布局】→【报表布局】选项，在弹出的下拉列表中选择【以表格形式显示】选项，再单击【分类汇总】按钮，在弹出的下拉列表中选择【不显示分类汇总】选项，如下图所示。

❸ 使用同样的方法设置另一个数据透视表，并更改列标签名称，效果如下图所示。

❹ 选中任意一个数据透视表，插入切片器，对"类别"进行筛选，如下图所示。

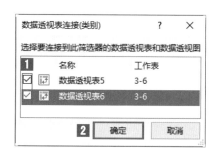

❺ 选中"切片器"并右击，在弹出的快捷菜单中选择【报表连接】命令，弹出【数据透视表连接（类别）】对话框，选中需要连接的透视表，单击【确定】按钮，如下图所示。

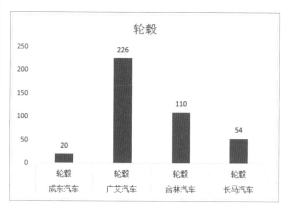

❻ 选中带有"数量"字段的数据透视表，插入柱形图，并进行美化，如隐藏不需要的字段、调整图例位置、删除网格线、修改柱形图颜色和添加数据标签，然后选中图表标题，在编辑栏中输入公式"=I4"，效果如下图所示。

❼ 选中带有"金额"字段的数据透视表，插入饼图，并进行美化，隐藏不需要的字段并

添加数据标签，在【设置数据标签格式】窗格中展开【标签选项】选项，在【标签包括】区域中选中【百分比】复选框，在【标签位置】区域选中【数据标签外】单选按钮，更改饼图颜色，并将图例放置在图表下方，效果如下图所示。

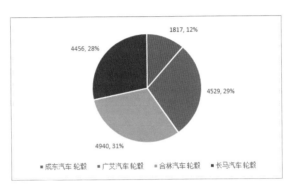

❸ 根据前面讲述的内容对切片器进行调整，隐藏页眉、切片器标签即可转换为横向排列，如下图所示。

❾ 对所需单元格进行填充，根据个人喜好进行布局，效果如下图所示。

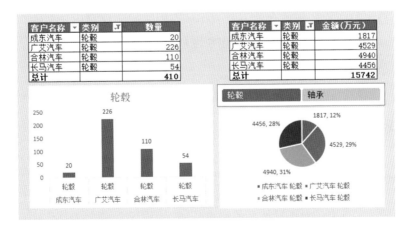

当用户切换"轮毂"或"轴承"时，由于数据的变化，单元格大小也会变化，影响美观。用户可以在数据透视表中右击，在弹出的快捷菜单中选择【数据透视表】命令，在弹出的【数据透视表选项】对话框中取消选中【更新时自动调整列宽】复选框，单击【确定】按钮，如下图所示。

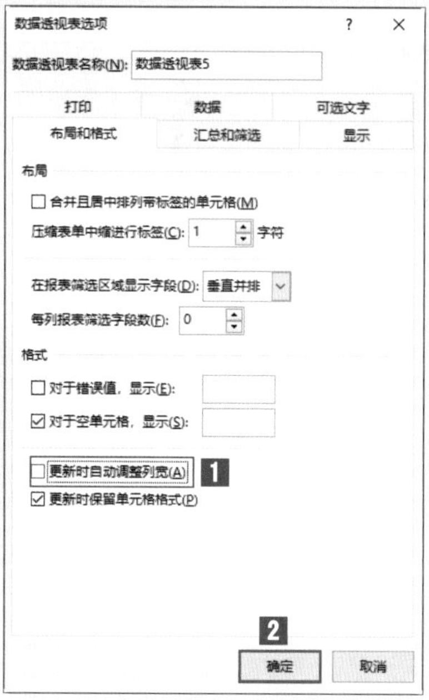

【案例分析】

根据需求，通过切片器和透视图的灵活运用，以满足图表联动、美观的诉求。

3.7 高手点拨

本章采用透视表与切片器相结合的方式制作动态图表，实现对比结果的联动，清晰直观地表达数据的变化，以便深入分析数据，帮助用户发现关键数据，进而做出有关企业中关键数据的决策。

3.8 实战练习

练习①

不同区域不同员工近半年对不同产品的销售量如下图所示，现需要制作动态图表对这不同区域的各个季度销量做对比，试用数据透视表、透视图和切片器制作动态图表来解决该问题。

销售区域	产品名称	销售人员	第1季度	第2季度	第3季度	第4季度	合计
成都	CPU	王茵	37429.18	77284.80	43172.23	62796.13	220682.34
深圳	显卡	陈建军	6145.51	53881.39	13801.01	99645.08	173472.99
广州	显示器	刘怀安	43697.81	42688.68	64275.35	85769.89	236431.73
北京	硬盘	贺天平	24926.72	4559.82	86042.07	77317.88	192846.49
上海	内存	杨海	63510.65	1852.79	87030.76	83577.10	235971.30
山东	显示器	崔鑫亮	62422.37	34486.60	34230.82	14040.74	145180.53
厦门	硬盘	袁园	21822.99	57277.26	36505.61	1025.69	116631.55
福建	显示器	李小珂	49644.66	79261.81	61182.60	31175.78	221264.85

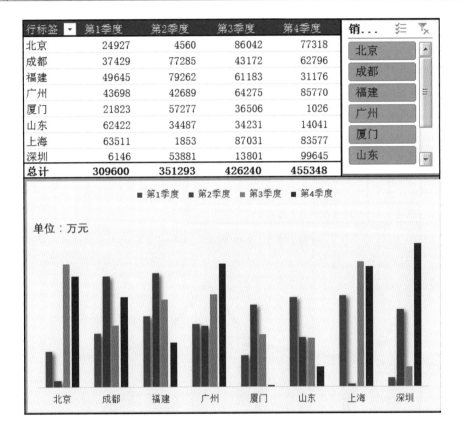

练习 ❷

下图为不同销售人员第一二季度的销量，现需要制作动态图表对这销售人员区域的各个季度销量做对比，试用自定义字段方式制作组合图来解决该问题。

销售人员	第 1 季度	第 2 季度	合计
韩军	37429.18	77284.80	114713.98
陶庆义	6145.51	53881.39	60026.90
李高鹏	43697.81	42688.68	86386.49
朱火英	24926.72	4559.82	29486.54
蒋半雪	63510.65	1852.79	65363.44
朱海燕	62422.37	34486.60	96908.97
袁园	21822.99	57277.26	79100.25
李小珂	49644.66	79261.81	128906.47

行标签 ▼	第1季度	第2季度	变动率
韩军	37429	77285	100%
蒋半雪	63511	1853	-91%
李高鹏	43698	42689	-2%
李小珂	49645	79262	56%
陶庆义	6146	53881	729%
袁园	21823	57277	153%
朱海燕	62422	34487	-42%
朱火英	24927	4560	-77%
总计	**309600**	**351293**	

销售人员

韩军
蒋半雪
李高鹏
李小珂
陶庆义
袁园
朱海燕
朱火英

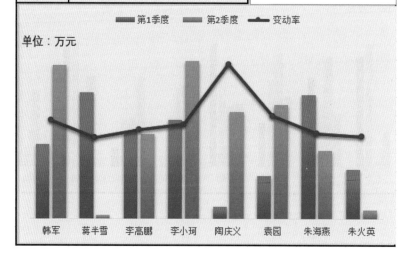

第4章

表单控件动态图

利用【开发工具】选项卡提供的相关功能，可以非常方便地使用与宏相关的功能。然而，在 Excel 的默认设置中，功能区中并不显示【开发工具】选项卡。关于【开发工具】的调用在前面已经介绍过，在这里就不再赘述了。选择【开发工具】→【控件】→【插入】选项，在弹出的下拉列表中即可看到 Excel 自带的各种控件。本章主要介绍在制作动态图表时常用的一些控件。

4.1 选项按钮动态图

表单控件中的"选项按钮"控件用于从一组有限的互斥选项中选择一个选项。选项按钮可以具有以下3种状态之一：选中（启用）、清除（禁用）或混合（即同时具有启用状态和禁用状态，如多项选择）。选项按钮还称为"单选按钮"。那么如何通过选项按钮制作数据动态图呢？在本节的案例中需要结合 OFFSET 函数来完成。

案例名称	某部门不同单位不同月份的绩效数值对比	
素材文件	素材 \ch04\4.1.xlsx	
结果文件	结果 \ ch04\4.1.xlsx	

 绩 效　**范例4-1　某部门不同单位不同月份的绩效数值对比**

某部门领导为了查看上半年各单位的绩效考核情况，需要对各单位上半年的绩效数值进行统计，统计结果如下图所示。

月份	单位1	单位2	单位3	单位4	单位5
1月	30.0	35.0	26.0	28.0	30.0
2月	40.0	35.0	38.0	45.0	30.0
3月	40.0	46.0	36.0	42.0	54.0
4月	35.0	42.0	28.0	54.0	48.0
5月	18.2	16.5	24.0	11.0	18.1
6月	35.0	25.0	40.0	22.0	35.0

为了更加直观地了解各单位上半年的绩效数值，员工小李想到了制作一个动态的折线图。利用控件与函数的配合，再加上"单元格链接"的作用，实现了动态折线图的制作，效果如下图所示。

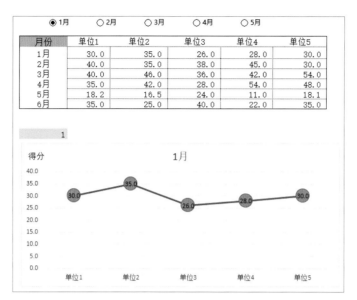

❶ 选择【开发工具】→【控件】→【插入】选项，在弹出的下拉列表中选择【选项按钮】控件，如下图所示。

❷ 在合适的位置拖动鼠标绘制选项按钮控件，并通过复制粘贴的方式复制5个控件按钮，在"选项按钮"控件上右击，在弹出的快捷菜单中选择【编辑文字】命令，对选项按钮控件重命名，并将控件按钮平均分布对齐，如右上图所示。

月份	单位1	单位2	单位3	单位4	单位5
1月	30.0	35.0	26.0	28.0	30.0
2月	40.0	35.0	38.0	45.0	30.0
3月	40.0	46.0	36.0	42.0	54.0
4月	35.0	42.0	28.0	54.0	48.0
5月	18.2	16.5	24.0	11.0	18.1
6月	35.0	25.0	40.0	22.0	35.0

❸ 在选项按钮控件上右击，在弹出的快捷菜单中选择【设置控件格式】命令，在弹出的【设置控件格式】对话框中切换到【控制】选项卡，在【单元格链接】中选择C15单元格进行链接，单击【确定】按钮，如下图所示。

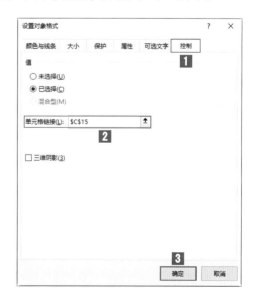

❹ 此时，即可看到C15单元格中显示的数值（随着选择的控件按钮不同，数值也不同）。然后给C15单元格设置填充颜色，使其突出显示出来，效果如下图所示。

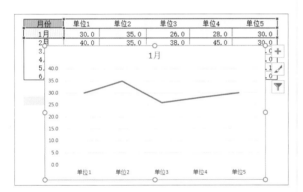

❺ 选中数据表中"1月"的数据，即C6:H7单元格区域，选择【插入】→【图表】→【折线图】选项，插入一个折线图，如下图所示。

❻ 为了实现动态的效果，需要用OFFSET函数进行自定义。选择【公式】→【定义的名称】→【定义名称】选项，弹出【新建名称】对话框，在【名称】文本框中输入"基础数据"，然后在【引用位置】文本框中输入"=OFFSET('4-1'!$C$6,'4-1'!$C$15,1,1,5)"，单击【确定】按钮；使用同样的方法再自定义一个名称为"月份"的函数，在【引用位置】文本框中输入公式"=INDEX('4-1'!$C$7:$C$12,'4-1'!$C$15)"，单击【确定】按钮，如右上图所示。

> **Tips**
>
> 公式"=OFFSET('4-1'!$C$6,'4-1'!$C$15,1,1,5)"，表示以C6单元格为起点，向下移动C15单元格中的值表示的行（C15单元格中的值根据选择按钮的不同而变化），向右移1列，至D列，并返回1行5列的数据。
>
> 公式"=INDEX('4-1'!$C$7:$C$12,'4-1'!$C$15)"，表示引用C7:C12单元格区域中某行，该行由C15单元格中的值决定。

❼ 选中折线图中的折线，在编辑栏中即可看到如下图所示的公式。将公式中"$D$7:$H$7"替换为第6步自定义的函数"基础数据"。

=SERIES('4-1'!$C$7,'4-1'!$D$6:$H$6,'4-1'!$D$7:$H$7,1)

=SERIES('4-1'!$C$7,'4-1'!$D$6:$H$6,'4-1'!基础数据,1)

❽ 继续将公式中的"$C$7"替换为第6步自定义的函数"月份"，如下图所示，按【Enter】键确认。

=SERIES('4-1'!$C$7,'4-1'!$D$6:$H$6,'4-1'!基础数据,1)

=SERIES('4-1'!月份,'4-1'!$D$6:$H$6,'4-1'!基础数据,1)

❾ 查看初步效果，如下图所示。

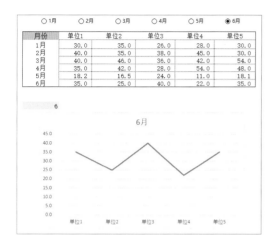

月份	单位1	单位2	单位3	单位4	单位5
1月	30.0	35.0	26.0	28.0	30.0
2月	40.0	35.0	38.0	45.0	30.0
3月	40.0	46.0	36.0	42.0	54.0
4月	35.0	42.0	28.0	54.0	48.0
5月	18.2	16.5	24.0	11.0	18.1
6月	35.0	25.0	40.0	22.0	35.0

⑩ 美化折线图。选中折线并右击，在弹出的快捷菜单中选择【设置数据系列格式】命令，切换到【填充与线条】选项卡，展开【线条】选项，选中【实线】单选按钮，并设置【颜色】为"红色，个性色2"；展开【标记】→【数据标记选项】选项，选中【内置】单选按钮，选择一种类型，并将【大小】设置为"19"；展开

【填充】选项，选中【纯色填充】单选按钮，设置【颜色】为"橙色，个性色6"；展开【边框】选项，选中【实线】单选按钮，设置【颜色】为"橙色，个性色6"，接着添加数据标签，设置标签位置为居中，效果如下图所示。

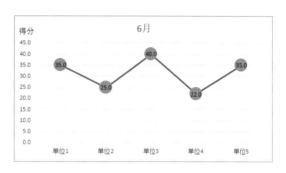

【案例分析】

本案例主要是借助于函数，通过单元格链接实现按钮与图表的联动。通过该方法还可以做不同月份中目标与实际的对比，例如利润同期对比、部门间的对比、多点的走势分析图等。

 拓展范例　不同材料每月价格对比

销售部在年终总结报告中统计了各种材料每个月的销售价格，以便更好地分析各种材料的价格变化情况。销售价格统计如下图所示。

日期	1月	2月	3月	4月	5月	6月	7月	8月	9月	10月	11月	12月
40MnBH	2985	3050	2985	3185	3615	3415	3265	3265	3465	3515	3615	4215
40Cr	2550	2550	2550	2800	3230	3030	2965	2965	3165	3215	3315	3915
20CrMnTiH	2856	3098	3150	3265	3465	3465	3365	3365	3515	3565	3665	4165
50#	2755	2755	2755	2965	3165	3165	3065	3065	3265	3315	3415	3915

根据具体的原始数据，销售部希望制作出"选项按钮+柱形图+折线图"的动态图表，既可以直观地看到每个月的直观对比，也可以看到每个月的对比结果。初步设计结构如下图所示。

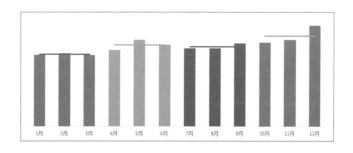

员工小李根据整理后的数据制作了"选项按钮+柱形图+折线图"的动态图表，效果如下图所示。

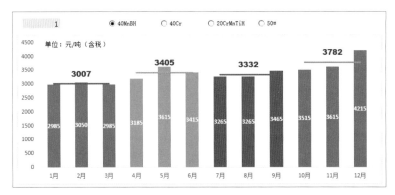

❶ 选择【开发工具】→【控件】→【插入】选项，在弹出的下拉列表中选择【选项按钮】控件，依次插入4个选项按钮，并完成重命名，效果如下图所示。

❷ 在选项按钮控件上右击，在弹出的快捷菜单中选择【设置控件格式】命令，在弹出的【设置控件格式】对话框中切换到【控制】选项卡，在【单元格链接】中选择B17单元格进行链接，单击【确定】按钮，如下图所示。

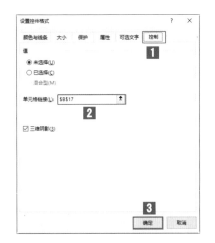

❸ 为B17单元格设置填充色，使其突出显

示出来。插入柱形图，对柱形图进行修改，例如删除网格线、不同季度数据条用不同颜色表示以进行数据区分，如下图所示。

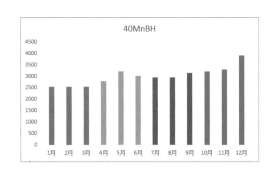

❹ 进行数据区域链接，运用OFFSET函数定义新的区域名称。选择【公式】→【定义的名称】→【定义名称】选项，弹出【新建名称】对话框，在【名称】文本框中输入"材料价格范围"，在【引用位置】文本框中输入公式"=OFFSET('拓展4-1'!$B$3,'拓展4-1'!$B$17,1,1,12)"，单击【确定】按钮，如下图所示。

公式"=OFFSET('拓展4-1'!$B$3,'拓展4-1'!$B$17,1,1,12)"表示以B3单元格为起点，向下移至B17行（B17单元格中的值根据选择按钮的不同而变化），向右移1列，至C列，定位到B17行C列至N列间的数据。

❺　选中柱形图中的数据系列，即可在编辑栏中看到使用的公式，将公式中的"$C$4:$N$4"改为"材料价格范围"，如下图所示，然后按【Enter】键确认。

=SERIES('拓展4-1'!$B$4,'拓展4-1'!$C$3:$N$3,'拓展4-1'!$C$4:$N$4,1)

=SERIES('拓展4-1'!$B$4,'拓展4-1'!$C$3:$N$3,'4.1.xlsx'!材料价格范围,1)

❻　为柱形图添加数据标签，调整数据条的宽度，将【标签位置】设置为"居中"，效果如下图所示。

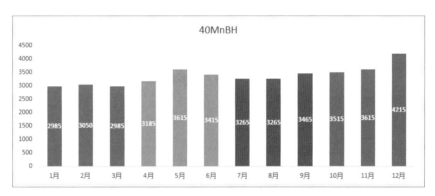

❼　添加折线图，显示每个季度材料的平均价格。在添加折线图前，需要创建每个季度材料平均价格的数据。在C9单元格中输入公式"=AVERAGE(OFFSET(B3,B17,COLUMN()-2,1,3))"，在D9、E9单元格中输入公式"=C9"，使用同样的方法填充该行的其他单元格数据。F10、I11、L12单元格中输入C9单元格同样的公式，操作步骤同C9、D9、E9，效果如下图所示。

C9		:	×	✓	fx	=AVERAGE(OFFSET(B3,B17,COLUMN()-2,1,3))							
▲	A	B	C	D	E	F	G	H	I	J	K	L	M	N
8														
9		第一季度	3007	3007	3007									
10		第二季度				3405	3405	3405						
11		第三季度							3332	3332	3332			
12		第四季度										3782	3782	3782
13														

❽　选中月份及第一季度的数据（B9:N9单元格区域），复制粘贴到柱形图中，然后在柱形图中选中新添加的3个数据系列，选择【插入】→【图表】→【折线图】选项，将其改为折线图，后面季度直接选中复制到柱形图中即可，最后为每个折线图添加一个数据标签，并对其进行美化，效果如下图所示。

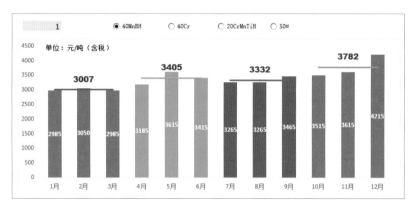

【案例分析】

本案例要求既要看明细，又要分版块看平均或整体水平，例如需要同时看月度、季度、半年度、年度等这样的情况，每个版块需在不同层次上去看。

4.2 组合框动态图

组合框是一种下拉列表框，用户可以在展开的下拉列表中选择项目，选择的项目将出现在上方的文本框中。当需要选择的项目较多时，使用选项按钮来进行选择就不合适了，此时可以使用组合框控件来进行选择。本节通过使用组合框控件选择Excel图表中需要显示的数据为例来介绍组合框控件的具体使用方法。

案例名称	不同车辆的成本利润构成明细
素材文件	素材 \ch04\4.2.xlsx
结果文件	结果 \ ch04\4.2.xlsx

 销售　范例4-2　不同车辆的成本利润构成明细

下图所示的是某汽车销售公司统计的不同车辆成本利润构成明细，现需要以动态图表的形式显示不同成本的占比情况。

	卡车	轿车	SUV	MVP
采购成本	65%	55%	60%	71%
动能	4%	5%	4%	4%
辅料	5%	6%	5%	4%
模具	4%	4%	4%	4%
人工	7%	6%	7%	6%
制造	6%	6%	6%	4%
期间费用	8%	5%	8%	6%
利润	1%	13%	6%	1%

为了更加直观地了解各项成本的占比情况，员工小李想到了用动态的复合饼图展示。最终效果如下图所示。

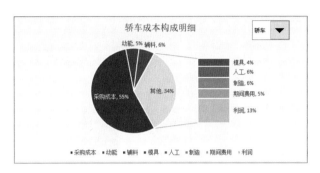

操作步骤

❶ 设置辅助数据区域，如下图所示。"列表单用"列下是在使用组合框控件时会用到的数据源区域，具体如何使用在接下来的操作中会有详细介绍。

	卡车	轿车	SUV	MVP		列表单用
采购成本	65%	55%	60%	71%		卡车
动能	4%	5%	4%	4%		轿车
辅料	5%	6%	5%	4%		SUV
模具	4%	4%	4%	4%		MVP
人工	7%	6%	7%	6%		
制造	6%	6%	6%	4%		
期间费用	8%	5%	8%	6%		
利润	1%	13%	6%	1%		

❷ 选择【开发工具】→【控件】→【插入】选项，在弹出的下拉列表中选择【组合框】控件，如下图所示。

❸ 拖动鼠标绘制一个组合框控件，在该控件上右击，在弹出的快捷菜单中选择【设置控件格式】命令，在弹出的【设置对象格式】对话框中切换到【控制】选项卡，在【数据源区域】中选择K4:K7单元格区域，在【单元格链接】中选择J3单元格，单击【确定】按钮，如下图所示。

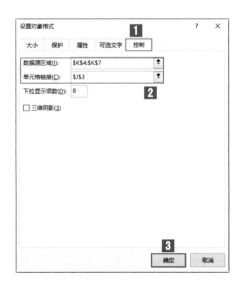

❹ 选中"卡车"数据源，即D3:E11单元格区域，插入"二维饼图"中的"复合条饼图"，然后在复合条饼图上右击，在弹出的快捷菜单中选择【置于底层】命令，调整图表的位置，使得控件显示在图表的右上角，效果如下图所示。

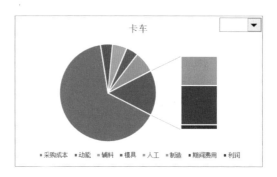

❺ 选中复合条饼图，在饼图上右击，在弹出的快捷菜单中选择【设置数据系列格式】命令，在弹出的【设置数据系列格式】窗格中展开【系列选项】选项，将【第二绘图区中的值】设置为"5"，然后修改饼图颜色，并添加数据标签，效果如下图所示。

 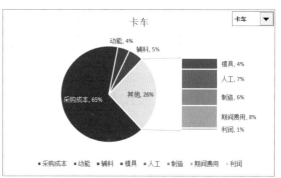

❻ 使用OFFSET函数进行数据区域链接，选择【公式】→【定义的名称】→【定义名称】按钮，弹出【新建名称】对话框，在【名称】文本框中输入"汽车成本"，在【引用位置】文本框中输入公式"=OFFSET('4-2'!$D$3,1,'4-2'!$J$3,8,1)"，单击【确定】按钮，如下图所示。

❼ 选中饼图，将编辑栏中的"$E$4:$E$11"改为"汽车成本"，如下图所示。

=SERIES('4-2'!$E$3,'4-2'!$D$4:$D$11,'4-2'!$E$4:$E$11,1)

=SERIES('4-2'!$E$3,'4-2'!$D$4:$D$11,'4.2.xlsx'!汽车成本,1)

❽ 选择任意单元格（本例选择K10），输入公式"=OFFSET(D3,0,J3,1,1)&"成本构成明细""，按【Enter】键确认，然后选中"图表标题"，在工具栏中输入公式"=K10"，按

【Enter】键确认，即可完成图表标题的设置，如下图所示。

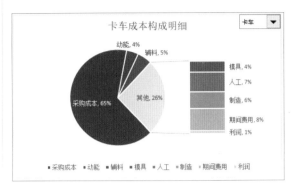

【案例分析】

本案例主要是借助于函数，通过单元格链接实现组合框控件与图表联动。该方法还可以用于结构对比分析，例如成本结构、人力资源结构、市场份额占比、产品销售占比、质量索赔占比等。另外标题名称的制作可以采用多种方式，还可以通过INDEX函数、VLOOKUP函数等制作。

汽车 **拓展范例 故障机型温度对标分析**

某4S店对不同故障机型汽车做了测试，测试在同档位匀速运转5分钟的情况下，不同故障机型的温度情况。测试数据统计结果如下图所示。

序号	车速（km/h）	标准温度	故障1机型	故障2机型	故障3机型
1	10	30	30	30	30
2	20	31	31	31	31
3	30	33	33	33	33
4	40	35	35	35	35
5	50	37	45	37	50
6	60	39	48	39	51
7	70	41	48	41	52
8	80	43	49	43	55
9	90	45	51	45	56
10	100	47	52	60	58
11	110	49	52	65	60
12	120	51	52	70	60
13	130	53	53	80	60
14	140	55	55	82	60
15	150	57	57	82	60
16	160	59	59	85	59
17	170	61	61	84	61
18	180	63	63	85	63
19	190	65	65	85	65
20	200	67	67	85	67

从上图所示的统计表中我们很难看出问题，为了能够更加直观地显示不同故障机型的温度情况，员工小李想到了做动态的折线图——用组合框控件做动态折线图，显示不同故障机型在同速情况下与标准温度之间的对比。最终效果如下图所示。

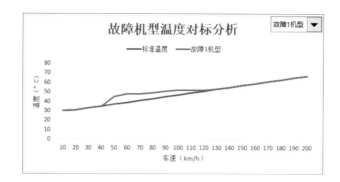

⚙ 操作步骤

❶ 设置辅助数据区域，如下图所示。"故障机型"列下的数据是在使用组合框控件时会用到的数据源区域，具体如何使用在接下来的操作中会有详细介绍。

	C	D	E	F	G	H	I	J	K
4									
5	序号	车速（km/h）	标准温度	故障1机型	故障2机型	故障3机型			故障机型
6	1	10	30	30	30	30			故障1机型
7	2	20	31	31	31	31			故障2机型
8	3	30	33	33	33	33			故障3机型
9	4	40	35	35	35	35			
10	5	50	37	45	37	50			
11	6	60	39	48	39	51			
12	7	70	41	48	41	52			
13	8	80	43	49	43	55			
14	9	90	45	51	45	56			
15	10	100	47	52	60	58			
16	11	110	49	52	65	60			
17	12	120	51	52	70	60			
18	13	130	53	53	80	60			
19	14	140	55	55	82	60			
20	15	150	57	57	82	60			
21	16	160	59	59	85	59			
22	17	170	61	61	84	61			
23	18	180	63	63	85	63			
24	19	190	65	65	85	65			
25	20	200	67	67	85	67			

❷ 选择【开发工具】→【控件】→【插入】选项，在弹出的下拉列表中选择【组合框】选项，拖动鼠标绘制一个组合框控件，在该控件上右击，在弹出的快捷菜单中选择【设置控件格式】命令，在弹出的【设置对象格式】对话框中切换到【控制】选项卡，在【数据源区域】中选择K6:K8单元格区域，在【单元格链接】中选择J5单元格，单击【确定】按钮，如右图所示。

❸ 选中"车速"和"标准温度"列数据，插入折线图，在折线图中删除"车速"折线数据，并在折线图上右击，在弹出的快捷菜单中选择【选择数据】命令，弹出【选择数据源】对话框，单击【水平（分类）轴标签】区域中的【编辑】按钮，再单击【确定】按钮，如下图所示。

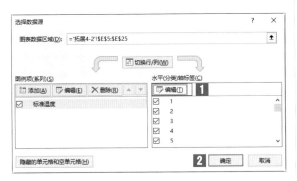

❹ 弹出【轴标签】对话框，在【轴标签区域】中选择D6:D25单元格区域，单击【确定】按钮，如下图所示，将轴坐标设置为"车速"，如下图所示。

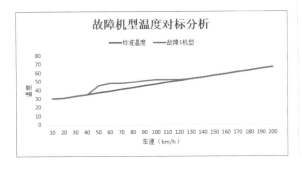

❺ 复制"故障1机型"列的数据，选中图表，按【Ctrl+V】快捷键粘贴到图表中，然后删除图表的网格线，并添加图表标题和坐标轴标题、调整图例位置，效果如下图所示。

❻ 使用OFFSET函数进行数据区域链接，选择【公式】→【定义的名称】→【定义名称】选项，弹出【新建名称】对话框，在【名称】文本框中输入"故障数据"，在【引用位置】文本框中输入公式"=OFFSET('拓展4-2'!$E$5,1,'拓展4-2'!$J$5,20,1)"，单击【确定】按钮，如下图所示。

❼ 在折线图中选择"故障1机型"折线，在编辑栏中可看到使用的公式，将公式中的"$F$6:$F$25"改为"故障数据"，如下图所示，按【Enter】键即可完成数据的链接。

❽ 选中图表，将其排列位置置于底层，移动图表位置，使得控件显示在图表的右上角，效果如下图所示。

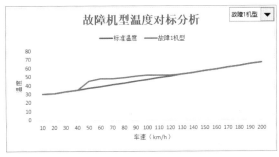

【案例分析】

当多指标数据之间需要对比分析时，使用

组合框制作动态图表可以使我们灵活地看到数据之间的对比情况。

4.3 复选框动态图

表单控件中的"复选框"控件用于启用或禁用指示一个相反且明确的选项的值。其单元格链接的显示结果只有"True"和"False"两种，即当选中该复选框时会显示链接的数据，若取消选中，则会隐藏链接的数据。

案例名称	产品销量情况对比分析
素材文件	素材 \ch04\4.3.xlsx
结果文件	结果 \ ch04\4.3.xlsx

 销 售 范例4-3　产品销量情况对比分析

某公司想要了解某产品在2018年和2019年1~10月份的销售情况，数据统计结果如下图所示。

月份	2018年	2019年	增长率	辅助
1月	109	155	42%	42%
2月	101	181	79%	79%
3月	106	119	12%	12%
4月	126	208	65%	65%
5月	147	191	30%	30%
6月	139	174	25%	25%
7月	150	279	86%	86%
8月	118	189	60%	60%
9月	133	133	0%	0%
10月	132	251	90%	90%

从上图中可以看到有关该产品2018年和2019年1~10月份的销量数据，以及每个月的增长率，但是从表格中很难直观地看出每个月今年与去年的对比情况，以及增长率变化情况。员工小李想到了运用复选框制作动态图表，并且与IF函数进行了组合使用。最终效果如下图所示。

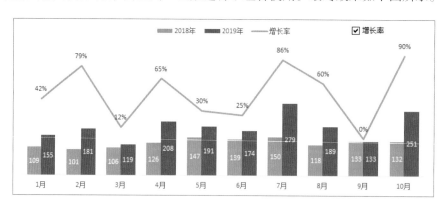

操作步骤

❶ 选择【开发工具】→【控件】→【插入】选项，在弹出的下拉列表中选择【复选框】选项，如下图所示。

出【设置对象格式】对话框，切换到【控制】选项卡，在【单元格链接】中选择J3单元格。单击【确定】按钮，如下图所示。

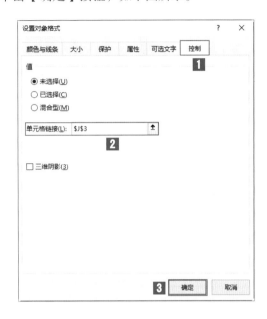

❷ 拖动鼠标绘制一个复选框控件，并将其名称改为"增长率"。在该控件上右击，在弹出的快捷菜单中选择【设置控件格式】命令，弹

❸ 在G4单元格中输入公式"=IF($J$3=TRUE,H4,NA())"，填充公式至G13单元格，效果如下图所示。

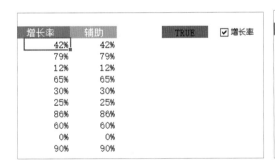

> **Tips**　公式"=IF($J$3=TRUE,H4,NA())"表示如果J3单元格的值为TRUE，则返回H4单元格的值，若为FALSE，则返回"#N/A"，即返回错误值。H列的数据是增加的辅助数据。

❹ 选择数据表中的D3:G13单元格区域，插入柱形图，将增长率设置为"次坐标轴"，并将其改为折线图，删除图表标题和网格线，将图例放置在图表上方，效果如下图所示。

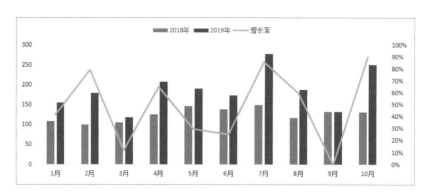

❺ 分别选中柱形图中的纵坐标和次坐标，右击，在弹出的快捷菜单中选择【设置坐标轴格式】命令，在【设置坐标轴格式】窗格中对纵坐标选择【坐标轴选项】→【边界】选项，将纵坐标【最大值】改为"500"，对次坐标选择【坐标轴选项】→【边界】选项，设置【最小值】为"−0.4"。调整柱形图数据条的间隙、宽度和填充颜色，并添加数据标签，调整标签位置和颜色，效果如下图所示。

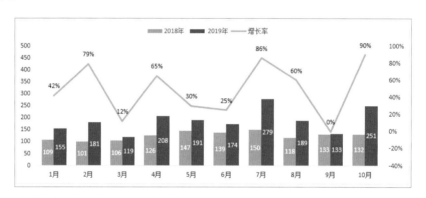

❻ 分别选中柱形图中的纵坐标和次坐标，右击，在弹出的快捷菜单中选择【设置坐标轴格式】命令，在【设置坐标轴格式】窗格中，将纵坐标【坐标轴选项】中【标签】下的【标签位置】设置为"无"，然后将图表置于底层，调整复选框控件与图表的位置，效果如下图所示。

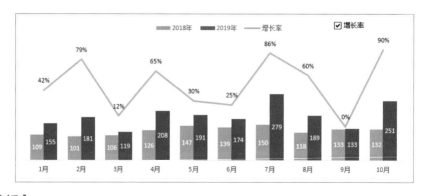

【案例分析】

复选框动态图表还可以用在多指标的相互对比、项目进度监控及指标变动率选择显示等情况下。当数据数量较多较复杂时，可使用多个复选框来制作，感兴趣的读者可自己进行演练，操作方法与本案例相似，在这里就不再具体介绍了。

4.4　滚动条动态图

表单控件中的滚动条控件，就是可以通过单击滚动箭头或拖动滚动框滚动浏览一系列值。通过单击滚动框与任一滚动箭头之间的区域，可以在每页值之间进行移动显示（预设的间隔）。通常情况下，用户还可以在关联单元格或文本框中直接输入文本值。了解了滚动条控件后，下面介绍使用滚动条控件制作动态图表的方法。

案例名称	产品价格走势分析
素材文件	素材 \ch04\4.4.xlsx
结果文件	结果 \ ch04\4.4.xlsx

销售 ***范例4-4　产品价格走势分析***

某公司为了了解某产品的价格变化，将每个月的价格进行了统计，统计结果如下图所示。

月份	价格
1月	1200
2月	1800
3月	1750
4月	1500
5月	300
6月	550
7月	600
8月	900
9月	1000
10月	700
11月	600
12月	650

根据上图的数据表制作折线图进行直观观察，折线图如下图所示。

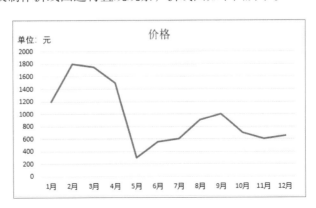

分析上述折线图，虽然能够表达出价格走势，使统计的数据结果可视化，但是图形缺少创意及个性化。于是，员工小张想到了用滚动条制作一个动态图表。该图表不仅思路新颖、充满创意，而且方便查看每个月的价格情况。最终效果如下图所示。

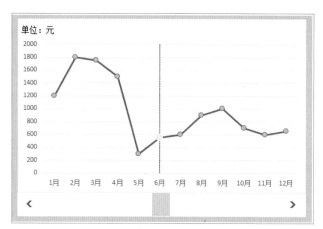

第一步▶ 插入并设置滚动条控件

❶ 选择【开发工具】→【控件】→【插入】选项，在弹出的下拉列表中选择【滚动条】控件，如下图所示。

❷ 拖动鼠标绘制一个滚动条控件，在该控件上右击，在弹出的快捷菜单中选择【设置控件格式】命令，弹出【设置对象格式】对话框，切换到【控制】选项卡，将【最小值】设置为"0"，【最大值】设置为"12"，【步长】设置为"1"，【页步长】设置为"1"，在【单元格链接】中选择要链接的单元格，此处链接的是H6单元

格，单击【确定】按钮，如下图所示。

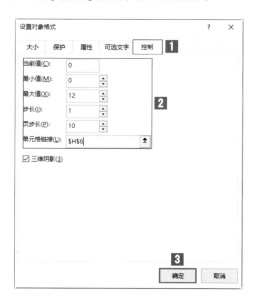

> **Tips** 用鼠标单击滚动条两端的箭头符号，是步长在起作用；单击滚动条上的空白处，是页步长起作用。

第二步▶ 添加辅助数据

❶ 在插入折线图前，先添加一列辅助数据，来控制滚动条滚动时在折线图上显示的数据点。使用自定义名称，选择【公式】→【定

义的名称】→【定义名称】选项，弹出【新建名称】对话框，在【名称】文本框中输入"月份位置"，在【引用位置】文本框中输入"=COUNTA('4–4'!$B$4:$B4)"，单击【确定】按钮，如右图所示。

❷ 在D4单元格中输入公式"=IF(月份位置=$H$6,C4,NA())"，按【Enter】键确认，然后使用填充功能，填充公式至D15单元格。此时滚动滚动条，H6单元格的值会随着变化，并且辅助列的数据也会随着变化。

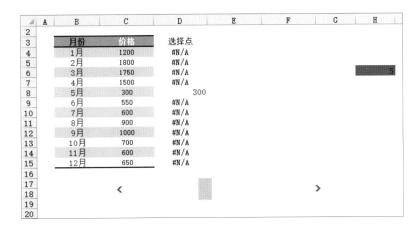

Tips 公式"=IF(月份位置=$H$6,C4,NA())"表示如果"月份位置"为H6单元格中的值，则返回C4单元格的值；否则，返回错误值。

第三步 ▶ 插入并美化折线图

❶ 选择数据表中的数据，即选中B3:D15单元格区域，选择【插入】→【图表】→【带数据标记的折线图】选项，插入折线图，并对折线图进行美化，效果如下图所示。

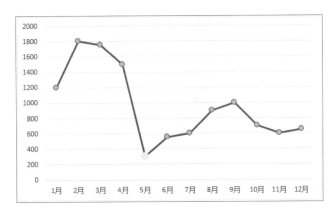

❷ 选中图表，选择【图表设计】→【图表布局】→【添加图表元素】→【误差线】→【其他误差线选项】选项，在弹出的【添加误差线】对话框中选择【选择点】选项，单击【确定】按钮，如下左图所示。单击折线图右上角的【＋】按钮，选中【误差线】复选框，选择【更多选项】选项，添加误差线，如下右图所示。

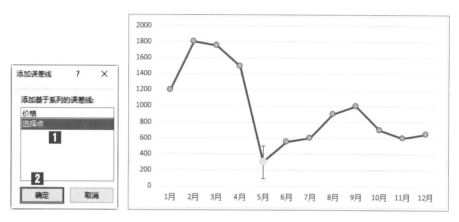

❸ 在图表中选中误差线，右击，在弹出的快捷菜单中选择【设置错误栏格式】命令，弹出【设置误差线格式】任务窗格，将【固定值】设置为"2000"，此时坐标轴坐标发生了变化，效果图如下图所示。

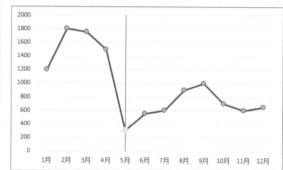

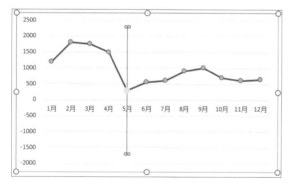

❺ 选择误差线，设置误差线格式，将【颜色】设置为"黑色"，【短划线类型】设置为"方点"，然后调整滚动条控件与图表的位置，并美化区域，效果如下图所示。

❹ 双击纵坐标轴，在【设置坐标轴格式】窗格中展开【坐标轴选项】选项，在【边界】区域中设置【最小值】为"0"、【最大值】为"2000"，效果如右上图所示。

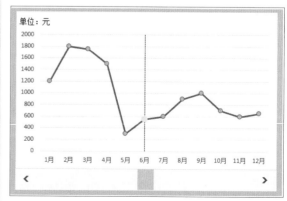

【案例分析】

使用滚动条动态图表可以对数据进行动态的对比，例如本案例当数据范围超大时，可以借用动态点进行数据走势对比。

 列表框动态图

表单控件中的列表框控件用于显示用户可从中进行选择的、含有一个或多个文本项的列表。使用列表框控件可显示大量在编号或内容上有所不同的选项。本节就来介绍使用列表框控件制作动态图表的方法。

案例名称	不同产品各季度销量情况对比分析
素材文件	素材 \ch04\4.5.xlsx
结果文件	结果 \ ch04\4.5.xlsx

 销 售 范例4-5 不同产品各季度销量情况对比分析

某公司销售部门统计了2019年四个季度公司产品的销量数据，统计数据如下图所示。

名称	一季度	二季度	三季度	四季度
电脑	1200	1800	1750	1500
手机	1200	850	800	750
平板	300	550	600	900
打印机	1000	700	600	650
音响	450	668	800	500
手环	790	650	450	330

本案例使用列表框实现了数据的动态比较，最终效果如下图所示。

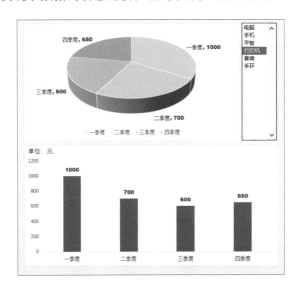

操作步骤

❶ 选择【开发工具】→【控件】→【插入】选项，在弹出的下拉列表中选择【列表框】控件，如下图所示。

❷ 拖动鼠标绘制一个列表框控件，在该控件上右击，在弹出的快捷菜单中选择【设置控件格式】选项，在弹出的【设置对象格式】对话框中切换到【控制】选项卡，在【数据源区域】中选择B4:B9单元格区域，在【单元格链接】中选择H9单元格，单击【确定】按钮，如下图所示。

❸ 选择数据表中的B3:F4单元格区域，插

入三维饼图，选中三维饼图并依次添加数据标签、设置标签位置、设置图形颜色和字体颜色，如下图所示。

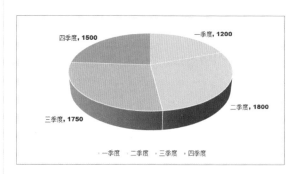

❹ 使用OFFSET函数进行数据区域链接，选择【公式】→【定义的名称】→【定义名称】选项，弹出【新建名称】对话框，在【名称】文本框中输入"基础数据区域"，在【引用位置】文本框中输入公式"=OFFSET('4-5'!$B$3, '4-5'!$H$9,1,1,4)"，单击【确定】按钮，如下图所示。

❺ 选中饼图，在编辑栏中可看到使用的公式，将公式中的"$C$4:$F$4"改为"基础数据区域"，如下图所示，按【Enter】键即可。

❻ 调整图表与列表框控件的位置，并美化所占区域，效果如下图所示。

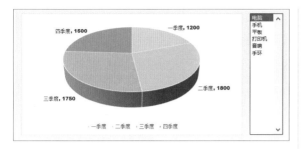
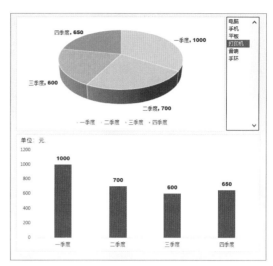

❼ 选择B3:F4单元格区域，插入一个柱形图，选择图表中的数据系列，在编辑栏中将公式中的"$C$4:$F$4"改为"基础数据区域"，此时即可完成一个控件控制多个图表的操作，然后美化柱形图，效果如右图所示。

【案例分析】

使用该方法还可以制作资源查询系统动态图表，将列表框控件与选项按钮、复选框等控件联合使用，可以制作出更加理想的效果。

4.6 调节按钮与列表框组合

当遇到复杂的数据需进行比对分析时，可以使用多个表单控件来制作动态图表，实现多组数据之间的联动。本节主要介绍调节按钮与列表框控件的组合使用。

案例名称	员工业绩完成情况
素材文件	素材 \ch04\4.6.xlsx
结果文件	结果 \ ch04\4.6.xlsx

 销 售　范例4-6　员工业绩完成情况

某公司销售部门对员工每个月的业绩设置了预警线和警戒线，为了查看员工1~9月份的业绩完成情况，特对员工的业绩完成度进行了统计，统计数据结果如下图所示。

	1月	2月	3月	4月	5月	6月	7月	8月	9月
预警线%	90	90	90	90	90	90	90	90	90
警戒线%	80	80	80	80	80	80	80	80	80
小孟	100	82	80	96	80	95	98	100	76
小张	77	94	96	93	93	89	86	82	103
小辉	84	82	82	94	93	85	85	78	86
小林	102	98	86	104	84	103	95	79	87
小科	92	105	81	93	78	95	75	80	85

　　从上图的表格中很难看出员工的业绩完成度对比及达标情况。于是，员工小李想到了用调节按钮与列表框结合的方法制作动态折线图——根据数据源运用调节按钮和列表框制作动态图表，实现业绩、预警线、警戒线的对比及业绩与人名联动。最终效果如下图所示。

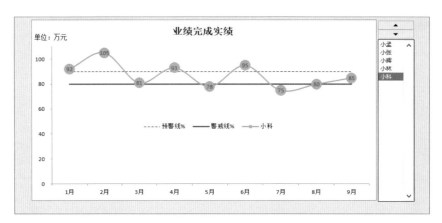

　　❶ 选择【开发工具】→【控件】→【插入】选项，在弹出的下拉列表中选择【列表框】控件。拖动鼠标绘制一个列表框控件，在该控件上右击，在弹出的快捷菜单中选择【设置控件格式】命令，在弹出的【设置对象格式】对话框中切换到【控制】选项卡，在【数据源区域】中选择C6:C10单元格区域，在【单元格链接】中选择N10单元格，单击【确定】按钮，如下图所示。

　　❷ 选择【开发工具】→【控件】→【插入】选项，在弹出的下拉列表中选择【数值调节钮】控件。拖动鼠标绘制一个"数值调节钮"控件，在该控件上右击，在弹出的快捷菜单中选择【设置控件格式】命令，在弹出的【设置对象格式】对话框中切换到【控制】选项卡，将【最小值】设置为"1"，【最大值】设置为"5"，【步长】设置为"1"，在【单元格链接】中选择N10单元格，单击【确定】按钮，如下图所示。

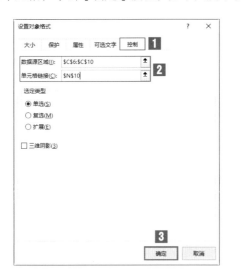

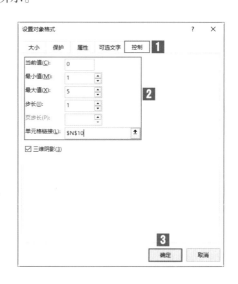

❸ 选择数据表中数据区域C3:L6，插入折线图。选中预警线右击，在弹出的快捷菜单中单击【边框】下拉按钮，选择【虚线】→【方点】选项，效果如下图所示。

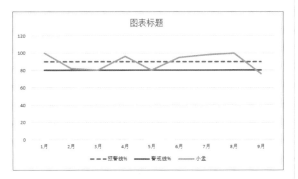

❹ 在折线图中选中"小孟"数据折线，右击，在弹出的快捷菜单中选择【设置数据系列格式】命令，弹出【设置数据系列格式】窗格，选择【填充与线条】→【标记】→【数据标记选项】选项，并选中【内置】单选按钮，设置【类型】为"圆形"，【大小】为"15"，然后添加数据标签，并设置标签样式，美化图表后的效果如下图所示。

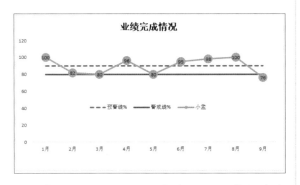

❺ 使用自定义名称命令，调出【新建名称】对话框，在【名称】文本框中输入"数据范围"，在【引用位置】文本框中输入公式"=OFFSET('4-6'!$C$5,'4-6'!$N$10,1,1,9)"，单击【确定】按钮，再次调出【新建名称】对话框，在【名称】文本框中输入"姓名"，在

【引用位置】文本框中输入公式"=INDEX('4-6'!$C$6:$C$10,'4-6'!$N$10)"，单击【确定】按钮，如下图所示。

❻ 在折线图中选择"小孟"数据折线，在编辑栏中将公式中的"$C$6"改为"姓名"，"$D$6:$L$6"改为"数据范围"，如下图所示，按【Enter】键确认。

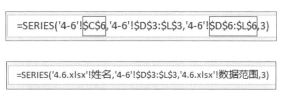

❼ 对动态图表进行美化布局，最终效果如下图所示。

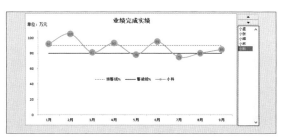

【案例分析】

在财务、人力资源、生产、质量、采购、贸易等方面，都可以使用上述案例的思路做预警管理。

 销售 **拓展范例** **员工业绩完成情况**

有些公司在管理方面需要精细化，比如需要对每周每天的业绩进行管理，此时单一控件不能满足实际需求，往往需要运用滚动条与列表框组合才能达到预期效果。下图所示的即为某公司统计的员工每天完成的业绩总量，"目标"行的数据是公司制定的当天需要完成的业绩目标。

	星期一	星期二	星期三	星期四	星期五	星期六	星期日
第1周	70	80	97	79	62	89	67
第2周	60	96	72	94	85	61	74
第3周	68	93	66	63	80	66	75
第4周	91	78	61	80	64	84	90
第5周	90	68	89	70	96	77	88
目标	87	87	87	87	87	87	87

从上图所示的表格中很难看出每天的业绩完成情况，于是员工小李想到了用"柱形图+折线图"的方式来展示数据，如下图所示。

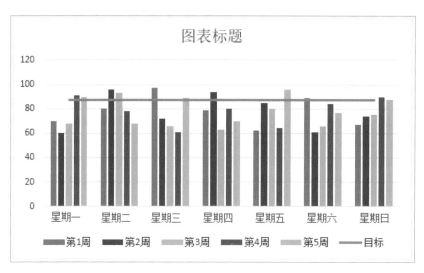

由于数据比较复杂，如上图所示的普通图表看起来有些杂乱且不美观，员工小李绞尽脑汁，终于想到了一个好办法——使用动态图表来展示。但是在尝试过程中，小李发现使用一个控件来制作无法达到想要的效果，最终借以滚动条控件与列表框控件的综合运用，实现了多组数据间的联动。最终效果如下图所示。

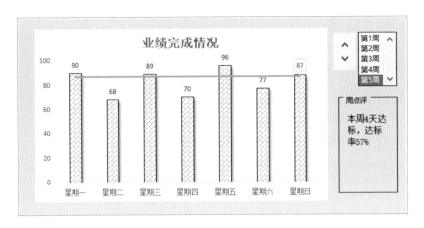

操作步骤

❶ 选择【开发工具】→【控件】→【插入】选项，在弹出的下拉列表中选择【列表框】控件。拖动鼠标绘制一个列表框控件，在该控件上右击，在弹出的快捷菜单中选择【设置控件格式】命令，弹出【设置对象格式】对话框，然后切换到【控制】选项卡，在【数据源区域】中选择C4:C8单元格区域，在【单元格链接】中选择L11单元格，单击【确定】按钮，如下图所示。

❷ 选择【开发工具】→【控件】→【插入】选项，在弹出的下拉列表中选择【数值调节钮】控件。拖动鼠标绘制一个数值调节钮控件，在该控件上右击，在弹出的快捷菜单中选择【设置控件格式】命令，弹出【设置对象格式】对话框，切换到【控制】选项卡，将【最小值】设置为"0"，【最大值】设置为"5"，【步长】设置为"1"，【页步长】设置为"0"，在【单元格链接】中选择L11单元格，单击【确定】按钮，如下图所示。

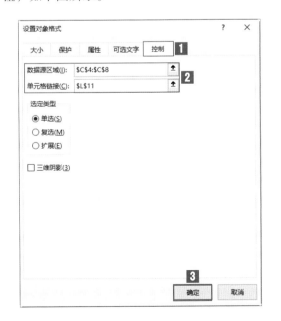

❸ 选择C3:J4单元格区域，选择【插入】

→【图表】→【柱形图】选项，插入柱形图，
然后选中"目标"行数据，按【Ctrl+C】快捷
键复制数据，选中柱形图，按【Ctrl+V】快捷
键粘贴，即可看到柱形图中多了"目标"数据
系列，然后选中"目标"数据系列，选择【插
入】→【图表】→【折线图】选项，即可将柱
形条变为折线，如下图所示。

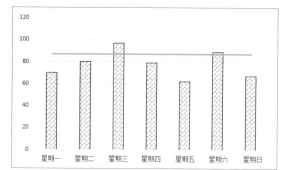

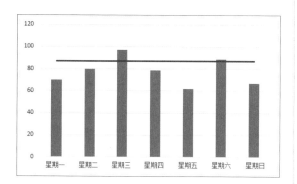

❹ 选中柱形条并右击，在弹出的快捷菜单
中选择【设置数据系列格式】命令，弹出【设置
数据系列格式】窗格，选择【填充与线条】→
【填充】选项，并选中【图案填充】单选按钮，
选择合适的填充图案，并设置颜色，然后更改
折线条的颜色，如右上图所示。

❺ 选中柱形条，选择【图表工具】→【格
式】→【形状样式】→【形状效果】→【阴影】→
【偏移:右下】选项，给柱形条添加阴影效果，
然后依次删除网格线，添加数据标签和图表标
题，设置坐标轴边界，效果如下图所示。

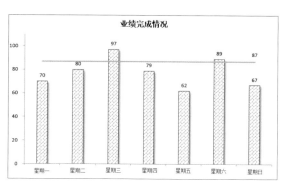

❻ 选中目标业绩数据标签并右击，在弹出的快捷菜单中选择【更改数据标签形状】命令，选
择合适的形状，为柱形图所在单元格填充合适的背景色，并调整"列表框"和"滚动条"到合适
的位置，如下图所示。

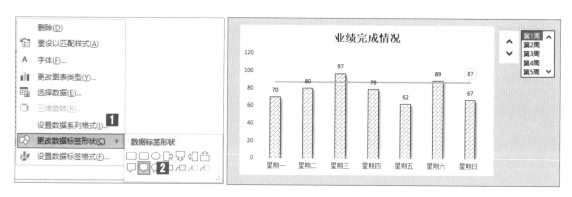

❼ 使用自定义名称命令，调出【新建名称】对话框，在【名称】文本框中输入"拓展数据"，在【引用位置】文本框中输入公式"=OFFSET('拓展4-6'!$C$3,'拓展4-6'!$L$10,1,1,7)"，单击【确定】按钮，如下图所示。

❽ 选中柱形图中代表业绩的数据系列，在编辑栏中将$D$4:$J$4改为"拓展数据"，如下图所示，按【Enter】键确认，即可实现动态效果。

=SERIES('拓展4-6'!$C$4,'拓展4-6'!$D$3:$J$3,'拓展4-6'!$D$4:$J$4,1)

=SERIES('拓展4-6'!$C$4,'拓展4-6'!$D$3:$J$3,'4.6.xlsx'!拓展数据,1)

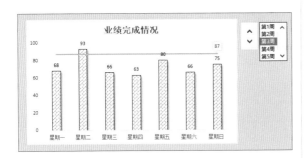

❾ 选择【开发工具】→【控件】→【插入】选项，在弹出的下拉列表中选择【分组框】控件，在合适的位置拖动鼠标绘制一个分组框控件，并命名为"周点评"，如右上图所示。

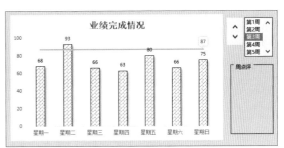

❿ 选中任意一个单元格，这里选择L9单元格，输入公式"=COUNTIF(拓展数据,">="&D11)"，在M9单元格中输入公式"=L9/7"，在L8单元格中输入公式"="本周"&L9&"天达标，达标率"&ROUND(M9*100,0)&"%""，如下图所示。

⓫ 选择【插入】→【插图】→【形状】→【矩形】选项，在分组框控件中绘制一个矩形，并去除填充色和边框，然后选中矩形，在编辑栏中输入公式"=L8"，按【Enter】键确认，即可将L8单元格中的内容显示在矩形中，如下图所示。

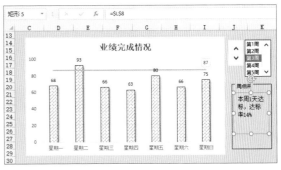

⓬ 拖动滚动条，即可看到列表框、分组框

及图表会跟着变化，效果如下图所示。

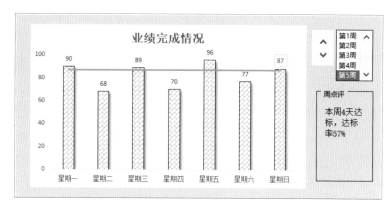

【案例分析】

在精细化管理中，很多企业现在都以"周"为单位进行管理，需查看每周中每天产品销量或者完成的业绩等，在针对性地制作相关的动态图表时，可以使用多个控件来实现多组数据的联动。在本案例的后期又添加了一个分组框来美化图表，通过形状与文本的链接来实现动态效果，这是本案例的一大特色。

4.7 高手点拨

本章主要介绍了使用不同控件制作动态图表。使用控件制作动态图表的难点在于，函数公式的运用及单元格的链接，我们需要掌握不同函数的使用方法及单元格的链接来进行动态图表的制作。

4.8 实战练习

练习 ①

下图为某仓库不同商品的出库及入库情况表，现需要通过单选按钮控件配合，实现选择【入库】和【出库】类型，以显示不同的数据。

产品	入库	出库
中性笔/黑	650	358
中性笔/红	356	147
笔记本	182	98
文件夹	236	125
便利贴	109	56
记号笔	247	153

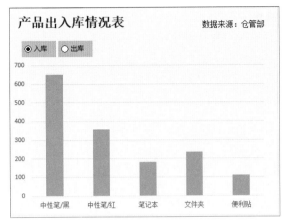

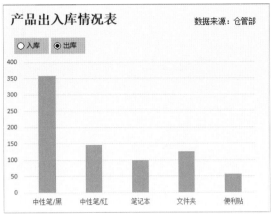

练习 2

如下图所示，现需要根据数据表中原始数据，制作出不同农作物不同年份的价格趋势对比图。

							粮食价格下降走势							
														单位：万元
序号	名称	2007年	2008年	2009年	2010年	2011年	2012年	2013年	2014年	2015年	2016年	2017年	2018年	2019年
1	大豆	2,600	1,800	1,750	1,500	1,400	1,000	800	670	600	550	480	400	350
2	小米	1,200	850	800	750	600	650	645	500	450	435	426	424	423
3	黄豆	1,600	1,200	1,000	900	800	780	680	670	650	600	550	520	518
4	玉米	1,000	700	600	650	600	650	500	450	450	450	400	350	300
5	土豆	950	668	600	500	450	460	450	600	650	400	300	280	260
6	小麦	790	650	450	330	300	200	200	180	160	155	160	150	140

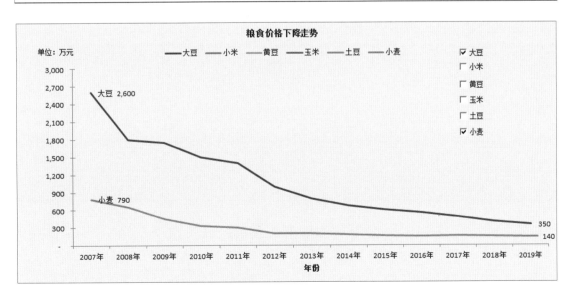

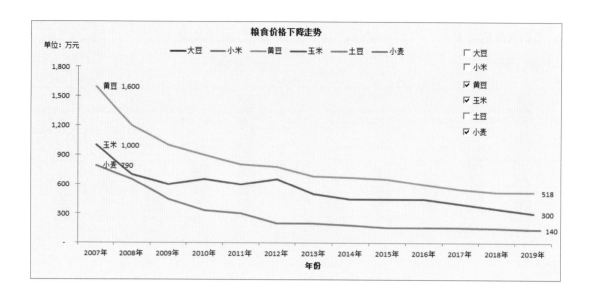

第5章

使用VBA定制动态图表

5.1 VBA基础知识

本节主要介绍VBA的一些编程基础知识、VBA编程的界面工具VBE、VBA图表对象的属性和方法，以及VBA用户窗体和控件等内容，作为使用VBA定制动态图表的准备知识。

5.1.1 VBA编程基础知识

VBA（Visual Basic for Applications）是为各种应用程序设计的可视化基础编程语言。微软公司在1993年发布的Excel 5.0中首次加入了VBA，其随后被陆续纳入到Word、PowerPoint等其他Office组件中。通过编写VBA代码，能够实现在不同的Office组件之间访问数据，设计和构建人机交互界面，打造自己的管理系统，帮助用户更有效地完成一些基本操作、函数公式等所不能完成的任务，从而提高工作效率。

自Excel 2007版本开始，Excel使用了功能区界面代替早期版本中的菜单栏和工具栏。Excel 2010/2013/2016/2019等后续版本与Excel 2007类似，虽然功能区界面存在一些区别，但是本质上没有改变。本章以Excel 2019为操作环境来讲解Excel VBA知识，但同样适用于Excel 2019之前的Excel版本。

下面介绍VBA的一些编程基础知识。

（1）代码：VBA的程序由代码组成，可以通过录制宏或自行编写得到VBA代码。

（2）过程：用VBA代码把完成一个任务的所有操作保存起来就是一个VBA过程。一个过程可以有任意多的操作，可以有任意长的代码。

（3）模块：模块是保存过程的地方，一个模块可以保存多个不同类型的过程。

（4）对象：用代码操作和控制的即为对象，如工作簿、工作表、单元格、图片、图表、透视表等。

（5）对象的属性：每个对象都有属性，属性是指对象所包含的特征或特点。从对象的属性，可以了解该对象具有的性质和特点。例如字体的颜色，颜色就是字体的属性；按钮的宽度，宽度就是按钮的属性。从对象的属性还可以了解到这个对象包含了哪些其他的对象。

（6）对象的方法：每个对象都有方法，方法是指在对象上执行的某个动作。对象和方法之间用点"."连接，对象在前，方法在后；表示方法的关键字是VBA中的保留字或符号，如语句名称、函数名称、运算符等都是关键字。

5.1.2 VBA编程环境

VBA的编程环境是VBE（Visual Basic Editor），要通过Excel进入VBE。启动Excel程序，切换到VBE窗口，常用的方法有以下几种。

方法一：按【Alt+F11】组合键。

方法二：在工作表标签上面右击，在弹出的快捷菜中选择【查看代码】命令。

进入VBE后，首先看到的就是VBE的主窗口，主窗口通常由菜单栏、工具栏、工程资源管理器、属性窗口、代码窗口和立即窗口组成，如下图所示。

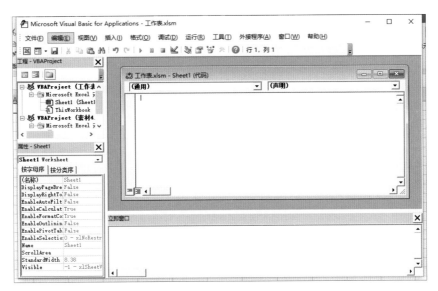

（1）菜单栏。VBE的菜单栏包含了VBE中各种组件的命令。

（2）工具栏。默认情况下，工具栏位于菜单栏的下面，可以通过选择【视图】→【工具栏】选项进行显示或隐藏。

（3）工程资源管理器。在工程资源管理器中可以看到所有打开的Excel工作簿和已加载的加载宏，一个Excel的工作簿就是一个工程，工程名称为"VBAProject（工作簿名称）"。工程资源管理器中最多可以显示工程中的4类对象，即Excel对象（包括Sheet对象和ThisWorkbook对象）、窗体对象、模块对象和类模块对象。但并不是所有工程中都包含这几类对象，新建的Excel文件只有Excel类对象。

（4）属性窗口。在属性窗口中可以查看或设置对象的属性。

（5）代码窗口。由对象列表框、过程列表框、边界标识条、代码编辑区、过程分隔线和视图按钮几部分组成。代码窗口是编辑和显示VBA代码的地方，工程资源管理器中的每个对象都拥有自己的代码窗口，如果想将VBA程序编写在某个对象中，首先应在工程资源管理器中双击以激活它的代码窗口。反过来，如果想查看某个对象中保存有哪些程序，也必须先在工程资源管理器中双击以激活它的代码窗口。

（6）立即窗口。在立即窗口中直接输入命令，按回车键后将显示命令执行后的结果。

5.1.3　VBA图表对象的属性和方法

图表对象的属性和方法极其丰富，下面介绍其关键的一些属性和方法。

1. ChartObjects集合和ChartObject对象

ChartObjects集合是图表对象Chart的容器，当图表存在于工作表中时，必须嵌套在ChartObject对象中，一个图表对象对应一个ChartObject对象。ChartObjects集合则是ChartObject对象的集合，是工作表对象的子对象。当需要访问某个ChartObject对象时，可以使用以下形式：Workhsheet.ChartObjects(index)或者Workhsheet.ChartObjects(chartObjectName)。其中，Worksheet表示工作表对象；参数index为ChartObject的序号，该序号从1开始，默认情况下为图表对象添加的先后顺序；参数chartObjectName为ChartObject的名称，即工作表中"名称框"中的名称。

使用ChartObjects的Add()方法可以添加一个ChartObject对象，当ChartObject对象被创建后，图表对象Chart也被自动创建。Add()方法的语法格式为：

ChartObjects.Add(Left, Top, Width, Height)

其中，参数Left和Top用来表示图表的坐标，参数Width和Height用来表示图表的尺寸。图表对象的坐标和尺寸是由ChartObject对象决定的，在创建该对象后需要指定其4个参数以确定其坐标和尺寸。开发者也可以通过修改该对象的Left、Top、Width和Height属性来修改其坐标和尺寸。

2. Chart对象

当添加ChartObject对象后，可以使用其Chart属性来访问图表对象（Chart），从而实现图表的真正创建。

Chart对象创建后，可以使用SetSourceData()方法设置其数据源。SetSourceData()方法的语法格式为：

Chart.SetSourceData(Source, PlotBy)

其中，Chart表示一个图表对象，通常是对ChartObject对象Chart属性的访问；参数Source为表示图表数据的单元格区域对象；参数PlotBy表示数据的绘制方式。

当PlotBy的值为xlColumns时，表示数据的一列为一个数据系列；当其值为xlRows时，则表示一行为一个数据系列。PlotBy同时也是Chart对象的一个属性，数据源添加完后，也可以通过修改该属性的值来修改数据的绘制方式。当该参数省略时，则由Excel自行判断。例如需要比较B列和C列，因而按列区分数据系列，则该参数应设置为xlColumns。

图表的类型设置可以通过更改其ChartType属性来实现。

3. Series对象

所有的图表数据都是依据数据系列（Series）来绘制的。在Chart对象中，可以使用SeriesCollection集合访问每个数据系列，其语法格式为：

Chart.SeriesCollection(Index)

上述表达式将返回一个Series对象。其中，参数Index表示数据系列的序号，该序号为从1开始的整数，最大值不超过图表中数据系列的个数。

5.1.4 VBA用户窗体和控件

通过VBA用户窗体和控件可以创建包含更多界面元素和交互方式的对话框，它们的外观和操作方式类似于Excel内置对话框和Windows操作系统中的标准对话框。用户窗体主要用于欢迎和登录界面、信息确认界面、选项设置界面、程序帮助界面及数据输入和查询界面等。控件是放置在用户窗体上的对象，不同类型的控件提供了与用户交互的不同方式。例如，文本框控件可以接收用户输入的信息，选项按钮和复选框控件以选项的形式接收用户的输入，列表框控件可以显示一系列数据，图像控件可以显示指定的图片。

用户窗体和控件与用户之间的交互依赖于用户窗体和控件的事件。用户在对用户窗体和控件执行特定操作时将会触发相应的事件，用户窗体和控件会响应用户的操作，并自动运行预先在事件过程中编写的VBA代码。例如，当用户在列表框控件中选择某项时，将会触发该控件的Change事件过程。用户窗体及其中包含的所有控件事件过程VBA代码，存储在与用户窗体关联的代码模块中。

与Excel对象模型中的对象类似，每个控件还包含一些属性和方法，可以在设计时设置用户窗体和控件的属性，以便改变用户窗体和控件的外观或状态。其中的一些改变会在设计时立刻显示出来，而另一些改变则只能在运行时才会有所体现。设计时是指创建用户窗体、添加控件、编写代码的阶段，运行时是指执行代码的期间。每个控件都有一个默认属性，如果只输入控件名而省略属性名，则表示使用的是该控件的默认属性。无论创建的用户窗体是简单的还是复杂的，都可以遵循以下步骤来进行创建。

（1）在VBA工程中创建一个新的用户窗体。

（2）在用户窗体中添加所需的控件，并排列控件的位置。

（3）设置用户窗体和控件的属性，以符合最终对话框的外观和效果要求。

（4）在与用户窗体关联的模块中编写用户窗体和控件的事件过程代码。

（5）编写加载、显示、隐藏和关闭用户窗体的代码。这些代码可能位于标准模块中，也可能位于ThisWorkbook模块或某个Sheet模块中。

（6）测试用户窗体和控件是否能够按预期要求正常工作。

在VBA工程中添加一个用户窗体后，将会显示该用户窗体和工具箱，如下图所示。如果未显示工具箱，则可以在菜单栏中选择【视图】→【工具箱】命令将其显示出来。

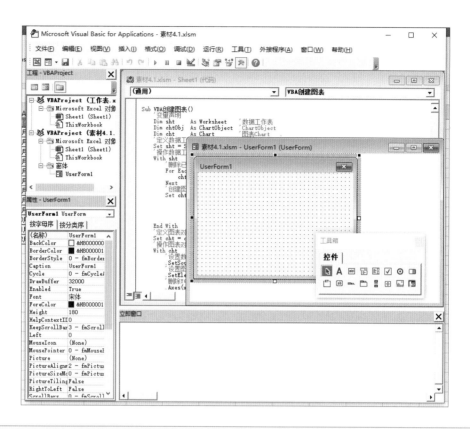

在创建用户窗体时，需要将工具箱中的控件添加到用户窗体中。工具箱中除了第一个图标以外，其他图标表示不同的控件类型。工具箱中默认包含15种控件，可以根据需要向工具箱中添加新的控件，只需右击工具箱中的任意一个图标，在弹出的菜单中选择【附加控件】命令，然后在打开的对话框中选择要添加到工具箱中的控件。下面对工具箱中默认显示的15种控件的功能进行简要介绍。

1. 标签控件

标签（Label）控件主要用于显示特定内容，或作为其他对象的说明性文字。

2. 文本框控件

文本框（TextBox）控件主要用于接收用户输入的内容。

3. 复合框控件

复合框（ComboBox）又称为组合框控件。可以将复合框控件看作是文本框与列表框的组合，我们既可以在复合框中选择一项，也可以在复合框顶部的文本框中进行输入。

4. 列表框控件

列表框（ListBox）控件主要用于显示多个项目，用户可从中选择一项或多项。

5. 复选框控件

复选框（CheckBox）控件虽然和复合框名字相似，但是功能完全不同。复选框类似于一个开关，常用于控制两种状态之间的切换，例如开／关、显示／隐藏、真／假、是／否等。复选框控件还常用于对多个选项进行设置，同时选择多个选项以表示这些选项全部生效。

6. 选项按钮控件

选项按钮（OptionButton）控件通常成组出现，只能选择一组选项按钮中的其中之一，这是选项按钮与复选框的最大区别。不同组之间的选项按钮各自独立、互不干扰。

7. 切换按钮控件

切换按钮（ToggleButton）控件包括"按下"和"弹起"两种状态，其功能与复选框控件类似，只是表现形式不同。

8. 框架控件

框架（Frame）控件主要用于对不同用途的选项按钮进行分组，并确保每组中只能选择一个选项按钮，以避免用户窗体中包含大量选项按钮时导致的混乱。

9. 命令按钮控件

命令按钮（CommandButton）控件是最常用的控件，在用户单击命令按钮时将会执行指定的操作。几乎在所有的对话框中都包含命令按钮。

10. TabStrip控件

TabStrip控件类似于多页控件，但是该控件不能作为其他控件的容器。

11. 多页控件

多页（MultiPage）控件主要用于在一个对话框中显示多个选项卡，每个选项卡中包含不同的内容。每个选项卡的顶部有一个文本标签，通过单击文本标签可以在不同的选项卡之间切换。

12. 滚动条控件

滚动条（ScrollBar）控件主要用于对大量项目或信息的快速定位和浏览。

13. 旋转按钮控件

旋转按钮（SpinButton）控件又称为微调按钮或数值调节钮控件。旋转按钮控件通常与文本框搭配使用，主要用于调整值的大小，并将调整后的值显示在文本框中。

14. 图像控件

图像（Image）控件主要用于在用户窗体中显示图片和图标。

15. RafEdit控件

RafEdit控件允许用户从工作表中选择单元格区域，并自动将所选单元格区域的地址输入到对话框中。

在VBA中操作控件时，需要使用控件的名称引用控件，控件的名称即是在属性窗口中设置的"（名称）"属性的值。只能在设计时修改控件的名称，在运行时无法修改控件的名称，但可以使用Name属性返回控件的名称。

与为普通变量命名类似，在为控件命名时，为了在代码中易于识别控件的类型，也应该使用表示控件类型的字符作为控件名的前缀，比如将【确定】按钮控件命名为"cmdOk"；将用于输入姓名的文本框控件命名为"txtName"。

由于控件位于用户窗体中，而用户窗体本身也是一个模块，因此在引用一个用户窗体中的控件时，需要根据不同情况使用不同的方法，具体如下。

（1）如果在用户窗体中引用其内部包含的控件，则可以直接输入控件的名称来引用该控件。例如，在名为frmLogin的用户窗体中有一个名为txtName的文本框控件，可以使用下面的代码引用该文本框，并将"Excel VBA"输入到文本框中。

```
txtName.Value = "Excel VBA"
```

（2）如果从其他模块中引用用户窗体中的控件，则需要在控件名称前添加用户窗体的名称以作为限定符，就像引用不同标准模块中的变量一样。仍然以上面的情况为例，下面的代码位于标准模块中，引用名为frmLogin的用户窗体中名为txtName的文本框控件，并将"Excel VBA"输入到该文本框中。

```
frmLogin.txtName.Value = "Excel VBA"
```

为了让控件可以响应用户对其进行的操作，需要为控件编写相应的事件代码。当用户对控件执行特定操作时，将会触发相应的事件，从而自动执行事件中的代码。控件的事件代码位于控件所在用户窗体模块的代码窗口中。如果要编写控件的事件代码，可以在用户窗体的设计窗口中双击该控件，打开用户窗体模块的代码窗口，并自动输入好该控件默认的事件过程的框架。如果当前事件不是要编写的事件，则可以从该窗口顶部右侧的下拉列表中选择所需的事件。每个控件都有其默认的事件，比如命令按钮控件的默认事件为Click事件，文本框控件的默认事件为Change事件。

例如下面的代码位于按钮控件的Click事件过程中，当用户单击用户窗体中的【确定】按钮时，将会显示一条用于确认用户单击了该按钮的信息，信息中包含按钮的标题。

```
Private Sub cmdOk_Click()
MsgBox "你单击了【" & cmdOk.Caption & "】按钮"
End Sub
```

5.2 使用VBA创建动态图表

有些情况下，我们需要使用VBA制作图表来动态地展示数据。此时需要实现下列需求。

- 图表可以进行交互式的数据查询及呈现。
- 图表可以动态适应数据的变化。
- 通过图表可以动态看到数据的变化过程及趋势。

5.2.1 使用VBA创建图表

在Excel中，可以使用VBA语言快速、简便地创建图表。创建的图表，既可以嵌入到工作表中数据表的旁边，也可以插入到一个新的图表工作表中，分别称为嵌入式图表和图表工作表。

案例名称	使用 VBA 创建图表	
素材文件	素材 \ch05\5.2.1.xlsx	
结果文件	结果 \ ch05\5.2.1.xlsx	

【案例说明】

打开本例工作簿，如下图所示，在工作表1中单击【生成图表】按钮，将会在工作簿中插入一个图表工作表，并在图表工作表中生成柱形图和折线图。

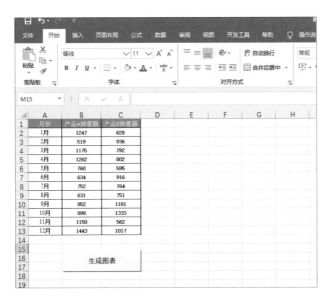

【 操作思路 】

图表工作表对象为Chart，嵌入工作表中图表对象为ChartObject对象，ChartObjects集合为包含指定工作表上所有ChartObject对象的集合。

每个ChartObject对象都代表一个嵌入式图表。ChartObject对象充当Chart对象的容器，ChartObject对象的属性和方法控制工作表上嵌入式图表的外观和大小。

在工作表中使用ChartObjects集合的Add()方法添加一个图表容器，然后访问其Chart属性，可以为图表设置数据源、类型及格式等。

 操作步骤

❶ 按组合键【 Alt+F11 】打开VBE窗口。在菜单栏中选择【 插入 】→【 模块 】命令，输入以下代码。

```
Sub VBA创建图表()
  '变量声明
  Dim sht    As Worksheet      '数据工作表
  Dim chtObj  As ChartObject  'ChartObject
  Dim cht    As Chart          '图表Chart
  '定义数据工作表
  Set sht = Sheet1
  '操作数据工作表
  With sht
    '删除已经存在的所有图表
    For Each chtObj In .ChartObjects
      chtObj.Delete
    Next
    '创建图表
    Set chtObj = sht.ChartObjects.Add( _
            Left:=.Range("E1").Left, _
            Top:=.Range("E1").Top, _
            Width:=360, _
            Height:=250)
  End With
  '定义图表对象Chart
  Set cht = chtObj.Chart
  '操作图表对象
  With cht
    '设置数据源
    .SetSourceData sht.Range("A1").CurrentRegion, xlColumns
    '设置图例位置
```

```
      .SetElement msoElementLegendBottom
      '删除纵轴中主要网格线
      .Axes(xlValue).MajorGridlines.Delete
      '设置标题位置
      .SetElement msoElementChartTitleAboveChart
      '设置标题名称
      .ChartTitle.Text = "产品销售额对比"
      '设置系列1的类型为柱形图
      .SeriesCollection(1).ChartType = xlColumnClustered
      '设置系列2的类型为折线图
      .SeriesCollection(2).ChartType = xlLine
   End With
End Sub
```

❷ 在工作表1中选择【开发工具】→【插入】→【表单控件】→【按钮】选项，如下图所示。

❸ 在工作表中拖曳绘制一个按钮控件，设置名称为"生成图表"，并在该按钮控件上右击，在弹出的快捷菜单中选择【指定宏】命令，如下图所示。

❹ 打开【指定宏】对话框，选择步骤❶中输入代码的宏名称"VBA创建图表"，单击【确定】按钮，如下图所示。

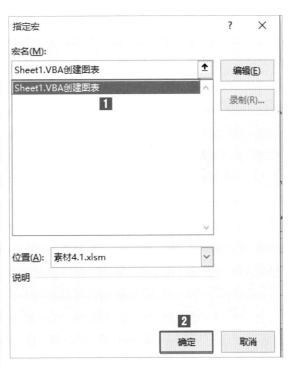

❺ 单击【生成图表】按钮，即可创建图表，效果如下图所示。

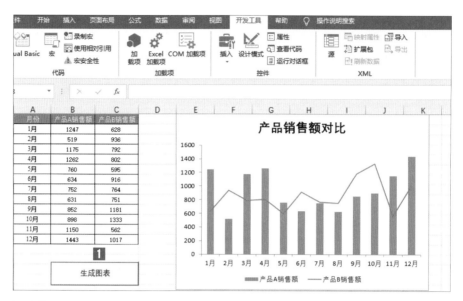

【代码解读】

Set chtObj = sht.ChartObjects.Add (x, y, w, h)

上述代码用来增加一个ChartObject对象，ChartObject 对象作为 Chart 对象的容器。ChartObject对象的属性和方法控制工作表中嵌入图表的外观和大小。这里的x、y、w、h非常关键，控制了图表的位置和大小，其中x和y控制图表左上角位置，w和h分别控制图表的宽度和高度。

.SeriesCollection(1).ChartType = xlColumnClustered

上述代码用来设置图表类型，其中xlColumnClustered表示为簇状柱形图。此外，xlLine表示为折线图，xlLineMarkers表示为带数据标记的折线图，具体的图表类型都有对应的VBA代码，可以参考VBA网上文档XlChartType，选择自己需要的图表类型。下表5.1为XlChartType中常用的图表类型及参数值，可进行查阅。

表5.1　XlChartType中常用参数说明

名　　称	值	说　　明
xl3DArea	−4098	三维面积图
xl3DAreaStacked	78	三维堆积面积图
xl3DAreaStacked100	79	百分比堆积面积图
xl3DBarClustered	60	三维簇状条形图
xl3DBarStacked	61	三维堆积条形图
xl3DBarStacked100	62	三维百分比堆积条形图
xl3DColumn	−4100	三维柱形图
xl3DColumnClustered	54	三维簇状柱形图
xl3DColumnStacked	55	三维堆积柱形图
xl3DColumnStacked100	56	三维百分比堆积柱形图
xl3DLine	−4101	三维折线图

续表

名　　称	值	说　　明
xl3DPie	−4102	三维饼图
xl3DPieExploded	70	分离型三维饼图
xlArea	1	面积图
xlAreaStacked	76	堆积面积图
xlAreaStacked100	77	百分比堆积面积图
xlBarClustered	57	簇状条形图
xlBarOfPie	71	复合条饼图
xlBarStacked	58	堆积条形图
xlBarStacked100	59	百分比堆积条形图

5.2.2　使用VBA创建可切换数据源的动态图表

如果有多个数据源，可以创建一个图表，然后通过VBA编程实现在一个图表中切换图表数据源的操作。本节通过VBA编程创建一个可切换数据源的动态图表。

案例名称	使用 VBA 创建可切换数据源的动态图表	
素材文件	素材 \ch05\5.2.2.xlsx	
结果文件	结果 \ ch05\5.2.2.xlsx	

【案例说明】

打开本例的工作簿，如下图所示，工作表中有上、下两个数据源表格，分别单击表格右侧的两个按钮，可以对左侧图表的数据源进行切换，并更新图表所显示的内容为数据源1或数据源2。

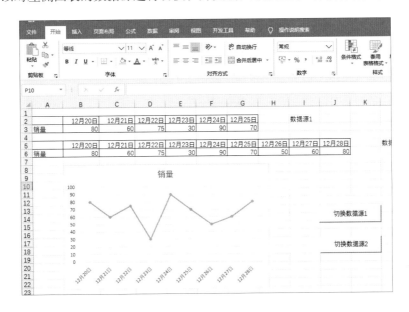

【操作思路】

使用Chart对象的SetSourceData方法，可以为指定的图表设置源数据区域。

 操作步骤

❶ 按组合键【Alt+F11】打开VBE窗口。在菜单栏中选择【插入】→【模块】命令，输入以下代码。

```
Sub 按钮1()
    Set sht = ThisWorkbook.Worksheets("Sheet1")
    Set chart1 = sht.ChartObjects("图表 1")
    Set ds1 = sht.Range("A2:G3")
    chart1.Chart.SetSourceData Source:=ds1
End Sub

Sub 按钮2()
    Set sht = ThisWorkbook.Worksheets("Sheet1")
    Set chart1 = sht.ChartObjects("图表 1")
    Set ds1 = sht.Range("A5:J6")
    chart1.Chart.SetSourceData Source:=ds1
End Sub
```

❷ 不选中数据，在数据工作表下方插入名为图表1的图表，如下图所示。

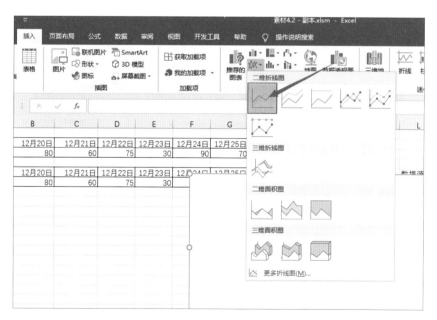

❸ 添加按钮控件，在工作表中设置两个按钮控件，如下图所示。

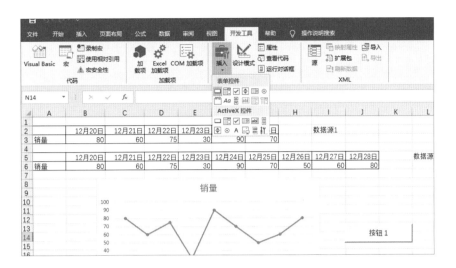

❹ 分别为两个按钮控件指定对应宏，如下图所示。

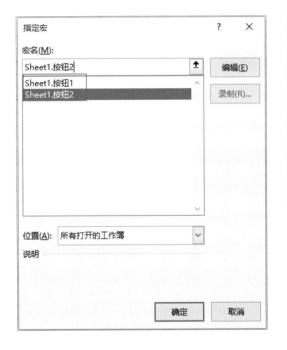

❺ 更改按钮的名称，然后单击按钮，即可对应地切换数据源，并显示对应的图表。

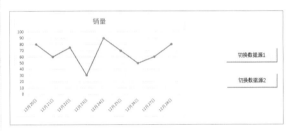

【代码解读】

Set ds1 = sht.Range("A2:G3")，该代码用来设置ds1为A2:G3区域的数据表。

Set ds1 = sht.Range("A5:J6")，该代码用来设置ds1为A5:J6区域的数据表。

chart1.Chart.SetSourceData Source:=ds1，即设置图表数据源为ds1。将ds1设置成动态，可以实现图表随着数据源发生变化而变化。

5.2.3 使用VBA显示图表各子对象名称

通过使用VBA显示图表各子对象名称，这样可以方便初学者形象地了解图表，掌握使用VBA制作图表的方法。

案例名称	使用 VBA 显示图表各子对象名称
素材文件	素材 \ch05\5.2.3.xlsx
结果文件	结果 \ ch05\5.2.3.xlsx

【案例说明】

打开本例工作簿，单击图表的工作表标签，在图表中将鼠标光标移动到图表处单击左键，将会在弹出的对话框显示单击部分的名称，如下图所示。

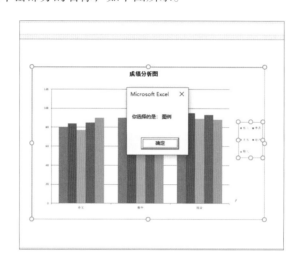

【操作思路】

图表作为对象，支持事件驱动。在图表元素上单击子对象时，会产生Select事件，该事件的语法为：Private Sub Chart_Select (ElementID, Arg1, Arg2)。其中ElementID为选定的图表元素；Arg1和Arg2取决于ElementID，一般不需要查询这两个参数的值。

如果用户选定了图表标题，如下代码将用于显示消息框。

```
Private Sub Chart_Select(ByVal ElementID As Long, ByVal Arg1 As Long, ByVal Arg2 As Long)
    If ElementId = xlChartTitle Then
    MsgBox "please don't change the chart title"
    End If
End Sub
```

本节提供了一个使用VBA显示图表"成绩表"各子对象名称的实例，源码在本章"素材"文件夹下。

❶ 打开素材文件，选中学生成绩表后，插入任意一种图表，并做适当的美化设置，如下图所示。

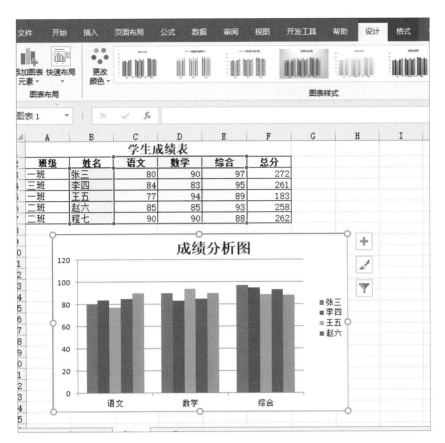

❷ 选中调整好的图表，右击，在弹出的快捷菜单中选择【移动图表】命令，将图表移动到新工作表Chart1中，如下图所示。

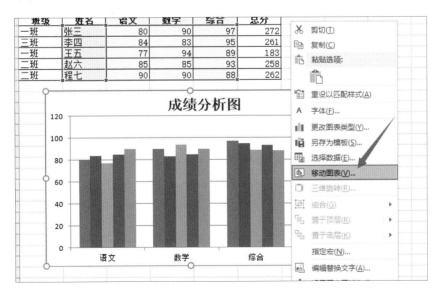

❸ 按组合键【Alt+F11】打开VBE窗口。在菜单栏中选择【插入】→【模块】命令，输入以下代码。

```
Private Sub Chart_Select(ByVal ElementID As Long, ByVal Arg1 As Long, ByVal Arg2 As Long)
    Dim str1 As String
    Select Case ElementID
        Case xlChartArea: str1 = "图表区"
        Case xlChartTitle: str1 = "图表标题"
        Case xlPlotArea: str1 = "绘图区"
        Case xlLegend: str1 = "图例"
        Case xlLegendEntry: str1 = "图例项"
        Case xlLegendKey: str1 = "图例标示"
        Case xlAxis: str1 = "坐标轴"
        Case xlAxisTitle: str1 = "坐标轴标题"
        Case xlMajorGrstr1lines: str1 = "主要网格线"
        Case xlMinorGrstr1lines: str1 = "次要网格线"
        Case xlDataLabel: str1 = "数据标签"
        Case xlDataTable: str1 = "数据表"
        Case xlDropLines: str1 = "垂直线"
        Case xlErrorBars: str1 = "误差线"
        Case xlHiLoLines: str1 = "高低点连线"
        Case xlSeries: str1 = "系列"
        Case xlSeriesLines: str1 = "系列线"
        Case xlShape: str1 = "图形"
        Case xlFloor: str1 = "基底"
        Case xlWalls: str1 = "背景墙"
        Case xlNothing: str1 = "Nothing"
        Case Else:: str1 = "未识别对象"
    End Select
    MsgBox "你选择的是：" & str1
End Sub
```

❹ 单击图表内的任意元素，即可测试效果，如下图所示。

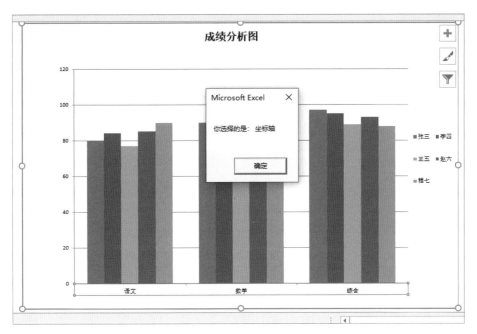

【代码解读】

Case xlChartArea: str1 = "图表区"，表示当ElementID为xlChartArea时，str1字符串被赋值为"图表区"。

MsgBox "你选择的是：" & str1，表示弹出对话框进行名称提示。

可指定图表项的名称及参数值如表5.2所示。

表5.2 图表项参数及说明

名　　称	值	说　　明
xlAxis	21	坐标轴
xlAxisTitle	17	坐标轴标题
xlChartArea	2	图表区
xlChartTitle	4	图表标题
xlCorners	6	角点
xlDataLabel	0	数据标签
xlDataTable	7	模拟运算表
xlDisplayUnitLabel	30	显示单位标签
xlDownBars	20	跌柱线
xlDropLines	26	垂直线
xlErrorBars	9	误差线
xlFloor	23	基底
xlHiLoLines	25	高低点连线

续表

名　　　称	值	说　　　明
xlLeaderLines	29	引导线
xlLegend	24	图例
xlLegendEntry	12	图例项
xlLegendKey	13	图例项标示
xlMajorGridlines	15	主要网格线
xlMinorGridlines	16	次要网格线
xlNothing	28	无
xlPivotChartDropZone	32	数据透视图拖放区域
xlPivotChartFieldButton	31	数据透视图字段按钮
xlPlotArea	19	绘图区
xlRadarAxisLabels	27	雷达图轴标签
xlSeries	3	系列
xlSeriesLines	22	系列线
xlShape	14	形状
xlTrendline	8	趋势线
xlUpBars	18	涨柱线
xlWalls	5	背景墙
xlXErrorBars	10	X 误差线
xlYErrorBars	11	Y 误差线

第6章

动态图职场建模实战

可视化模型应具备的条件

具备哪些条件才能称为可视化模型呢？下面就来介绍什么是可视化模型，以及成为可视化模型的条件。

1. 什么是Excel模型

当基础数据录入后，经过统计和汇总能够自动生成Excel模型。统计和汇总可以通过函数、透视表及VBA等形式实现，不需要再次去手动统计。数据模型允许集成多个表中的数据，从而有效地在Excel工作簿中构建一个关系数据源。

2. 什么是Excel可视化模型

Excel可视化模型是将数据转换为图表的一种表达形式，达到数变图的目的，是一种联动状态。统计的数据并不能直接作为绘图数据，特别是制作个性图表时，需要对数据源进行重新布局和排版，才能制作出最终图表。

Excel工作簿只能包含一个数据模型，但该模型可在整个工作簿中重复使用，可以随时将更多的表添加到现有数据模型中。如果已在表之间创建关系，则可以在数据透视表中使用它们的任何字段。

3. 成为可视化模型的条件

成为可视化模型的条件如下。

（1）具有规范的数据：可以进行统计汇总的、规范的基础数据表或绘图所用的数据源。

（2）数据内容可变更：可以对数据进行增加、删除、汇总或变更。

（3）采用图表形式：通过一定的制作方式，将数据转换为图表。

（4）可持续性：当数据内容变更时，图表随数据变动而变动，不影响原有功能，不能有错误出现，甚至可以增加某些选项，或者需考虑时间的持续性，例如跨年、跨月等问题。

（5）安全性：具有可保护性和私密性，可以设置密码或区域性功能限制，起到对数据保护和规范的作用。

6.2 简单可视化模型

企业的销售统计形式可以是以季节形式进行，也可以通过月份形式进行，当希望知道库存中不同类别产品的价值或不同月份的销售量、销售额，并且要知道哪几类产品的价值在所售出的产品中占较高的比例，用统计表格并不能清晰地展示出来。为了避免这个现象的出现，可以通过可视化模型对数据进行显示。下面通过销售案例介绍简单可视化模型的制作步骤及制作过程中的注意事项。

案例名称	简单可视化模型制作	
素材文件	素材 \ch06\6.2.xlsx	
结果文件	结果 \ ch06\6.2.xlsx	

 销 售 范例6-1 简单可视化模型制作

【诉求理解】

制作简单可视化模型的原始数据及图表如下图所示。

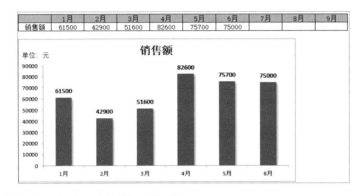

通过简单的可视化模型,需要达到如下要求。

(1)当增加月份数据时,图表会自动增加月份及对应的数据。

(2)保持图表的风格不变,不需要添加数据后每月再画图,也不需要再次更新图表数据;添加没有数据的表格,可以保持图表风格自动生成。

例如,输入7月份的销售额为80000,数据系列、数据标签等都会自动显示,效果如下图所示。

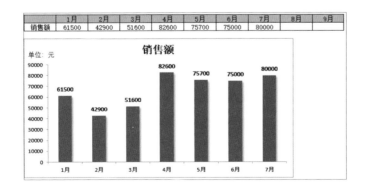

【设计思路】

(1)如果要增加数据,首先坐标轴标签会变化。坐标轴标签会自动增加的动态效果如何实现呢?这里可以通过自定义函数来实现。

（2）自定义名称用OFFSET函数来实现，那么移动的列数又怎样自动完成更新呢？可以用COUNTA函数来实现计数。

（3）怎样让月份和销售额数据联动起来呢？可以修改SERIES函数，这样类别标签范围变动时，做图的数据值范围也要变更。

 **操作步骤**

第一步 ● **创建图表**

❶ 打开素材文件，选择前6个月的数据，创建簇状柱形图图表，如下图所示。

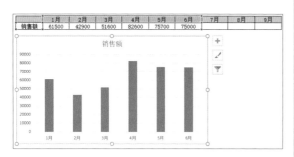

❷ 添加数据标签，并删除网格线，效果如下图所示。

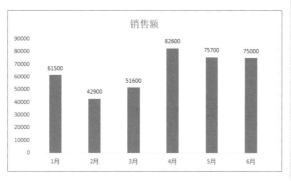

第二步 ● **使用COUNTA函数实现月份变化**

创建的图表只有6个月的数据，现需要月份实现变化，例如增加7月数据，则图表中就要显示横坐标7月。这里使用COUNTA函数实现月份个数统计，如在空白单元格中输入公式"=COUNTA(D5:L5)"，按【Enter】键，即可计

算出D5:L5区域中包含数据的个数为"6"。

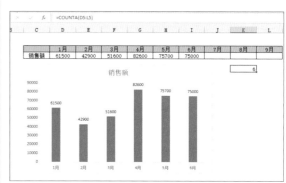

第三步 ● **使用OFFSET函数实现自定义名称**

> **Tips** 新建名称的操作这里不再赘述，通过自定义名称，可以缩短公式。

❶ 新建名称"月度标签"，设置引用位置为"=OFFSET(简单可视化模型!$C$4,0,1,1,COUNTA(简单可视化模型!$D$5:$L$5))"，创建完成后效果如下图所示。

公式 "=OFFSET(简单可视化模型!$C$4,0,1,1,COUNTA(简单可视化模型!$D$5:$L$5))" 中各参数的作用如下。

（1）第1个参数 "简单可视化模型!$C$4" 的作用为定位，这里定位至C4单元格。

（2）第2个参数 "0" 的作用为向下移动0行。

（3）第3个参数 "1" 的作用为向右移动1列，通过第2个和第3个参数可以获取最新数据的起点，即D4单元格。

（4）第4个参数 "1" 的作用为获取1行数据。

（5）第5个参数 "COUNTA(简单可视化模型!$D$5:$L$5)" 的作用为向右获取数据的列数。

❷ 新建名称 "销售额"，设置引用位置为 "=OFFSET(简单可视化模型!$C$5,0,1,1,COUNTA(简单可视化模型!$D$5:$L$5))"，创建完成后效果如下图所示。

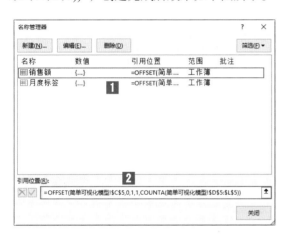

第四步 ● 使用SERIES函数实现动态变化

❶ 选择创建的簇状柱形图数据系列，可以看到编辑栏中显示的公式为 "=SERIES(简单可视化模型!$C$5,简单可视化模型!$D$4:$I$4,简单可视化模型!$D$5:$I$5,1)"，如下图所示。

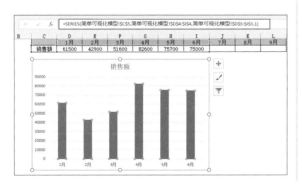

公式 "=SERIES(简单可视化模型!$C$5,简单可视化模型!$D$4:$I$4,简单可视化模型!$D$5:$I$5,1)" 中各参数的作用如下。

（1）第1个参数 "简单可视化模型!$C$5" 的作用为设置数据标签，这里是C5单元格中的 "销售额"。

（2）第2个参数 "简单可视化模型!$D$4:$I$4" 的作用为设置水平轴标签的范围。

（3）第3个参数 "简单可视化模型!$D$5:$I$5" 的作用为设置数据值的范围。

（4）第4个参数 "1" 的作用为设置顺序参数，这里只有一个数据系列，因此设置参数为 "1"。

❷ 更改编辑栏中的公式为 "=SERIES(简单可视化模型!$C$5,简单可视化模型!月度标签,简单可视化模型!销售额,1)"，如下图所示，按【Enter】键。

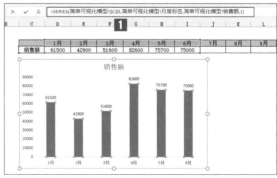

❸ 此时，输入其他月份数据，如输入8月销售额 "85000"，即可看到图表会随着变化，如下图所示。

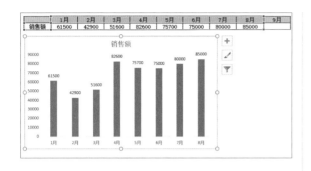

❹ 修改图表中数据系列的颜色，并根据需要美化图表，最终效果如下图所示。

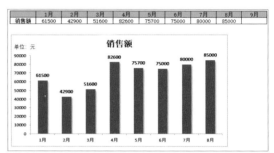

【案例分析】

需求是无止境的，如果销售额数据是从另一张表中直接通过计算统计过来的，只需在基础表中输入一次，其他内容都会自动生成。

6.3 简单可视化模型拓展

下面通过对第6.2节案例进行修改，介绍在不同需求下实现数据可视化的操作方法。

案例名称	简单可视化模型拓展	
素材文件	素材 \ch06\6.3.xlsx	
结果文件	结果 \ ch06\6.3.xlsx	

 销 售 范例6-2 简单可视化模型拓展

【诉求理解】

如果提供有原始数据，现需要调用原始数据，生成做图数据，并绘制出动态图表。原始数据表如下左图所示。做图数据表如下右图所示。

月份	产品	销量（件）	单价（元）	销售额（元）
1月	毛衣	10	1,500	15,000
1月	裤子	20	900	18,000
1月	毛衣	19	1,500	28,500
2月	裤子	11	900	9,900
2月	毛衣	14	1,500	21,000
2月	衬衣	20	600	12,000
3月	裤子	15	900	13,500
3月	衬衣	16	600	9,600
3月	毛衣	19	1,500	28,500
4月	衬衣	20	600	12,000
4月	裤子	18	900	16,200
4月	西装	17	3,200	54,400
5月	衬衣	19	600	11,400
5月	毛衣	13	1,500	19,500
5月	西装	14	3,200	44,800
6月	裤子	16	900	14,400
6月	西装	15	3,200	48,000
6月	裤子	14	900	12,600
7月	毛衣	13	1,500	19,500
7月	西装	20	3,200	64,000
7月	衬衣	11	600	6,600

	1月	2月	3月	4月	5月	6月	7月	8月	9月
销售额									

通过简单可视化模型，需要达到如下要求。

（1）当增加月份时，图表自动增加月份。

（2）销售数据不是手动输入，而是通过自动计算获取。

这样能够降低数据统计的错误率，提高统计效率。

【设计思路】

（1）数据值是统计得到的，可通过SUMIF函数实现。

（2）做图数据表中7~9月数据统计已经有了公式，以后月份变更时不需要通过手动输入，数据标签会自动通过COUNTIF函数实现月份统计。

（3）怎样让月份和销售额数据联动起来呢？可修改SERIES函数，当类别标签范围变动时，做图的数据值范围也要随着变更。

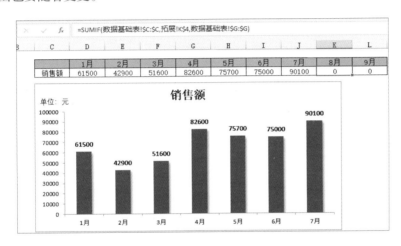

第一步 ● **使用SUMIF函数实现销售额统计**

打开素材文件，首先需要从"数据基础表"工作表中使用SUMIF函数统计出每个月的销售额，并显示在"拓展"工作表的D5:L5单元格区域内。

❶ 在"拓展"工作表中选择D5单元格，输入公式"=SUMIF(数据基础表!$C:$C,拓展!D$4,数据基础表!$G:$G)"，按【Enter】键确认，即可计算统计出1月份的销售额，如下图所示。

❷ 向右填充至L5单元格，即可计算出9个月的销售额数据，如果"数据基础表"工作表中没有对应月份的数据，则会显示为"0"，如下图所示。

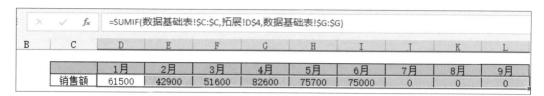

	1月	2月	3月	4月	5月	6月	7月	8月	9月
销售额	61500	42900	51600	82600	75700	75000	0	0	0

第二步 使用COUNTIF函数计算实现月份变化

"数据基础表"工作表中只有6个月的数据，统计后的销售额也仅有前6个月，其他月份的销售额显示为0，这时需要实现月份变化，统计出D5:L5单元格区域不为"0"的单元格数量，可以使用COUNTIF函数。

在任意空白单元格中输入公式"=COUNTIF(D5:L5,">0")"，按【Enter】键，即可计算出D5:L5区域中数值大于"0"的个数为"6"，如下图所示。

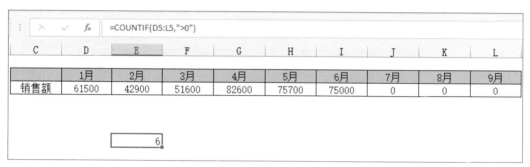

第三步 使用OFFSET函数实现自定义名称

❶ 新建名称"拓展月度标签"，设置引用位置为"=OFFSET(拓展!$C$4,0,1,1,COUNTIF(拓展!$D$5:$L$5,">0"))"，创建完成后效果如下图所示。

❷ 新建名称"拓展销售额"，设置引用位置为"=OFFSET(拓展!$C$5,0,1,1,COUNTIF(拓展!$D$5:$L$5,">0"))"，创建完成后效果如下图所示。

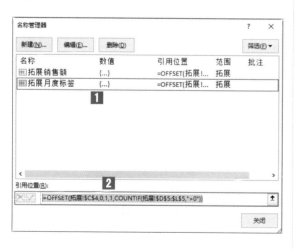

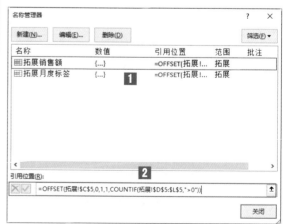

第四步 ● 创建图表并使用SERIES函数实现动态变化

❶ 选择C4:I5单元格区域，创建的簇状柱形图图表，选择数据系列，可以看到编辑栏中显示的公式为"=SERIES(拓展!$C$5,拓展!$D$4:$I$4,拓展!$D$5:$I$5,1)"，如下图所示。

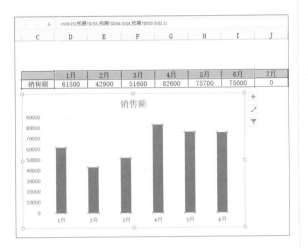

❷ 更改编辑栏中的公式为"=SERIES(拓展!$C$5,拓展!拓展月度标签,拓展!拓展销售额,1)"，如右上图所示，按【Enter】键。

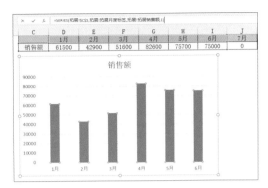

❸ 此时，在"数据基础表"工作表中输入其他月份数据（如7月份），如下图所示。

月份	产品	销量（件）	单价（元）	销售额（元）
1月	毛衣	10	1,500	15,000
1月	裤子	20	900	18,000
1月	毛衣	19	1,500	28,500
2月	裤子	11	900	9,900
2月	毛衣	14	1,500	21,000
2月	衬衣	20	600	12,000
3月	裤子	15	900	13,500
3月	衬衣	16	600	9,600
3月	毛衣	19	1,500	28,500
4月	衬衣	20	600	12,000
4月	裤子	18	900	16,200
4月	西装	17	3,200	54,400
5月	衬衣	19	600	11,400
5月	毛衣	13	1,500	19,500
5月	西装	14	3,200	44,800
6月	裤子	16	900	14,400
6月	西装	15	3,200	48,000
6月	裤子	14	900	12,600
7月	毛衣	13	1,500	19,500
7月	西装	20	3,200	64,000
7月	衬衣	11	600	6,600

❹ 返回"拓展"工作表，即可看到做图数据和图表都会自动发生变化，然后根据需要美化图表，最终效果如下图所示。

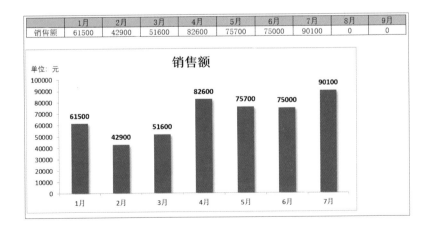

如果在"数据基础表"中输入其他月份，还可以显示其他月份数据的汇总及数据系列。

【案例分析】

（1）巧妙地应用COUNTIF函数统计月份个数。

（2）公式"OFFSET(拓展!\$C\$4,0,1,1,COUNTIF(拓展!\$D\$5:\$L\$5,">0"))"的格式要设置完整。

6.4 建立数据透视图

建立数据透视表的目的在于，输入数据后能够自动进行统计，生成的图表随之产生更新变动，并且在更新后可以看到实时统计结果。

案例名称	建立数据透视图
素材文件	素材 \ch06\6.4.xlsx
结果文件	结果 \ ch06\6.4.xlsx

 销售 范例6-3 建立数据透视图

【诉求理解】

根据原始数据，建立透视图模型，做图数据表如下图所示。

月份	产品	销量（件）	单价（元）	销售额（元）
1月	毛衣	10	1,500	15,000
1月	裤子	20	900	18,000
1月	毛衣	19	1,500	28,500
2月	裤子	11	900	9,900
2月	毛衣	14	1,500	21,000
2月	衬衣	20	600	12,000
3月	裤子	15	900	13,500
3月	衬衣	16	600	9,600
3月	毛衣	19	1,500	28,500
4月	衬衣	20	600	12,000
4月	裤子	18	900	16,200
4月	西装	17	3,200	54,400
5月	衬衣	19	600	11,400
5月	毛衣	13	1,500	19,500
5月	西装	14	3,200	44,800
6月	裤子	16	900	14,400
6月	西装	15	3,200	48,000
6月	裤子	14	900	12,600

本案例需要达到以下要求。

（1）数据输入后，自动统计，图表随做图数据的变动而变动。

（2）要实时看到输入后，统计的结果。

【设计思路】

（1）当增加月份时，图表会自动增加月份，主要通过表名称实现。

（2）输入新数据与刷新数据。最终效果如下图所示。

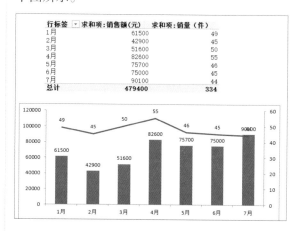

 操作步骤

下面以销售数据为例建立数据透视表。

第一步 创建基础数据表

❶ 打开素材文件，选中基础数据，选择

【插入】→【表格】选项，弹出【创建表】对话框，单击【确定】按钮，如下图所示。

❷ 选择【设计】选项卡，在【属性】选项组中将【表名称】命名为"透视基础数据"，如下图所示。

第二步 ▶ 创建数据透视表

❶ 选中基础数据，选择【插入】→【数据透视表】选项，如下图所示。

❷ 弹出【创建数据透视表】对话框，选中

【现有工作表】单选按钮，并选择一个位置，单击【确定】按钮，如下图所示。

❸ 进入数据透视表设计界面，将【月份】字段拖曳至【行】标签区域，将【销售额】和【销量】字段拖曳至【值】区域，如下图所示。

❹ 此时完成数据透视表的创建，效果如下图所示。

行标签	求和项:销售额（元）	求和项:销量（件）
1月	61500	49
2月	42900	45
3月	51600	50
4月	82600	55
5月	75700	46
6月	75000	45
总计	389300	290

❺ 在透视表中行标签出现"求和项:"字样
会影响美观，可以双击名称，在打开的【值字
段设置】对话框中将"求和项:"替换为空格，
效果如下图所示。

行标签 ▼	销售额(元)	销量（件）
1月	61500	49
2月	42900	45
3月	51600	50
4月	82600	55
5月	75700	46
6月	75000	45
总计	389300	290

第三步 ● 创建数据透视图

❶ 选择【数据透视表工具】→【分析】→
【工具】→【数据透视图】选项，如下图所示。

❷ 在弹出的【插入图表】对话框中选择
【簇状柱形图】选项，单击【确定】按钮，完成
数据透视图的创建，效果如下图所示。

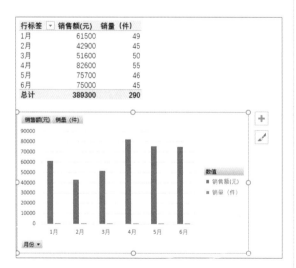

❸ 在【数值】按钮上右击，在弹出的快捷
菜单中选择【隐藏图表上的所有字段按钮】命
令，如右上图所示。

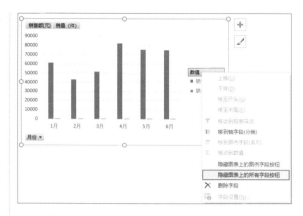

❹ 隐藏字段上的所有字段按钮后，将图例
放在图表上方，并删除网格线，效果如下图所示。

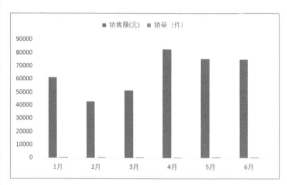

第四步 ● 美化数据透视图

❶ 选择"销量"数据系列，为其添加次坐
标轴，并更改为带数据标记的折线图类型，效
果如下图所示。

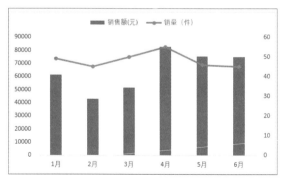

❷ 依次为"销售额"和"销量"数据系列
添加数据标签，效果如下图所示。

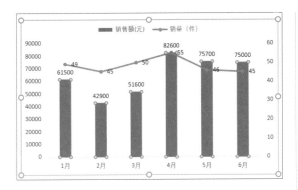

❸ 此时，数据标签之间有重叠，可以设置主坐标轴的【边界】中的【最大值】为"120000.0"，并调整数据系列的颜色，效果如下图所示。

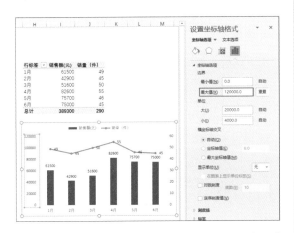

❹ 设置折线图数据系列的数据标签位置靠上，效果如下图所示。

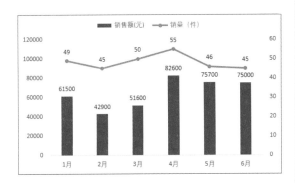

第五步▶ 数据动态更新

❶ 复制7月份数据，并粘贴至做图数据下方，数据会自动应用表格式，表的范围会自动

增大，效果如下图所示。

月份	产品	销量（件）	单价（元）	销售额（元）
1月	毛衣	10	1,500	15,000
1月	裤子	20	900	18,000
1月	毛衣	19	1,500	28,500
2月	裤子	11	900	9,900
2月	毛衣	14	1,500	21,000
2月	衬衣	20	600	12,000
3月	裤子	15	900	13,500
3月	衬衣	16	600	9,600
3月	毛衣	19	1,500	28,500
4月	衬衣	20	600	12,000
4月	裤子	18	900	16,200
4月	西装	17	3,200	54,400
5月	衬衣	19	600	11,400
5月	毛衣	13	1,500	19,500
5月	西装	14	3,200	44,800
6月	裤子	16	900	14,400
6月	西装	15	3,200	48,000
6月	裤子	14	900	12,600
7月	毛衣	13	1,500	19,500
7月	西装	20	3,200	64,000
7月	衬衣	11	600	6,600

❷ 在透视表上右击，在弹出的快捷菜单中选择【更新】命令，透视表和柱形图都将得到更新。为了图形更加美观，也可以适当调整间距及标签的位置、颜色，并设置坐标轴刻度等，看上去更加协调，如下图所示。

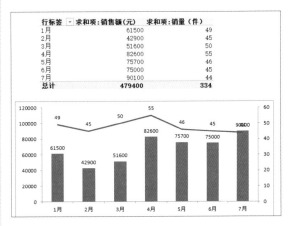

【案例分析】

（1）需要创建表的名称。

（2）添加数据后需要执行刷新操作。

（3）数据透视图包含字段按钮，用来改变数据透视图中数据的布局。

（4）数据透视图不能与XY散点图、气泡图、股价图这3种类型的图表共同工作。

（5）数据透视图中的数据是链接到数据透

视表的。数据透视图不同于标准图表的是，它不能改变数据源。

（6）在数据透视图中，不能移动（或修改）绘图区或标题的大小，也不能手动移动图例。

 动态模型拓展

需求是无止境的，在6.4节制作的动态模型中仅仅能看到每个月份的数据，如果需要对产品切块或者增加按钮，单击按钮即可进行图表的切换，这时就需要更多的设置。

案例名称	动态模型拓展	
素材文件	素材 \ch06\6.5.xlsx	
结果文件	结果 \ ch06\6.5.xlsx	

 销 售 范例6-4 动态模型拓展

【诉求理解】

（1）数据输入，自动统计，图表随做图数据变动而变动。

（2）要实时看到输入后统计的结果。

（3）分版块看每月数据，同时还要看到占比情况。

（4）能看到当期每月的走势图。

（5）单击按钮显示不同效果。

【设计思路】

制作看版样式，通过切片器实现按版块显示和按整体显示。最终效果如下图所示。

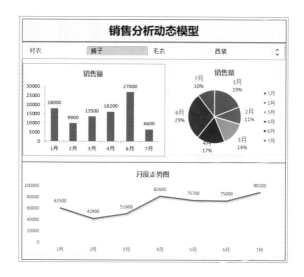

 操作步骤

❶ 打开素材文件，制作月份销售额透视表，效果如下图所示。

行标签 ▼	求和项:销售额(元)
1月	61500
2月	42900
3月	51600
4月	82600
5月	75700
6月	75000
总计	389300

❷ 创建月份销量透视表，效果如下图所示。

行标签 ▼	求和项:销售额(元)		行标签 ▼	求和项:销量（件)
1月	61500		1月	49
2月	42900		2月	45
3月	51600		3月	50
4月	82600		4月	55
5月	75700		5月	46
6月	75000		6月	45
总计	389300		总计	290

❸ 再次创建月份销售额透视表，效果如下图所示。

行标签 ▼	求和项:销售额(元)		行标签 ▼	求和项:销量（件)		行标签 ▼	求和项:销售额(元)
1月	61500		1月	49		1月	61500
2月	42900		2月	45		2月	42900
3月	51600		3月	50		3月	51600
4月	82600		4月	55		4月	82600
5月	75700		5月	46		5月	75700
6月	75000		6月	45		6月	75000
总计	389300		总计	290		总计	389300

❹ 修改透视表的"求和项"名称，修改后效果如下图所示。

行标签 ▼	销售额(元)		行标签 ▼	销量（件)		行标签 ▼	销售额(元)
1月	61500		1月	49		1月	61500
2月	42900		2月	45		2月	42900
3月	51600		3月	50		3月	51600
4月	82600		4月	55		4月	82600
5月	75700		5月	46		5月	75700
6月	75000		6月	45		6月	75000
总计	389300		总计	290		总计	389300

❶ 选择第一个透视表，创建柱形图数据透视图，根据需要设置图表样式，效果如下图所示。

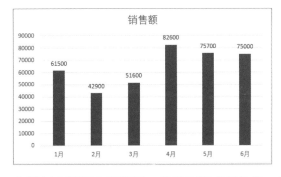

❷ 使用同样的方法，分别创建饼图和折线图，并排列图表的位置，效果如下图所示。

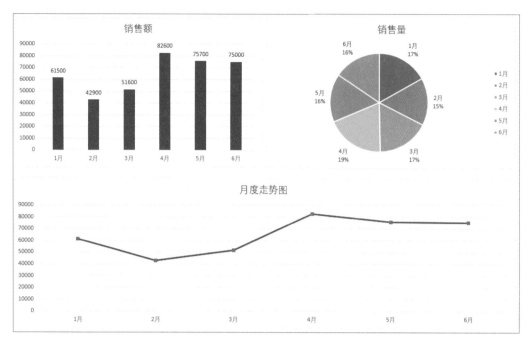

第三步 ► 添加切片器

❶ 选择任意图表，选择【数据透视图工具】→【分析】→【筛选】→【插入切片器】选项，弹出【插入切片器】对话框，选中【产品】复选框，单击【确定】按钮，如下图所示。

❷ 完成切片器的插入后，效果如下图所示。

❸ 选择插入的切片器，在【切片器工具】下选择【选项】选项卡，在【按钮】选项组中设置【列】为"4"，并调整切片器窗口的大小，效果如下图所示。

❹ 选择切片器并右击，在弹出的快捷菜单中选择【切片器设置】命令，如下图所示。

❺ 打开【切片器设置】对话框，取消选中【显示页眉】复选框，单击【确定】按钮，如下图所示。

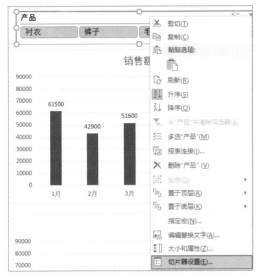

❻ 完成切片器格式的设置后，效果如下图所示。

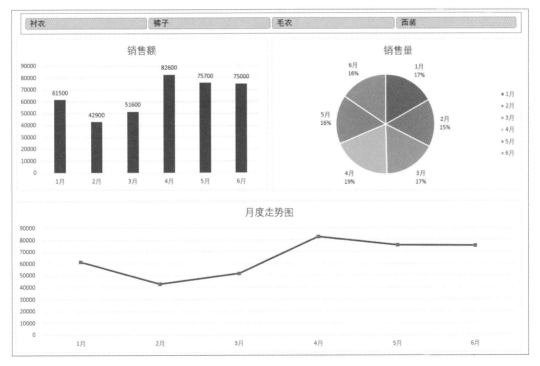

第四步 ▶ 切片器的连接

选择切片器并右击，在弹出的快捷菜单中选择【报表连接】命令，打开【数据透视表连接】对话框，选中要连接透视表的名称，单击【确定】按钮，如下图所示，即可完成两个图表间的联动。

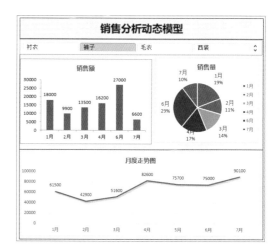

第五步 ● **整体美化**

❶ 根据需要添加填充图表区域的背景颜色，添加"销售分析动态模型"标题并设置标题样式；此外，还可以根据需要调整图表布局。调整后效果如下图所示。

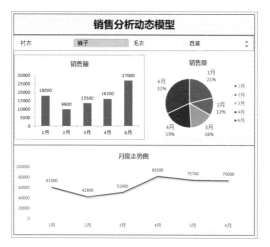

❷ 添加7月份的数据，选择【数据透视表工具】→【分析】→【刷新】→【全部刷新】选项，即可看到增加7月份数据后的效果，如右上图所示。

【案例分析】

（1）建立透视表数据命名，在以后的绘图中可以直接调用，因此命名是关键。

（2）建立透视图后，一旦数据更新，右击透视图进行刷新就可以对透视图和透视表进行更新。

（3）添加的切片器默认为横向排列，需要增加列数，将其调节为纵向排列。

（4）为了与透视表建立连接，需要添加切片器与其他报表的连接。

（5）整体布局及颜色搭配需要协调。

> **Tips** 为了保证内容增加时图表区域能显示出完整数据，对透视表和透视图区域要预留出足够的空间。

6.6 简单函数模型

在进行差旅费管理时，需要统计出不同部门的费用，现需要输入数据后按当月或累计数据实现自动评价，如果实际费用小于目标费用，则显示为"○"，否则显示为"×"。

案例名称	简单函数模型
素材文件	素材 \ch06\6.6.xlsx
结果文件	结果 \ ch06\6.6.xlsx

财 务　范例6-5　简单函数模型

【诉求理解】

（1）数据输入，自动统计，结果会自动统计。

（2）要实时看到输入后统计的结果。

【设计思路】

使用IF函数实现自动显示评价结果。

在差旅费合计中包含各部门及所有部门合计的当月目标、当月实际、实际比率和评价，以及累计目标、累计实际、累计比率和评价等数据，在企业中可能存在多个部门（如客车部、卡车部和配件部等），计算量较大，因此有相当大的必要性构建函数模型实现自动显示评价结果。

❶ 对于各部门的"当月目标"和"当月实际"数据需要手动输入，如下图所示。

项目名称	单位	分类	区分	1月	2月	3月	4月
差旅费合计	千元	目标	当月目标	325	334	298	305
			当月实际	314	345	305	371
			实际比率	97%	103%	102%	122%
			评价				
			累计目标	325	659	957	1,262
			累计实际	314	659	964	1,335
			累计比率	97%	100%	101%	106%
			评价				
客车部	千元	方策	当月目标	107	104	90	80
			当月实际	115	106	85	120
			实际比率	107%	102%	94%	150%
			评价				
			累计目标	107	211	301	381
			累计实际	115	221	306	426
			累计比率	107%	105%	102%	112%

❷ 对于各部门的"实际比率"可以使用公式"=F13/F12"来计算，即可实现"当月实际/当月目标"的比率，如下图所示。

				F14		fx	=F13/F12	
▲	A	B	C	D	E	F	G	
7		差旅费合计	千元	目标	评价			
8					累计目标	325	659	
9					累计实际	314	659	
10					累计比率	97%	100%	
11					评价			
12		客车部	千元	方策	当月目标	107	104	
13					当月实际	115	106	
14					实际比率	107%	102%	
15					评价			
16					累计目标	107	211	
17					累计实际	115	221	
18					累计比率	107%	105%	

❸ 对于各部门的评价，则使用IF函数。公式 "=IF(F13<=F12,"○","×")" 表示 "当月实际" 小于等于 "当月目标" 时取 "○"，否则取 "×"，如下图所示。

				E	F	G
	F15		fx	=IF(F13<=F12,"○","×")		
12				当月目标	107	104
13				当月实际	115	106
14				实际比率	107%	102%
15	客车部	千元	方策	评价	×	×
16				累计目标	107	211
17				累计实际	115	221
18				累计比率	107%	105%

❹ 对于各部门的 "累计目标"，则需要逐个累加计算 "当月目标" 的和，如下图所示。

				E	F	G
	G16		fx	=SUM($F$12:G12)		
12				当月目标	107	104
13				当月实际	115	106
14				实际比率	107%	102%
15	客车部	千元	方策	评价	×	×
16				累计目标	107	211
17				累计实际	115	221
18				累计比率	107%	105%

❺ 对于各部门的 "累计实际"，则需要逐个累加计算 "当月实际" 的和，如下图所示。

				E	F	G
	G17		fx	=SUM($F$13:G13)		
12				当月目标	107	104
13				当月实际	115	106
14				实际比率	107%	102%
15	客车部	千元	方策	评价	×	×
16				累计目标	107	211
17				累计实际	115	221
18				累计比率	107%	105%

❻ 各部门 "累计比率" 和 "评价"，则需要使用公式 "=累计实际/累计目标" 来计算，各部门的 "评价" 使用IF函数来判断，如下图所示。

				E	F	G
	G19		fx	=IF(G17<=G16,"○","×")		
12				当月目标	107	104
13				当月实际	115	106
14				实际比率	107%	102%
15				评价	×	×
16	客车部	千元	方策	累计目标	107	211
17				累计实际	115	221
18				累计比率	107%	105%
19				评价	×	×

❼ 差率费合计当月目标=客车部当月目标+卡车部当月目标+配件部当月目标，而客车部当月目标、卡车部当月目标、配件部当月目标分别在表格中第12行、20行和28行的F列，则函数表达式可表示为“=F12+F20+F28”，如下图所示。

项目名称	单位	分类	区分	1月	2月
差旅费合计	千元	目标	当月目标	325	334
			当月实际	314	345
			实际比率	97%	103%
			评价	○	×
			累计目标	325	659
			累计实际	314	659
			累计比率	97%	100%

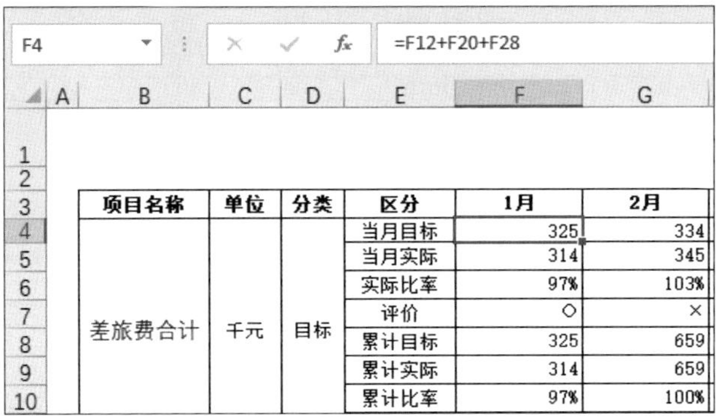

❽ 差率费合计当月实际=客车部当月实际+卡车部当月实际+配件部当月实际，客车部当月实际、卡车部当月实际、配件部当月实际分别在表格中的第13、21、29行的F列，则函数表达式可表示为“=F13+F21+F29”，如下图所示。

项目名称	单位	分类	区分	1月	2月
			当月目标	325	334
			当月实际	314	345
			实际比率	97%	103%

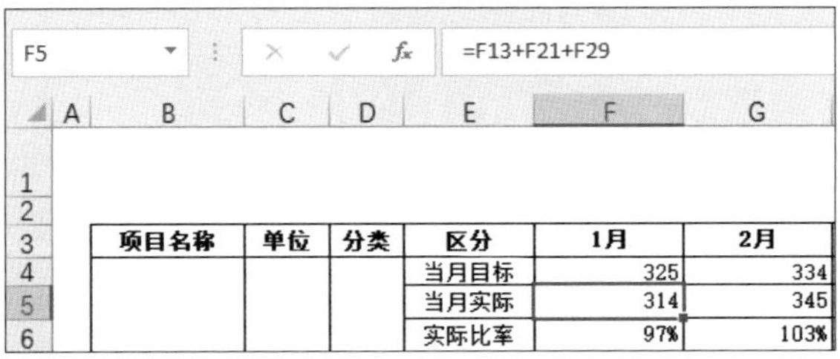

❾ 差率费合计中的其他数据计算方法与上述相同，这里就不再赘述，效果如下图所示。

项目名称	单位	分类	区分	1月	2月	3月	4月
差旅费合计	千元	目标	当月目标	325	334	298	305
			当月实际	314	345	305	371
			实际比率	97%	103%	102%	122%
			评价	○	×	×	×
			累计目标	325	659	957	1,262
			累计实际	314	659	964	1,335
			累计比率	97%	100%	101%	106%
			评价	○	○	×	×
客车部	千元	方策	当月目标	107	104	90	80
			当月实际	115	106	85	120
			实际比率	107%	102%	94%	150%
			评价	×	×	○	×
			累计目标	107	211	301	381
			累计实际	115	221	306	426
			累计比率	107%	105%	102%	112%
			评价	×	×	×	×

公式的计算结果会随着单元格内容的变动而自动更新。当公式建好以后，如果发现客车部的当月目标”的数据输入错误，如果我们将单元格F12的值改成117，F4单元格中的计算结果立即从325更新为335。最终效果如下图所示。

	项目名称	单位	分类	区分	1月	2月	3月	4月
				当月目标	325	334	298	305
				当月实际	314	345	305	371
				实际比率	97%	103%	102%	122%
	差旅费合计	千元	目标	评价	○	×	×	×
				累计目标	325	659	957	1,262
				累计实际	314	659	964	1,335
				累计比率	97%	100%	101%	106%
				评价	◎	◎	×	×
				当月目标	107	104	90	80
				当月实际	115	106	85	120
				实际比率	107%	102%	94%	150%
	客车部	千元	方策	评价	×	×	◎	×
				累计目标	107	211	301	381
				累计实际	115	221	306	426
				累计比率	107%	105%	102%	112%
				评价	×	×	×	×
				当月目标	115	120	102	112
				当月实际	104	115	90	115
				实际比率	90%	96%	88%	103%
	卡车部	千元	方策	评价	◎	◎	◎	×
				累计目标	115.00	235.00	337.00	449.00
				累计实际	104.00	219.00	309.00	424.00
				累计比率	90%	93%	92%	94%

【案例分析】

（1）采用IF函数可以实现修改数据，其他数据也会随着变化。

（2）如果数据较多，操作起来较为麻烦，不直观，并且公式多，出错后不容易解决。借助本案例中的简单函数模型，该类问题将迎刃而解。

6.7 窗体式可视化模型

如果案例中的数据较多，看起来会比较繁杂。通过可视化模型的方法可以加以改善。这样不仅能够看到当月的评价，还能够看到累计评价。本节就通过创建窗体式可视化模型，使系统简单明了。

案例名称	窗体式可视化模型
素材文件	素材 \ch06\6.7.xlsx
结果文件	结果 \ ch06\6.7.xlsx

 财务 范例6-6 窗体式可视化模型

【诉求理解】

（1）数据输入后即可自动统计，图表随数据变动而变动。

（2）要实时看到输入后统计的结果。

（3）分版块查看每月数据和整体数据。

（4）能看到当期和累计的走势图。

（5）单击组合框按钮可显示不同部门的数据。

【设计思路】

本案例可通过组合框+ 数值调节按钮+图表的形式来实现，最终效果如下图所示。

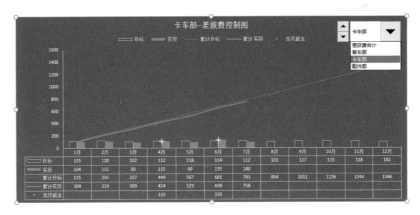

如果要构建上图所示的效果模型，先需要构建数据源，如下图所示。

	1月	2月	3月	4月	5月	6月	7月	8月	9月	10月	11月	12月
目标	115	120	102	112	118	114	112	101	117	115	118	102
实际	104	115	90	115	99	135	100	#N/A	#N/A	#N/A	#N/A	#N/A
累计目标	115	235	337	449	567	681	793	894	1011	1126	1244	1346
累计实际	104	219	309	424	523	658	758	#N/A	#N/A	#N/A	#N/A	#N/A
当月超支	#N/A	#N/A	#N/A	115	#N/A	135	#N/A	#N/A	#N/A	#N/A	#N/A	#N/A

第一步 ▶ 构建数据模型框架

根据图表效果，首先构建做图的数据模型，效果如下图所示。

	1月	2月	3月	4月	5月	6月	7月
目标							
实际							
累计目标							
累计实际							
当月超支							

第二步 ▶ 插入组合框

❶ 在T2:T5单元格区域中输入"差旅费合计"、"客车部"、"卡车部"和"配件部"，如下图所示。

❷ 选择【开发工具】→【控件】→【插

入】→【表单控件】→【组合框】选项，如下图所示。

❸ 拖曳绘制出控件并在该控件上右击，在弹出的快捷菜单中选择【设置控件格式】命令，

如下图所示。

❹ 在弹出的【设置控件格式】对话框中设置【数据源区域】为T2:T5单元格区域，设置【单元格链接】为C2单元格，单击【确定】按钮，如下图所示。

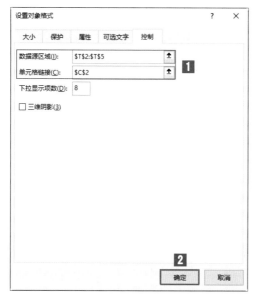

❺ 设置完成后，即可通过组合框选择部门了，效果如下图所示。

第三步 ▶ 新建名称

构建函数，将原始数据通过函数计算自动填入到上方的表格中，函数名称分别为"目标"和"实际"。

❶ 新建名称"目标"，引用位置为"=OFFSET(简单函数模型!$E$3,拓展!$C$2*8+1-8,COLUMN(拓展!A1),1,1)"，如下图所示。

❷ 新建名称"实际"，引用位置为"=OFFSET(简单函数模型!$E$3,拓展!$C$2*8+2-8,COLUMN(拓展!A3),1,1)"，如下图所示。

❸ 新建名称后，打开【名称管理器】对话框，即可看到设置的名称，如下图所示。

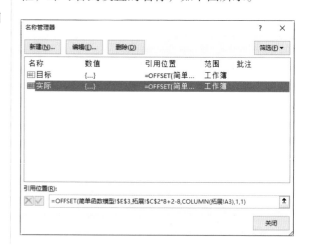

第四步 **导入相关数据**

在前面第一步创建的表格中导入"简单函数模型"中的数据，公式分别如下。

❶ 选中D4单元格，输入公式"=目标"，如下图所示，按【Enter】键进行确认，即可计算出目标值。

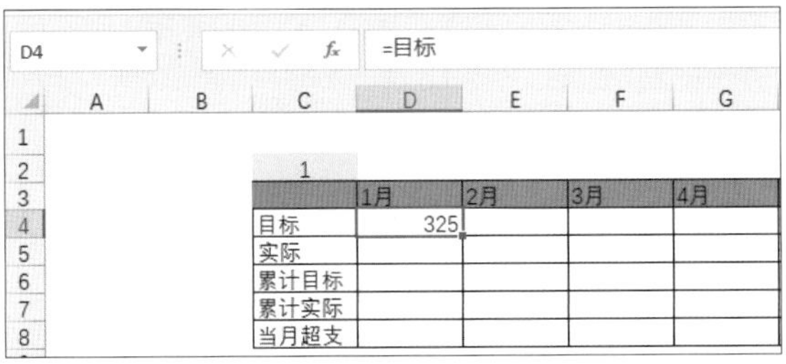

❷ 选中D5单元格，输入公式"=IF(实际=0,NA(),实际)"，如下图所示，按【Enter】键确认，即可计算出实际值。

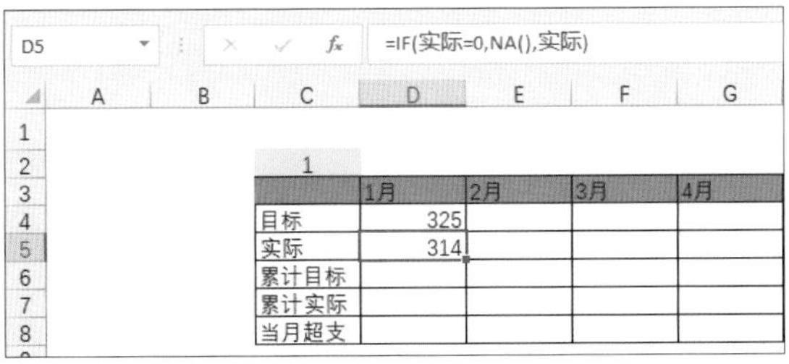

❸ 选中D6单元格，输入公式"=SUM($D$4:D4)"，如右上图所示，按【Enter】键进行确认，即可计算出累计目标值。

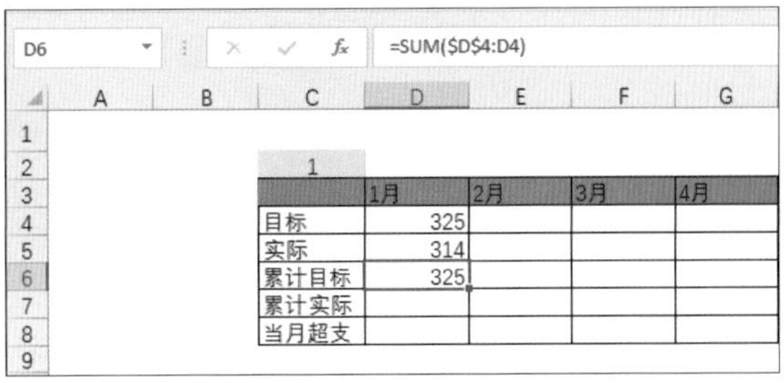

❹ 选中D7单元格，输入公式"=SUM($D$5:D5)"，如下图所示，按【Enter】键进行确认，即可计算出累计实际值。

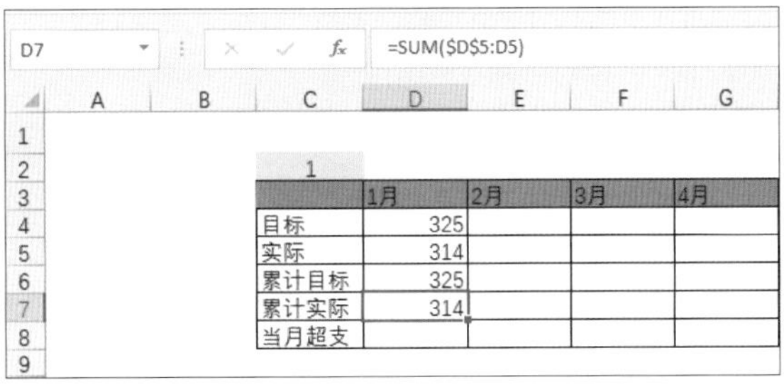

❺ 选中D8单元格，输入公式"=IF(D5>D4,D5,NA())"，如下图所示，按【Enter】键进行确认，即可计算出当月是否超支及超支值。

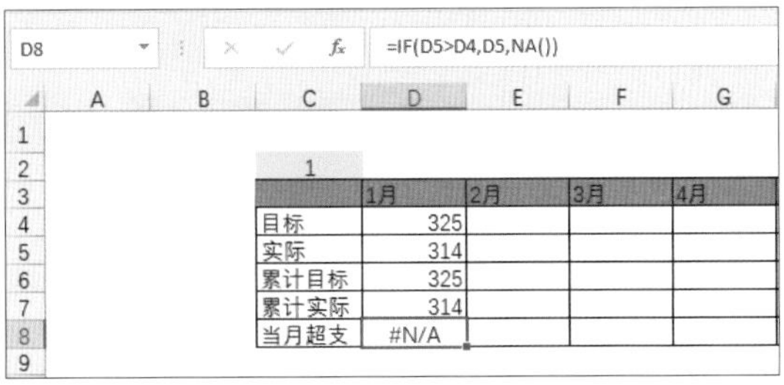

❻ 选择D3:D8单元格区域向右填充单元格，即可计算出所有数据，效果如下图所示。

1	1月	2月	3月	4月	5月	6月	7月	8月	9月	10月	11月	12月
目标	325	334	298	305	303	311	338	305	300	320	343	332
实际	314	345	305	371	276	380	300	#N/A	#N/A	#N/A	#N/A	#N/A
累计目标	325	659	957	1262	1565	1876	2214	2519	2819	3139	3482	3814
累计实际	314	659	964	1335	1611	1991	2291	#N/A	#N/A	#N/A	#N/A	#N/A
当月超支	#N/A	345	305	371	#N/A	380	#N/A	#N/A	#N/A	#N/A	#N/A	#N/A

第五步 **绘制图表**

创建做图数据后，即可开始制作图表，具体操作步骤如下。

❶ 在做图数据中选中任意单元格，插入"组合图"图表，设置如下图所示。

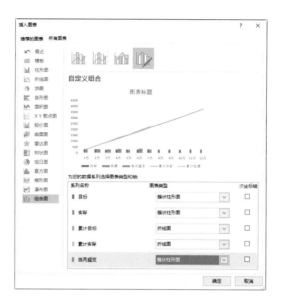

❷ 单击【确定】按钮，即可完成组合图图表的创建，效果如下图所示。

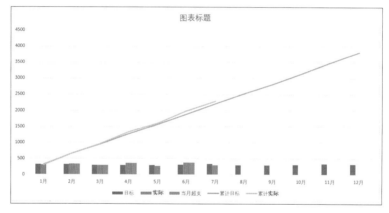

❸ 根据需要设置图表背景颜色，设置数据系列的颜色，删除网格线，并将图例移动至图表上方，修改完成后的效果如下图所示。

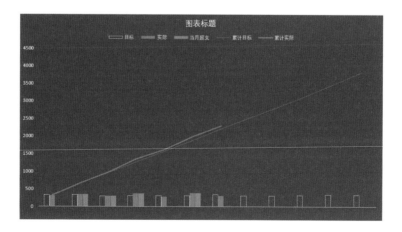

❹ 选择"当月超支"数据系列，更改其类型为"带数据标记的折线图"，并设置线条颜色为
"无颜色"，如下图所示。

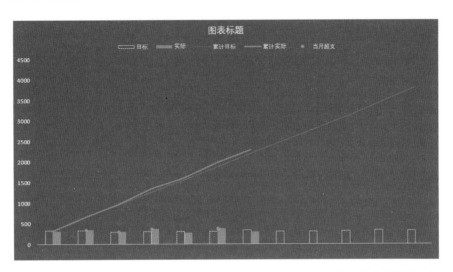

❺ 绘制并复制一个星形形状，选择折线图上的数据点标记，将复制的形状粘贴至数据点中，
效果如下图所示。

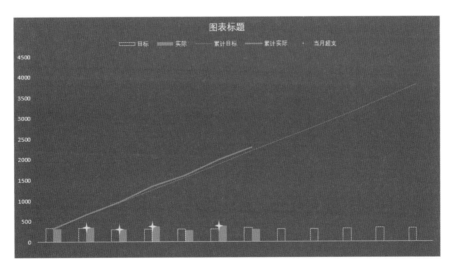

第六步 ▶ **完善图表**

创建图表后，可根据需要完善图表，具体操作步骤如下。

❶ 选中图表后，选择【设计】→【图表布局】→【快速布局】→【布局5】选项，设置后效
果如下图所示。

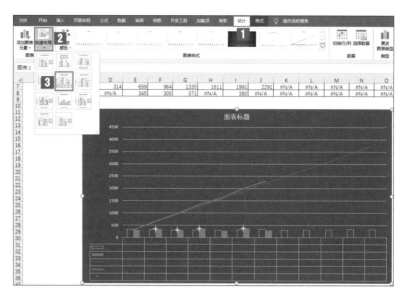

❷ 根据需要设置字体颜色，并将图例放在图表的顶部，效果如下图所示。

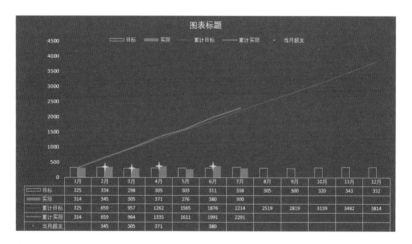

❸ 选中D2单元格，输入公式"=OFFSET($T$1,C2,0,1,1)&"--差旅费控制图""，按【Enter】键，效果如下图所示。

B	C	D	E	F	G	H
		fx	=OFFSET($T$1,C2,0,1,1)&"--差旅费控制图"			
	1	差旅费合计--差旅费控制图				
		1月	2月	3月	4月	5月
	目标	325	334	298	305	303
	实际	314	345	305	371	276
	累计目标	325	659	957	1262	1565
	累计实际	314	659	964	1335	1611
	当月超支	#N/A	345	305	371	#N/A

❹ 选中图表的标题，在编辑栏中输入"=D2"，即可将D2单元格中的内容显示在图表标题中。此时，若选择不同的选项，图表标题会随之自动更改，效果如下图所示。

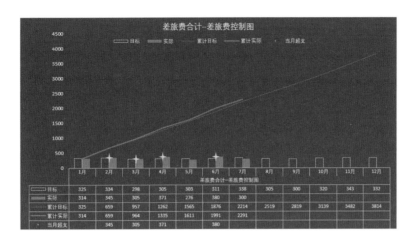

差旅费合计-差旅费控制图											
	1月	2月	3月	4月	5月	6月	7月	8月	9月	10月	11月	12月
目标	325	334	298	305	303	311	338	305	300	320	343	332
实际	314	345	305	371	276	380	300					
累计目标	325	659	957	1262	1565	1876	2214	2519	2819	3139	3482	3814
累计实际	314	659	964	1335	1611	1991	2291					
当月超支		345	305	371		380						

第七步▶ 添加滚动条

❶ 选择【开发工具】→【控件】→【插入】→【表单控件】→【数值调节钮】选项，并绘制一个控件，在该控件上右击，在弹出的快捷菜单中选择【设置控件格式】命令，如下图所示。

❷ 在【设置控件格式】对话框中，按右图

进行设置，设置完成后，单击【确定】按钮。

❸ 单击如下图所示的向上或向下的按钮即可选择不同部门。

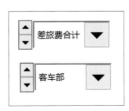

❹ 根据需要调整控件的位置，效果如下图所示。此时，选择不同的部门，即可显示不同部门的数据。

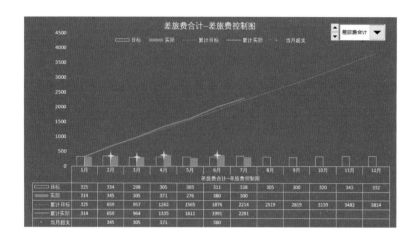

3	卡车部--差旅费控制图											
	1月	2月	3月	4月	5月	6月	7月	8月	9月	10月	11月	12月
目标	115	120	102	112	118	114	112	101	117	115	118	102
实际	104	115	90	115	99	135	100	#N/A	#N/A	#N/A	#N/A	#N/A
累计目标	115	235	337	449	567	681	793	894	1011	1126	1244	1346
累计实际	104	219	309	424	523	658	758	#N/A	#N/A	#N/A	#N/A	#N/A
当月超支	#N/A	#N/A	#N/A	115	#N/A	135	#N/A	#N/A	#N/A	#N/A	#N/A	#N/A

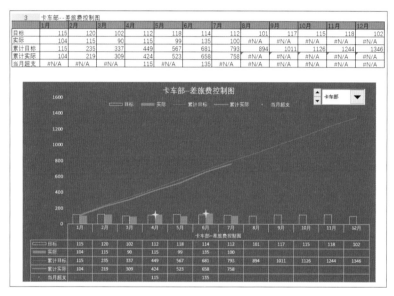

【案例分析】

（1）巧妙的超支点。通过设置超支点可以清晰地看到不同部门目标支出和实际支出之间的关系。通过折线图可以看到不同部门目标支出与实际支出的变化趋势，清晰明了。

（2）按钮混合搭配的使用，方便快捷，可以快速调出不同部门的支出情况表。

（3）自定义名称，方便查询。

（4）标题链接，实现名称与数据同步。

6.8 常用的安全性设置

在建立数据模型时，为了确保数据的安全和规范，可以做一些限制性的条件，如设置密码、设置区域保护、对数据设置一定的规范等。

6.8.1　数据验证

使用数据验证，规范数据输入，避免统计错误。在输入数据时，使用Excel中的数据验证功能，可以使单元格内只能显示规定范围内的数据，从而确保数据的规范和准确。

根据用户数据验证的多样化需求，在这里将介绍4种常用的数据验证方法。

（1）手动输入要设置的数据范围。

（2）选定原有的数据区域作为要设置的数据范围。

（3）规范输入18位身份证号码。

（4）用函数来自定义要设置的数据范围。

下面通过具体的例子来详细介绍这4种方法的应用。

1. 手动输入要设置的数据范围

例如要在单元格内输入员工性别，这时可以使用数据验证功能，使该单元格中只能输入"男"或"女"。

❶ 选择【数据】→【数据工具】→【数据验证】选项，在弹出的【数据验证】对话框中，切换到【设置】选项卡，在【允许】下拉列表中选择【序列】选项，在【来源】文本框中输入"男,女"，然后单击【确定】按钮，如下图所示。

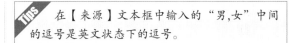

TIPS 在【来源】文本框中输入的"男,女"中间的逗号是英文状态下的逗号。

❷ 此时，单击单元格右侧的下拉按钮，在下拉列表中选取"男"或者"女"就可以了，如下图所示。从而保持输入数据的规范性，以免数据不规范造成的错误现象，例如多输入一个空格等。

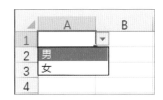

2. 选定原有的数据区域作为要设置的数据范围

例如某公司要对员工的业务能力进行评级，分为A、B、C三个等级，如下图所示的B3:B5单元格区域中的3个等级。

调用【数据验证】对话框，此时除了手动在【来源】文本框中输入外，还可以单击文本框右侧的按钮，选中B3:B5单元格区域，单击【确定】按钮即可，如下图所示。

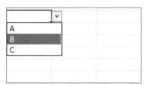

3. 规范输入18位身份证号码

数据长度的验证。例如身份证号码、电话号码、学生的学号、工人的工号，长度都是确定的，这些数据在大量输入的情况下有可能会出现失误，因此，限定数据的长度或者设置判别条件，就可以避免此现象的产生。

下面以身份证号码为例，其长度一般为18位，只需调用【数据验证】对话框，在【允许】下拉列表中选择【文本长度】选项，在【数据】下拉列表中选择【等于】选项，在【长度】文本框中输入"18"，如右上图所示，单击【确定】按钮，即可完成数据有效条件的设置。

4. 设置变动的数据范围

设置变动的数据范围主要通过以下两种方式：手动选取数据范围和使用函数确定动态范围。

（1）手动选取数据范围。

❶ 这种方法与"选定原有的数据区域作为要设置的数据范围"方法相同，只是在选择数据区域时，可以多选择几个空白单元格，比如选择B3:B9单元格区域，如下图所示。

❷ 单击【确定】按钮，此时在B6、B7单元格内输入D、E，单击单元格右侧的下拉按钮，即可看到变动的下拉选项，如下图所示。

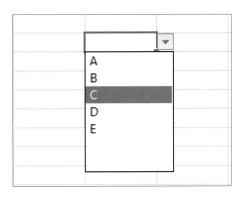

（2）使用函数确定动态变化范围。

利用OFFSET函数，在【来源】文本框中输入公式"=OFFSET(B3,0,0,COUNTA(B3:B7),1)"，如右上图所示，单击【确定】按钮，即可确定动态输入范围。

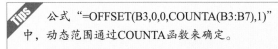

公式"=OFFSET(B3,0,0,COUNTA(B3:B7),1)"中，动态范围通过COUNTA函数来确定。

6.8.2 区域限制

在6.8.1节中介绍的数据验证，在一定程度上可以确保数据的规范及输入的准确性，此外，还可以通过区域限制来确保数据不被随意修改，以保护数据的安全。

案例名称	设置允许编辑区域	
素材文件	素材 \ch06\6.8.xlsx	
结果文件	结果 \ ch06\6.8.xlsx	

 数据保护 范例6-7 设置允许编辑区域

【诉求理解】

使用Excel的"数据保护"功能，在工作表中设置允许编辑的数据区域，从而确保数据不能被随意修改。下图为需要设置保护的数据表格，这里要求将"品牌"列和"销量"两列的数据设置为允许编辑的数据区域，其他数据不能被更改。

产品类型	品牌	销售渠道	销量	价格	金额
洗发水	AA	手淘旺信	303	24.00	7,272.00
洗发水	BB	我的淘宝	372	26.00	9,672.00
洗发水	CC	手淘旺信	291	28.00	8,148.00
洗发水	AA	我的淘宝	348	24.00	8,352.00
洗发水	BB	手淘旺信	325	26.00	8,450.00
洗发水	CC	我的淘宝	418	28.00	11,704.00

【设计思路】

下面通过两种方法来介绍如何设置工作表中的数据区域限制。

（1）通过验证密码实现安全性。

（2）通过设置格式保护实现安全性。

 操作步骤

方法一：通过验证密码实现安全性

❶ 选择【审阅】→【保护】→【允许用户编辑区域】选项，弹出【允许用户编辑区域】对话框，单击【新建】按钮，如下图所示。

❷ 在弹出的【新区域】对话框中单击【引用单元格】文本框右侧的按钮，选择"品牌"列数据区域，然后在【区域密码】文本框中输入密码，这里设置密码为"123"，如下图所示，单击【确定】按钮，再重新输入一次密码进行确认。

❸ 返回到【允许用户编辑区域】对话框，单击【新建】按钮，使用同样的方法选择"销量"列的数据区域，设置密码为"123"，确认密码，单击【确定】按钮。然后再返回到【允

许用户编辑区域】对话框，即可看到创建的"区域1"和"区域2"，单击【确定】按钮，如下图所示。

❹ 选择【审阅】→【保护】→【保护工作表】选项，在弹出的【保护工作表】对话框中输入密码，这里设置密码为"456"，单击【确定】按钮，如下图所示。再次输入密码，单击【确定】按钮，此时编辑区域已经得到了密码保护。

❺ 在"品牌"列或"销量"列单元格下方双击，则会弹出【取消锁定区域】对话框（见

下图），输入前面设置的密码"123"，单击【确定】按钮，即可对该列的数据进行编辑。

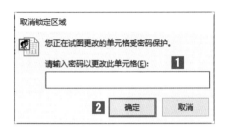

⑥ 此时，若双击其他列的单元格，则会弹出如下图所示的提示框，然后单击【确定】按钮即可。

方法二：通过设置格式保护实现安全性

❶ 依次选中"品牌"列和"销量"列的数据并右击，在弹出的快捷菜单中选择【设置单元格格式】命令，弹出【设置单元格格式】对话框，切换到【保护】选项卡，取消选中【锁定】复选框，单击【确定】按钮，如下图所示。

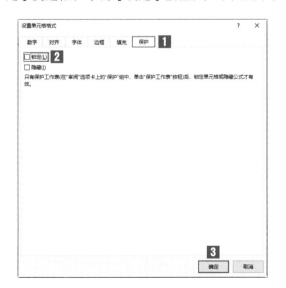

❷ 选中工作表中的全部数据后，选择【审阅】→【保护】→【保护工作表】选项，弹出

【保护工作表】对话框，输入保护密码，这里设置密码为"123"，取消选中【选定锁定单元格】复选框，单击【确定】按钮，如下图所示。重新输入密码，单击【确定】按钮，此时只有"品牌"列和"销量"列是可以编辑的，其他区域是不能编辑的。

❸ 选择【审阅】→【保护】→【撤销工作表保护】选项，弹出【撤销工作表保护】对话框，输入密码，单击【确定】按钮，如下图所示，即可撤销对工作表的保护。

【案例分析】

首先要确定允许编辑的数据区域，然后根据需要可选择上述两种方法中的任意一种对选择的数据区域进行限制，以保护数据的安全。

6.8.3 保护工作表和工作簿

对于一些工作簿，用户不希望对工作表的某个部分进行修改，通过锁定和保护可以实现对部分工作表或整个工作簿的保护。

保护工作表与保护工作簿的区别在于，一个是保护"表"，即当前的工作表使用/不使用密码保护工作表，可以保护工作表以防数据更改，或使用密码以防他人取消工作表保护，也可以控制任何人在受保护的工作表中更改内容；一个是保护"簿"，即整个Excel表使用密码保护工作表或工作簿元素，为了在 Excel 中保护隐私，使用密码增强工作表保护，以防止其他人更改、移动或删除重要数据。

保护工作簿是保护工作簿的窗口或者结构。举个例子，一个工作簿里面有3个工作表，设置了工作簿保护后，就只有在解除工作簿保护后才可以增加或者删除工作表，但对已经存在的工作表是可以进行编辑的。也就是说，设置保护工作簿后表格里面的数据也还能改。

保护工作表是保护一个工作簿中的某一个工作表，例如对于工作表Sheet1或者其他，保护后可以限定表内某些区域能选中但不能编辑，某些区域能选中并能编辑，某些区域不能选中也不能编辑。这种保护仅在表内生效，你既可以删除工作表，也可以增加工作表。

注意：不管是保护工作簿还是保护工作表，文件都是可以打开的。

下面详细介绍工作簿和工作表的保护设置。

❶ 选择【审阅】→【保护】→【保护工作簿】选项，弹出【保护结构和窗口】对话框，设置密码，这里设置密码为"123"，单击【确定】按钮，如下图所示，再次输入密码确认。保护工作簿后，无法对工作表进行移动、添加、删除、隐藏、重命名等操作。

❷ 再次选择【审阅】→【保护】→【保护工作簿】选项，即可弹出【撤消工作簿保护】对话框（见下图），输入密码，单击【确定】按钮，即可撤消对工作簿的保护。

❸ 选择【审阅】→【保护】→【保护工作表】选项，设置对工作表的密码保护，如下图所示。

❹ 此时，在工作表中随意选择一个单元格来修改内容，就会弹出提示框，如下图所示，单击【确定】按钮。

❺ 选择【审阅】→【保护】→【撤消工作表保护】按钮，弹出【撤消工作表保护】对话框，输入密码，单击【确定】按钮，即可撤消对工作表的保护。

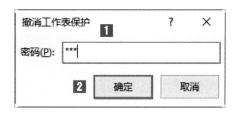

6.8.4　设置文件密码

如果不想让他人随意打开自己的Excel文件，可以对文件设置密码进行保护，具体操作步骤如下。

❶ 打开要保护的文件，选择【文件】→【信息】→【保护工作簿】选项，在弹出的下拉列表中选择【用密码进行加密】选项，如下图所示。

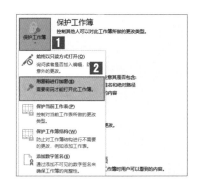

❷ 在弹出的【加密文档】对话框中设置文档密码，单击【确定】按钮，如右上图所示。再次确认密码，即可完成对文件的密码保护。

❸ 保存并关闭文件，当再次打开文件时，会弹出【密码】对话框（见下图），此时输入密码，单击【确定】按钮，即可打开工作簿。

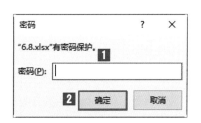

6.8.5 隐藏行列或工作表

在工作中，有时需要对Excel工作表的单元格或特定行、特定列，甚至对工作表本身进行隐藏，这时并不需要借助第三方软件，仅利用Excel自身功能即可轻松实现隐藏的要求。

1. 自动隐藏单元格内容

由于工作环境的需要，要求A列单元格中输入的内容不直接显示，也就是说对指定单元格能够实现自动隐藏功能，此时利用单元格的格式设置即可实现上述要求。

具体操作方法：选中A列并右击，在弹出的快捷菜单中选择【设置单元格格式】命令，弹出【设置单元格格式】对话框，切换到【数字】选项卡，在【分类】列表框中选择【自定义】选项，在右侧的【类型】文本框下输入";;;"，单击【确定】按钮，如下图所示。此后，在A列输入内容时，单元格并不会显示相应的数值或文本，但公式框右侧的编辑栏仍然会正常显示，这样就实现了自动隐藏的目的。如果只需要自动隐藏数值，那么可以在【类型】文本框下只输入";;"。

> **Tips** 在【类型】文本框中输入的";;;"是3个连续的英文半角分号。这是因为单元格数字的自定义格式是由正数、负数、零、文本4个部分组成的，这4个部分分别由3个分号进行分隔，";;;"表示是将4个部分都设置为空，自然也就不显示单元格内容了。

2. 隐藏特定行或特定列

直接选中需要隐藏的行或列，右击，在弹出的快捷菜单中选择【隐藏】命令，则该行或该列会立即隐藏起来，行号或列号也会自动空出。若需要再次显示时，可以选择被隐藏行或被隐藏列的相邻区域，例如隐藏了第3~9行，那么应该选择第2~10行，右击，在弹出的快捷菜单中选择【取消隐藏】命令（见下图），或者将鼠标放在第3和第9行的中间，按住鼠标左键直接拖曳。

3. 隐藏工作表

选择需要隐藏的工作表标签（如果需要同时隐藏多个工作表，只要按住【Ctrl】或【Shift】键连续单击即可），在工作表标签上右击，在弹出的快捷菜单中选择【隐藏】命令，即可将选定工作表隐藏起来。若需要将这些隐藏的工作表重新显示，只需右击任一可见的工作表标签，在弹出的快捷菜单中选择【取消隐藏】命令，则会弹出【取消隐藏】对话框，在列表框中选择需要取消隐藏的工作表，单击【确定】按钮即可，如下图所示。

另外，还可以考虑通过代码进行隐藏，具体方法：右击需要隐藏的工作表标签，选择【查看代码】命令，此时会弹出【Microsoft Visual Basic for Applications】窗口，在【Microsoft Excel对象】列表框下选定需要隐藏的工作表标签，在下面的属性窗格下找到"Visible"属性，将默认的属性值修改为"–2–xlSheetVisible"，表示隐藏工作表。按【Alt+F11】组合键切换到工作簿窗口，可以发现该工作表已经被隐藏，而且快捷菜单的【取消隐藏】并且命令已经变成灰色，并且通过普通的方法是无法取消隐藏的。

6.9　安全的可视化模型

目前随着财务处理电算化的普及，专门的财务处理软件也日趋成熟。这些专门的财务处理软件很难满足不同企业的需求，特别是中小型企业财务的具体或特殊的要求。企业作为社会发展的主力军，为了提升自己的竞争力，纷纷向信息化迈进，有些企业甚至花费巨资购买ERP软件，结果却没有带来预期的效果。分析其原因主要是中小企业的行业特点、业务内容和数据核算等方面存在巨大差异，模块化的ERP软件使用起来并不是很方便，于是需要一款更加灵活、有效的计算软件来实现。在中小企业的财务处理中，每月每天都做很多类似数据排序、汇总、计算、分析、制作图表等的工作，唯一不同的是每次处理的数据不一样而已。有没有一款数据处理软件能够对各种财务数据进行处理分析，或者易于财务人员接受，应用于中小型企业的财务处理模型吗？

Excel易学易用，已经在全世界范围内得到了广泛的应用，并能对一家企业的财务处理状况做出可视的分析说明。在进行平时的财务处理时，我国的大部分中小型企业都在应用 Excel。Microsoft Excel 是一款功能强大的数据处理软件，在数据处理与分析方面具有专门财务处理软件所没有的优势。随着我国经济改革进程的不断深入，它将在中国经济改革的"大潮"中发挥"管家"的巨大作用，相信在不久的建设中将会发挥更大作用。

经过长期的经营，企业形成了一套工作规律，并会按照这样的规律完成所有的企业日常财务工作。账务处理模型也称财务处理核算组织程序，是指对财务处理数据的记录、归类、汇总、列报表的步骤和方法，即从原始凭证的整理和汇总、记账凭证的填制和汇总、日记账和明细分类账的登记，到财务处理报表的编制步骤和方法。

在Windows操作系统下，基本的财务处理模型流程为：输入原始数据→自动生成各类账簿→根据科目汇总表→填写科目余额表→根据前面数据，直接或者间接填写到财务报表中→编制出财务分析比较表。

为了方便用户使用，Excel提供了大量函数。根据函数的功能，可以将这些函数分为以下几类：日期与时间函数、文本函数、财务函数、逻辑函数、查找与引用函数、统计函数、信息函数、工程函数、数据库函数、数学与三角函数。如果这些函数还不能满足用户特殊的需要，还可以自定义函数。Excel的"帮助"中有函数的详细用法。

中小型企业常用公式及对应模型如下。

• 资产=负债+所有者权益→填制资产负债表

• 利润=收入−费用→填制利润表

• SUM(借方金额)=SUM(贷方金额)

• 本期借方发生额=IF(ISNA(VLOOKUP("查找的会计科目",科目汇总表,X,FALSE),0,VLOOKUP("查找的会计科目",科目汇总表，X，FALSE))

• 本期贷方发生额=IF(ISNA(VLOOKUP("查找的会计科目",科目汇总表,X,FALSE),0,VLOOKUP("查找的会计科目",科目汇总表,X,FALSE)))

• 销售毛利=销售净额−销售成本

• 毛利率=(销售毛利/销售净额)×100%

• 流动比率=流动资产/流动负债

- 存货周转率=营业成本/平均存货余额
- 存货周转天数=360/存货周转率
- 应收账款周转率=营业收入/平均应收账款余额
- 应收账款周转天数=360/应收账款周转率
- 营业周期=存货周转天数+应收账款周转天数

各企业可以根据自己的需要选择那些能够反映企业特征及资金流动情况的公式和模型，方便中小型企业财务核算。在中小型企业的财务处理中Excel完全可以胜任工作，其他各式各样的软件虽然也有自己的特别之处，但却不能完全胜任。对于中小型企业来说，资金能够尽快回收再利用非常重要，万能的Excel不仅能减轻财务人员的负担，而且其内置的各种函数功能是其他财务软件所不能媲美的。

案例名称	建立安全的数据模型
素材文件	素材 \ch06\6.9.xlsx
结果文件	结果 \ ch06\6.9.xlsx

 销 售　范例6-8　建立安全的数据模型

【诉求理解】

（1）输入日期、品牌、销售数据，自动计算毛利额，并生成可视化图表。

（2）需要看到每个品牌产品类型的采购金额和销售金额、毛利额及毛利率。

（3）对采购价格进行保密，需要隐藏。

（4）对输入区域进行权限限制，采购价格自动获取，毛利额自动计算。

（5）品牌和产品类型只能在设置的选项中选择输入，避免出错。

（6）要求输入后能看到实时的结果，实现可视化。

【设计思路】

（1）考虑到体验感，如何区分编辑方式呢？颜色区分基本数据表的编辑方式。

（2）如何实现在设置的选项中选择输入呢？用数据验证。

（3）如何获取采购价格？使用VLOOKUP函数。

（4）有公式时，如何让单元格显示空白？使用IFERROR函数。

（5）如何进行数据汇总统计？使用SUMIFS函数。

（6）进行画图，做一个销售量、销售额、毛利额、毛利率的关系图。用堆积柱形图。

（7）如何实现采购价格保密？设置密码、隐藏或锁定单元格。

 操作步骤

第一步● **数据项布局**

❶ 根据实际情况，绘制基本数据表表头，其中销售金额、毛利率是自动生成，采购价格、采购金额是通过索引函数自动导入的，日期、销售量和销售价格是通过手动输入的，如下图所示。

日期	品牌	产品类型	销售量	采购价格	采购金额	销售价格	销售金额	毛利额
1月1日								
1月2日								
1月3日								
1月4日								
1月5日								
1月6日								
1月7日								
1月8日								
1月9日								
1月10日								
1月11日								
1月12日								
1月13日								
1月14日								
1月15日								
1月16日								
1月17日								
1月18日								
1月19日								
1月20日								

❷ 通过函数自动导入或手动输入的形式制作出最终的基础数据表，如下图所示。使用函数自动导入数据的方法将在后面的操作步骤中介绍。

基础数据表：

日期	品牌	产品类型	销售量	采购价格	采购金额	销售价格	销售金额	毛利额
1月1日	AA	洗发水	20	50	1000	74	1480	480
1月2日	BB	发膜	7	60	420	70	490	70
1月3日	CC	洗发水	15	65	975	76	1140	165
1月4日	AA	洗发水	19	50	950	85	1615	665
1月5日	BB	发膜	14	60	840	80	1120	280
1月6日	CC	发膜	11	55	605	72	792	187
1月7日	AA	洗发水	18	50	900	85	1530	630
1月8日	BB	发膜	5	60	300	89	445	145
1月9日	CC	发膜	11	55	605	83	913	308
1月10日	AA	洗发水	15	50	750	86	1290	540
1月11日	BB	发膜	19	60	1140	74	1406	266
1月12日	CC	发膜	19	55	1045	87	1653	608
1月13日	AA	洗发水	5	50	250	82	410	160
1月14日	BB	发膜	17	60	1020	72	1224	204
1月15日	CC	发膜	18	55	990	72	1296	306
1月16日	AA	发膜	15	58	870	85	1275	405
1月17日	BB	洗发水	6	66	396	70	420	24
1月18日	CC	洗发水	10	65	650	75	750	100
1月19日	AA	发膜	15	58	870	70	1050	180
1月20日	BB	洗发水	8	66	528	79	632	104

 表头设置成不同的颜色，便于区分和增强体验感。如下图所示，不同的颜色代表不同的数据输入方法。

手动录入　选择录入　自动计算

基础表中表头单元格的颜色若为"红色"，则表示该列数据是"手动录入"的；若表头颜色为"黄色"，则表示该列数据是"选择录入"的；若表头颜色为"灰色"，则表示该列数据是"自动计算"的。

第二步 **数据验证设计**

❶ 选择"品牌"列数据，这里选中C3:C26单元格区域，选择【数据】→【数据工具】→【数据有效性】选项，弹出【数据验证】对话框，切换到【设置】选项卡，在【允许】下拉列表中选择【序列】选项，此时假定只有AA、BB、CC三个品牌，那么就在【来源】文本框中输入"AA,BB,CC"，单击【确定】按钮，便为"品牌"列设置了数据验证，如下图所示。

❷ 使用同样的方法，为"产品类型"列的数据设置数据验证，在【来源】文本框中输入"洗发水,发膜"。然后通过单击单元格右侧的下拉按钮，以选择输入数据的方式填充"品牌"列和"产品类型"列的数据，如下图所示。

	B	C	D	E
	日期	品牌	产品类型	销售量
	1月1日	AA	洗发水	
	1月2日	BB	发膜	
	1月3日	CC	洗发水	
	1月4日	AA	洗发水	
	1月5日	BB	发膜	
	1月6日	CC	发膜	
	1月7日	AA	洗发水	
	1月8日	BB	发膜	
	1月9日	CC	发膜	
	1月10日	AA	洗发水	
	1月11日	BB	发膜	
	1月12日	CC	发膜	
	1月13日	AA	洗发水	
	1月14日	BB	发膜	
	1月15日	CC	发膜	
	1月16日	AA	发膜	
	1月17日	BB	洗发水	

第三步▶ 公式连接

在素材文件中的L2:N8单元格区域内记录着各品牌不同产品的采购单价，此时需要增加一个辅助列，将品牌和对应的产品类型结合在一起，形成一个"综合号"。

❶ 在L3单元格中输入公式"=M3&N3"，按【Enter】键，即可将品牌和产品类型结合在一起，然后使用自动填充功能填充至L8单元格，效果如下图所示。

综合号	品牌	产品类型	采购单价
AA洗发水	AA	洗发水	50
AA发膜	AA	发膜	58
BB发膜	BB	发膜	60
BB洗发水	BB	洗发水	66
CC洗发水	CC	洗发水	65
CC发膜	CC	发膜	55

❷ 调用VLOOKUP函数输入产品的"采购价格"。选中F3单元格，在编辑栏中输入公式"=VLOOKUP(C3&D3, $L$2: $O$8,4,FALSE)"，按【Enter】键，产品的采购单价即可填充到数据表中，如下图所示。

日期	品牌	产品类型	销售量	采购价格	采购金额
1月1日	AA	洗发水		50	
1月2日	BB	发膜		60	
1月3日	CC	洗发水		65	
1月4日	AA	洗发水		50	
1月5日	BB	发膜		60	
1月6日	CC	发膜		55	
1月7日	AA	洗发水		50	
1月8日	BB	发膜		60	
1月9日	CC	发膜		55	
1月10日	AA	洗发水		50	
1月11日	BB	发膜		60	
1月12日	CC	发膜		55	
1月13日	AA	洗发水		50	
1月14日	BB	发膜		60	
1月15日	CC	发膜		55	
1月16日	AA	发膜		58	
1月17日	BB	洗发水		66	
				#N/A	
				#N/A	
				#N/A	
				#N/A	
				#N/A	
				#N/A	

TIPS 公式"=VLOOKUP(C3&D3, $L$2: $O$8,4,FALSE)"中的"$L$2: $O$8"代表的是查找区域，在引用该区域时要进行区域锁定，即将"L2:O8"改为"$L$2: $O$8"，否则会出现如下图所示的现象。

日期	品牌	产品类型	销售量	采购价格
1月1日	AA	洗发水		50
1月2日	BB	发膜		60
1月3日	CC	洗发水		65
1月4日	AA	洗发水		#N/A
1月5日	BB	发膜		#N/A
1月6日	CC	发膜		55
1月7日	AA	洗发水		#N/A
1月8日	BB	发膜		#N/A
1月9日	CC	发膜		#N/A
1月10日	AA	洗发水		#N/A
1月11日	BB	发膜		#N/A
1月12日	CC	发膜		#N/A
1月13日	AA	洗发水		#N/A
1月14日	BB	发膜		#N/A
1月15日	CC	发膜		#N/A
1月16日	AA	发膜		#N/A
1月17日	BB	洗发水		#N/A

❸ 在"采购价格"列可以看到数据区域外的部分出现了错误，数据表看起来不美观。此时调用IFERROR函数，当引用的链接超出表格范围时，在超出的部分填充空格，数据表就不会报错。在F3单元格中将公式更改为"=IFERROR(VLOOKUP(C3&D3, $L$2: $O$8,4,FALSE),"")"，然后使用自动填充功能填充至F26单元格，效果如下图所示。

	C	D	E	F	G	H	I	J
				F26		=IFERROR(VLOOKUP(C26&D26, $L$2:$O$8, 4, FALSE),"")		
2	品牌	产品类型	销售量	采购价格	采购金额	销售价格	销售金额	毛利额
3	AA	洗发水		50				
4	BB	发膜		60				
5	CC	洗发水		65				
6	AA	洗发水		50				
7	BB	发膜		60				
8	CC	发膜		55				
9	AA	洗发水		50				
10	BB	发膜		60				
11	CC	发膜		55				
12	AA	洗发水		50				
13	BB	发膜		60				
14	CC	发膜		55				
15	AA	洗发水		50				
16	BB	发膜		60				
17	CC	发膜		55				
18	AA	发膜		58				
19	BB	洗发水		66				
20								
21								
22								
23								
24								
25								
26								
27								

第四步 ▶ 金额的计算

❶ 使用RANDBETWEEN函数对产品的"销售量"和"销售价格"设置随机数，以便表格中其他数据的计算。在E3单元格中输入公式"=RANDBETWEEN(5,20)"，在H3单元格中输入公式"=RANDBETWEEN(70,90)"，使用自动填充功能分别填充至E19、H19单元格，然后复制E3:E19单元格区域中的数据，并粘贴为"值"格式，将单元格中的公式去掉，成为固定的值。效果如下图所示。

	C	D	E	F	G	H	I	J
2	品牌	产品类型	销售量	采购价格	采购金额	销售价格	销售金额	毛利额
3	AA	洗发水	20	50		74		
4	BB	发膜	7	60		70		
5	CC	洗发水	15	65		76		
6	AA	洗发水	19	50		85		
7	BB	发膜	14	60		80		
8	CC	发膜	11	55		72		
9	AA	洗发水	18	50		85		
10	BB	发膜	5	60		89		
11	CC	发膜	11	55		83		
12	AA	洗发水	15	50		86		
13	BB	发膜	19	60		74		
14	CC	发膜	19	55		87		
15	AA	洗发水	5	50		82		
16	BB	发膜	17	60		72		
17	CC	发膜	18	55		72		
18	AA	发膜	15	58		85		
19	BB	洗发水	6	66		70		
20								

❷ 使用公式计算产品的"采购金额""销售金额""毛利额"。计算规则如下：如果销售量为空，或者采购价格为空，则采购金额就为空，否则，采购金额就等于销售数量×采购价格。

- 采购金额的函数表达式为：=IF(OR(E3="",F3=""),"",F3*E3)
- 销售金额=销售数量×销售价格，函数表达式为：=IF(E3="","",E3*H3)
- 毛利额=销售金额-采购金额，函数表达式为：=IF(OR(E3="",H3=""),"",I3-G3)

为了让基础数据表更美观，有更好的体验感。在采购金额、销售金额、毛利额计算过程中，增加iferror函数来规避错误。操作模式同第三步 公式连接❸；

此时，数据基础表就建立起来了。在表格左上角输入"基础数据表："，效果如下图所示。

基础数据表： 日期	品牌	产品类型	销售量	采购价格	采购金额	销售价格	销售金额	毛利额
1月1日	AA	洗发水	20	50	1000	74	1480	480
1月2日	BB	发膜	7	60	420	70	490	70
1月3日	CC	洗发水	15	65	975	76	1140	165
1月4日	AA	洗发水	19	50	950	85	1615	665
1月5日	BB	发膜	14	60	840	80	1120	280
1月6日	CC	发膜	11	55	605	72	792	187
1月7日	AA	洗发水	18	50	900	85	1530	630
1月8日	BB	发膜	5	60	300	89	445	145
1月9日	CC	发膜	11	55	605	83	913	308
1月10日	AA	洗发水	15	50	750	86	1290	540
1月11日	BB	发膜	19	60	1140	74	1406	266
1月12日	CC	发膜	19	55	1045	87	1653	608
1月13日	AA	洗发水	5	50	250	82	410	160
1月14日	BB	发膜	17	60	1020	72	1224	204
1月15日	CC	发膜	18	55	990	72	1296	306
1月16日	AA	发膜	15	58	870	85	1275	405
1月17日	BB	洗发水	6	66	396	70	420	24

第五步● **数据的保密性设置**

这里对工作表数据的保护分为以下两点。

（1）对日期、品牌、产品类型、销售量和销售价格列的数据进行允许编辑设置。

（2）对采购价格进行保密。

❶ 采用第6.8.2节中的通过设置格式保护来实现安全性的方法，对数据表进行允许编辑的设置。选中允许编辑的数据所在列，这里选中B、C、D、E、H列，右击，在弹出的快捷菜单中选择【设置单元格格式】命令，打开【设置单元格格式】对话框，切换到【保护】选项卡，取消选中【锁定】复选框，单击【确定】按钮，如下图所示。

❷ 选中L:O列并右击，在弹出的快捷菜单中选择【隐藏】命令，如右上图所示，即可将

产品的采购价格隐藏。

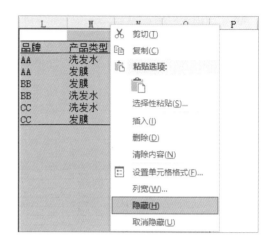

❸ 选择【审阅】→【保护】→【保护工作表】按钮，弹出【保护工作表】对话框，输入密码，这里设置密码为"123"，在【允许此工作表的所有用户进行】列表框中取消选中【选定锁定单元格】复选框，单击【确定】按钮，如下图所示，再次确认密码。

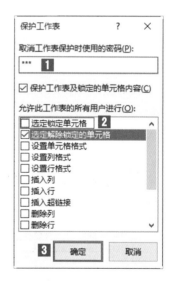

❹ 返回数据表界面，在数据表中编辑数据时会看到采购价格、采购金额等列的数据已被保护起来。在数据表中将数据编辑到1月20号，效果如下图所示。至此，基础数据表的保护就完成了。

基础数据表：

日期	品牌	产品类型	销售量	采购价格	采购金额	销售价格	销售金额	毛利额
1月1日	AA	洗发水	20	50	1000	74	1480	480
1月2日	BB	发膜	7	60	420	70	490	70
1月3日	CC	洗发水	15	65	975	76	1140	165
1月4日	AA	洗发水	19	50	950	85	1615	665
1月5日	BB	发膜	14	60	840	80	1120	280
1月6日	CC	发膜	11	55	605	72	792	187
1月7日	AA	洗发水	18	50	900	85	1530	630
1月8日	BB	发膜	5	60	300	89	445	145
1月9日	CC	发膜	11	55	605	83	913	308
1月10日	AA	洗发水	15	50	750	86	1290	540
1月11日	BB	发膜	19	60	1140	74	1406	266
1月12日	CC	发膜	19	55	1045	87	1653	608
1月13日	AA	洗发水	5	50	250	82	410	160
1月14日	BB	发膜	17	60	1020	72	1224	204
1月15日	CC	发膜	18	55	990	72	1296	306
1月16日	AA	发膜	15	58	870	85	1275	405
1月17日	BB	洗发水	6	66	396	70	420	24
1月18日	CC	洗发水	10	65	650	75	750	100
1月19日	AA	发膜	15	58	870	70	1050	180
1月20日	BB	洗发水	8	66	528	79	632	104

第六步　汇总统计

在汇总统计前，先撤消对工作表的保护，然后选择"数据模型表"工作表。使用SUMIFS函数汇总产品的采购金额和销售金额。

❶ 在D3单元格的编辑栏中输入公式：

=SUMIFS(基础数据表!G:G,基础数据表!$C:$C,数据模型表!$B3,基础数据表!$D:$D,数据模型表!$C3)

❷ 在E3单元格的编辑栏中输入公式：

=SUMIFS(基础数据表!I:I,基础数据表!$C:$C,数据模型表!$B3,基础数据表!$D:$D,数据模型表!$C3)

❸ 毛利额=销售金额−采购金额；毛利率=毛利额/销售额，则分别在F3和G3单元格中输入公式"=E3−D3"和"=F3/E3"，汇总后的数据表格如下图所示。

品牌	产品类型	采购金额	销售金额	毛利额	毛利率
AA	洗发水	3850	6325	2475	39%
AA	发膜	1740	2325	585	25%
BB	发膜	3720	4685	965	21%
BB	洗发水	924	1052	128	12%
CC	洗发水	1625	1890	265	14%
CC	发膜	3245	4654	1409	30%

第七步　堆积柱形图的绘制

❶ 选中汇总后表格中的全部数据，然后选择【插入】→【图表】→【柱形图】→【堆积柱形图】选项，即可插入图表，将【水平轴】的轴标签更改为"B4:C9"单元格区域，如下图所示。

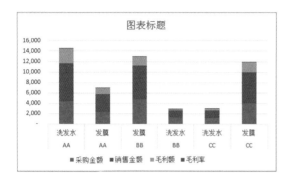

❷ 销售金额是采购金额和毛利额之和，因此为了图形表达更加直观和美观，在图表中选中"销售金额"区域，右击，在弹出的快捷菜单中选择【设置数据系列格式】命令，在弹出的【设置数据系列格式】任务窗格中选择【系列选项】→【系列绘制在】选项，并选中【次坐标轴】单选按钮，将销售金额设置为次坐标轴。

❸ 在汇总表中选中销售金额数据，即选中E2:E8单元格区域进行复制，再选中图表，按【Ctrl+V】快捷键粘贴，即可看到图表中多了一列数据图形，然后选择【插入】→【图表】→【柱形图】→【簇状柱形图】选项，效果如下图所示。

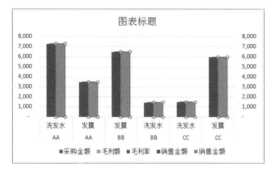

❹ 在图表中选中销售金额簇状柱形图，在【设置数据系列格式】任务窗格中选择【线条填充】选项，并选中【无填充】单选按钮，然后选择【系列选项】，设置【分类间距】为"0.00%"、【系列重叠】为"-100%"。调节后的图表如右上图所示。

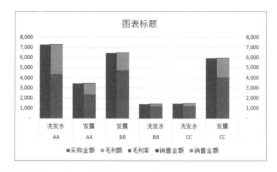

第八步●　图表的美化

❶ 由于毛利率在柱形图中不易选中，此时可以选择【格式】→【当前所选内容】选项，单击【图表元素】下拉按钮，在弹出的下拉列表中选择【系列"毛利率"】选项，如下图所示。

❷ 选中"毛利率"后右击，在弹出的快捷菜单中选择【添加数据标签】命令，然后选中添加的数据标签，右击，在弹出的快捷菜单中选择【设置数据标签格式】命令，在弹出的【设置数据标签格式】任务窗格中展开【标签选项】选项，在【标签位置】下选中【轴内侧】单选按钮。效果如下图所示。

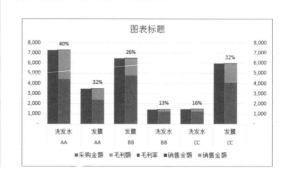

❸ 使用同样的方法对"销售金额"、"采购金额"和"毛利额"添加数据标签，并设置数据标签的位置和字体大小，效果如下图所示。

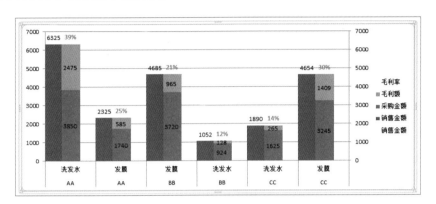

❹ 修改图例与标题。在前期的图例中我们可以看到有两个销售金额，因此我们可以去掉辅助做图用的销售金额图例。选中"销售金额"图例，右击，在弹出的快捷菜单中选择【删除】命令即可，如下图所示。

❺ 调整图例的位置，并输入图表标题"销售与毛利概况"。再调整标题的字体及图表中数据系列的颜色，删除两侧的纵坐标轴及网格线，调整美化后的效果如下图所示。

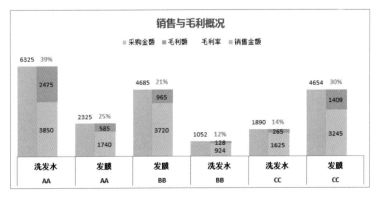

❻ 为了直观地观察整体毛利变化情况，可以在数据统计表中增加"合计"一栏，然后调整汇

总表和图表的位置，并进行适当的美化，效果如下图所示。

销售与毛利管理模型

品牌	产品类型	采购金额	销售金额	毛利额	毛利率
AA	洗发水	3850	6325	2475	39%
AA	发膜	1740	2325	585	25%
BB	发膜	3720	4685	965	21%
BB	洗发水	924	1052	128	12%
CC	洗发水	1625	1890	265	14%
CC	发膜	3245	4654	1409	30%
合计		15104	20931	5827	28%

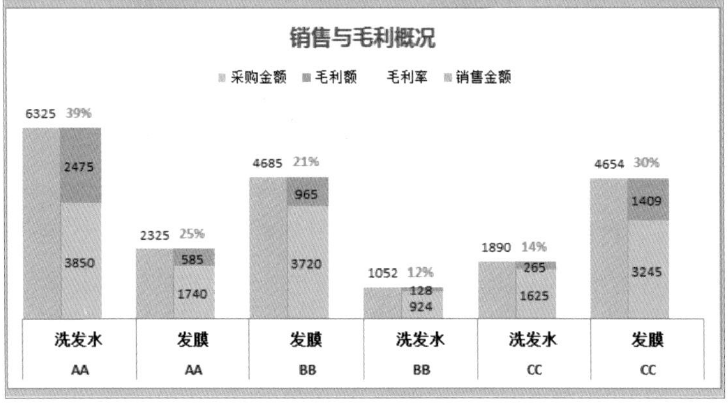

【案例分析】

（1）用颜色区分基本数据表的编辑方式，会有较好的体验感。

（2）IF函数与空白的巧妙使用。

6.10 高手点拨

（1）使用自定义函数OFFSET()来实现动态效果，使用函数COUNTA()来实现列数的统计。

（2）修改SERIES函数，实现月份、销售额与销售量的联动。

（3）利用SUMIF函数对数据源数据进行统计。

（4）利用COUNTIF函数实现数据标签动态列数的统计，实现自动统计，以及图随数据变动而变动。

（5）利用切片器实现板块显示和整体显示，同时注意数据链接和整体布局。

（6）通过IF条件函数构造简单数据模型，自定义标题名称，设置链接，实现按钮与图标混合使用。

（7）具有可保护性和私密性，可以设置密码或区域性功能限制，对数据起到规范和保护的作用。

（8）用颜色区分基本数据表的编辑方式，提升体验感。

第7章

数据交互及可视化"利器"
——Power BI

7.1 BI及Power BI

BI即商业智能（Business Intelligence），是利用现代数据仓库技术、线上分析处理技术、数据挖掘和数据展现技术等业务分析的技术和工具，通过获取、处理原始数据，将其转化为有价值的信息并指导商业行动。Power BI是微软推出的数据分析和可视化工具，Power BI包含桌面版Power BI Desktop、在线Powe0r BI 服务和移动端Power BI应用。

1. 什么是BI

商业智能作为一种新兴的信息技术，是一种基于大量数据基础的，利用现代数据仓库和大数据清洗、挖掘等技术手段，对原始数据提炼和重新整合的过程。这个过程与知识共享和知识创造紧密结合，完成了从信息到知识的转变，从庞杂的数据中发现价值信息，从而指导商业决策。

传统意义上，BI泛指IT层级的运用，BI产品面向的用户群体为有IT技术背景的研发人员和数据科学家，他们多集中在企业的技术部门，通常也称为企业级BI。

自助式BI（又称敏捷BI，这里指"Microsoft Power BI"）面向的是不具备IT背景的人员。与传统BI相比，它更灵活且易于使用，并且在一定程度上摆脱了对IT部门的依赖。自助式BI的出现标志着商业智能分析从"IT主导的报表模式"向"业务主导的自助分析模式"转变。

2. 什么是Power BI?

Microsoft Power BI是微软公司提供的一种商业分析产品，它提供了一种快速、简便、强大的方式来分析和显示数据，无须太多费用，也无须花费数小时创建新的数据分析。而更多是通过自助式的方式，快速创建数据分析解决方案，将数据分析结果通过可视化的方式呈现，并且方便在组织中共享见解、将见解嵌入应用或网站中进行多终端分享。

微软公司对Power BI的定位是"前所未有的商业智能"，界面如下图所示。

微软公司旨在通过Power BI这款产品创建一种"面向所有人的商业智能创造数据驱动型文化"，借助最新的分析方法，使组织中的各级员工都可以做出有把握的决定，界面如下图所示。

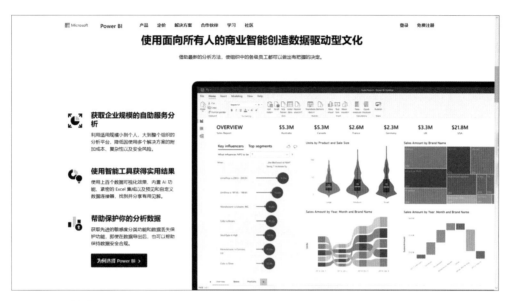

3. Power BI的发展

Power BI的前身最早可以追溯到Excel 2010，当年微软公司基于xVelocity引擎开发出Power Pivot插件，标志着向自助式BI迈出了第一步。到Excel 2013时，Power View、Power Map和Power Query作为插件一起出现，将Power BI家族的成员增加到了4位。2015年7月，Power BI Desktop正式推出，整合了前面这4个"P"，成为真正意义上的自助式BI。

目前，微软自助式BI有Excel-BI版和Power BI版两大类。Power BI版与Excel-BT版相比，在数据可视化及信息共享方面有无与伦比的强大优势；而Excel-BT版与Power BI版相比，使用者更容易接受、更容易上手。Excel-BI版有Power Query、Power Pivot、Power View、Power Map四大插件，其功能是通过Excel的形式加载到Excel中的，界面如下图所示。

【插件1：Power Query（超级查询）】

在Excel 2016中它已经被内嵌在【数据】选项卡下，其功能是获取数据并清洗、整理（ETL），需要用M语言操作，但对于非IT人员来说，只需单击鼠标即可完成大部分的功能。在数据的获取方面，其不仅支持微软自己的数据格式，如Excel、SQL Server、Access等，还支持SAP、Oracle、MySQL、DB2等类型的数据格式，如下图所示。

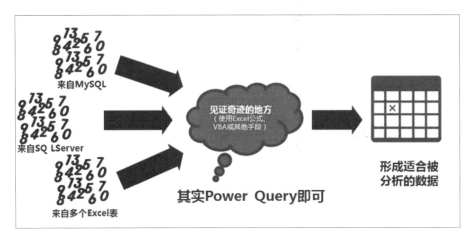

Power Query支持的主流数据格式如下图所示。

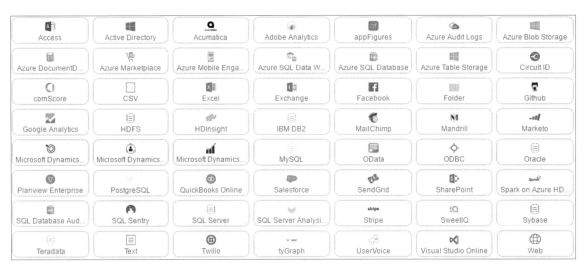

【插件2：Power Pivot（又称"超级透视"）】

其功能是建立数据分析模型，升级版的数据透视表能够跨工作表进行数据的筛选和透视。通常由一个或多个经过Power Query数据清洗后的表建立数据集，通过Power Query关系视图在这些表之间建立联系（见下图），并用Dax函数对数据集或子集按计算要求进行汇总。通过【Power Pivot】选项卡进入【管理数据模型】界面，即可进入到数据建模界面。

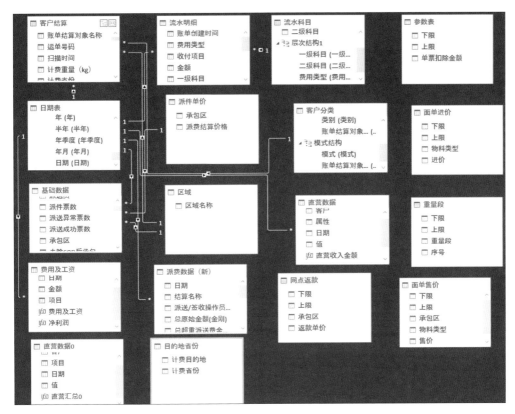

【插件3：Power View】

其功能是在Excel-BI版中提供可视化图表。

【插件4：Power Map】

其功能是根据地理位置数据生成丰富的地图图表。

因为Power BI的可视化功能太过强大，后两个插件基本上被微软边缘化。两者的关系示意图如下图所示。

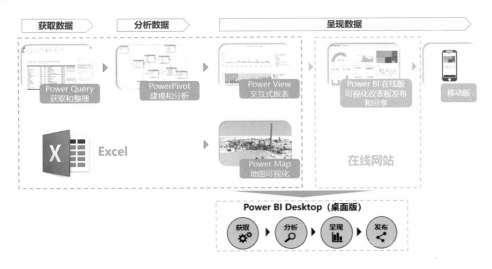

微软公司对Power BI有3种授权方式，即免费版（Power BI Free）、专业版（Power BI Pro）和增值版（Power BI Premium）。前两种主要适用于个人及中小型企业，后一种既适用于对数据分析报表有高度要求的大中型企业，也适用于打算基于Power BI进行二次产品开发的公司。

7.2 Excel与BI

本节所称传统Excel，是指不带BI功能的Office 2010及Office 2010以下版本的Excel。既然有Excel这款数据处理工具，微软为何还要再添加BI呢？为何还要再打造Power BI呢？

（1）获取处理数据更加高效。

传统Excel获取数据的方式之一是从系统下载后以Excel格式存档。这些Excel表格中的数据有些是大量的冗余数据，需要删除；有些则是数据格式不对，需要加工修改；有些则需要对原有数据抽取、合并，转换成可用的数据。如果每次从系统获取的相同格式的数据都进行重复性的清洗转换操作，势必极大影响工作效率。传统处理方式可以通过晦涩难懂的VBA代码实现以上操作，对于普通的Excel用户则极大地提高了使用门槛。而使用Power BI的Power Query可以通过单击相关功能卡下的功能，即可轻松批量处理数据清洗转换的问题，实现一次建模，一键刷新数据，极大提高了工作效率。

下图所示为系统导出的上百个Excel表中的部分表单数据。

通过Power Query插件将多个工作簿数据加载到Excel-BI的查询模块（见下图），可以一次性批量清洗、加工成千上万的Excel表，而且随着工作簿数量的更新，只需刷新数据源即可。

（2）处理数据量级的不同。

Excel 2007版以后.xlsx格式的单个工作表包含100万行和16000列的"大网格"，加上多项其他上限被调高，与Excel先前版本相比极大地增加了允许用户可创建工作表的大小。在Excel早期版本中，很多用户创建的工作表计算速度慢，而工作表越大，计算速度通常更慢。其根本原因在于，传统的Excel采用了行存储的方式，是一个二维的存储概念。在行式存储中，数据表中的每条数据以记录行的形式把数据存放在文件系统中，并且对于一条数据记录，在物理存储时也是相邻位置存储的，相对应的操作也是基于行的基础上对数据进行操作的，所以随着数据量的增大，任何数据的变动会导致整个区域重新计算，导致Excel运行速度严重变慢。

Power Pivot工作簿可以汇集来自不同数据源的数据，包括Web服务、文本文件、关系数据库和多维数据库、Reporting Services报表和其他工作表，然后通过Analysis Services VertiPaq引擎压缩和处理。Power Pivot For Excel可以让用户导入、筛选数百万行数据及对这些数据进行排序，远远超过Excel中100万行的限制。如下图所示，查询处理在后台透明地运行，以便在Excel中提供海量数据支持，使得处理百万行数据和几百行数据一样轻松。

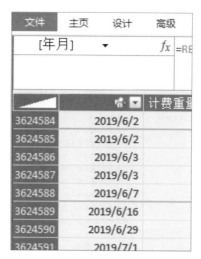

（3）面对多表之间的数据引用，如果关联表格内容简单、表格数量及数据量都少，Excel尚可利用函数处理；如果是大量的表格及数据量，要实现表与表之间的数据引用，传统Excel恐怕是无能为力的。而在Excel-BI的Power Pivot中，十几个表格之间数据关联，只需拉一条线即可轻松建立表与表之间的关系（见下图），还可进行跨表数据引用。

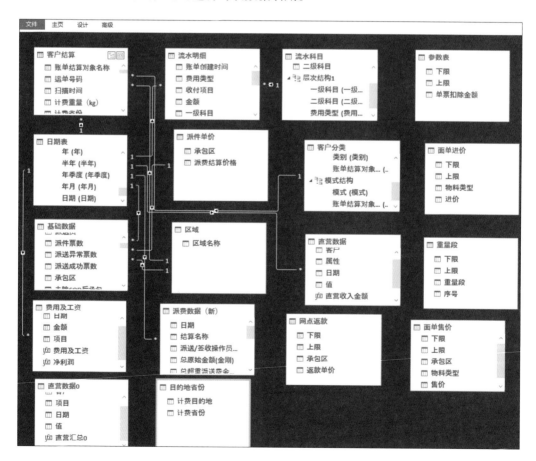

（4）与Excel相比，Power BI独有的交互式动态图表可以随意将炫酷、可拓展的视觉对象组成仪表盘，令数据信息的表达更直观、更生动形象（见下图），这种数据信息的表达更能让企业或个人快速发掘潜在的商业价值。

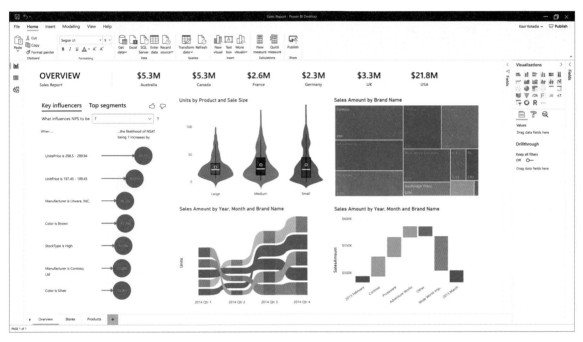

而这仅仅通过在Power BI的可视化界面中简单拖曳就能够轻松实现，如下图所示。

Power BI视觉对象是包含代码的包，将数据以视觉的方式呈现出来，如下图所示。任何人都可以创建自定义视觉对象，并将其打包为以后可导入Power BI报表的单个.pbiviz文件。而对于普通用户来说，由于视觉对象的社区成员和Microsoft公司已经将Power BI视觉对象公开发布到微软AppSource市场上，因此，在需要时可以下载这些视觉对象，然后将其添加到Power BI报表。这些Power BI视觉对象都已经过测试并通过Microsoft公司的功能和质量审核，可以放心使用。

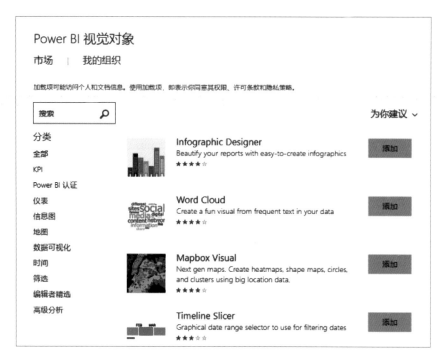

还可以导入本地的可视化图像.pbiviz格式文件，类似于为浏览器增加一个功能插件，其效果和从APPSource市场导入的效果一样。界面如下图所示。

（5）传统Excel可获取的数据格式较少，且必须先将数据存储到Excel表格中；Power BI则可以获取各种文件、网页、数据库等格式的数据，Power Query中已经介绍过支持的主流数据格式。

7.3 计算列、上下文及度量值的概念

因为Power Pivot是采用列式存储的，在存储上能节约空间、减少I/O，另外依靠列式数据结构能够进行计算上的优化，所以在BI及数据库系统中多采用计算列的形式。计算列可以使用同一表中的其他列的表达式计算得来。简单这样类比，在Excel中是每个单元格参与计算，在Power Pivot中则是整列参与计算，所以在处理速度上有本质的不同。

（1）计算列采用数据分析表达式（Dax）语言。它扩展了Excel的数据操作功能，可以实现更高级和更复杂的分组、计算和分析。

（2）上下文及度量值是专属BI的概念，下面通过Excel表来说明其特点，如下图所示。

日期	客户	产品	数量	金额	单价
2019年1月11日	甲	A	12	3289	274.08
2019年1月24日	乙	B	32	2594	81.06
2019年2月2日	丙	B	32	4521	141.28
2019年2月15日	甲	C	27	3217	119.15
2019年2月24日	乙	C	19	9865	519.21
2019年3月5日	丙	B	7	2157	308.14
2019年3月14日	丙	A	26	3218	123.77
2019年3月29日	甲	A	32	6501	203.16
2019年4月5日	丙	D	79	8001	101.28
2019年4月19日	丙	C	86	3821	44.43
2019年5月2日	甲	B	28	5401	192.89
2019年5月26日	乙	A	54	6021	111.50
2019年6月5日	丙	D	61	8500	139.34
2019年6月28日	乙	D	72	5704	79.22

其中,"日期""客户""产品""数量""金额"是基本字段名称,"单价"是"金额"与"数量"相除得出的数值,是计算列。

对"数量""金额"分别计算合计数、平均数、最大值、最小值、环比值,对"单价"计算平均数等,即是计算度量值,这些度量值属于聚合值,无法放在Excel表的列上来展示。

度量值需要在上下文的环境下才有价值,如度量值"金额的合计数",表示是对计算列"金额"求和,其本身并无实际价值。"金额的合计数"只有放在"月份""客户""产品"的上下文下才有价值,即哪个月份、哪个客户、哪个产品的"金额合计数"。

在Excel-BI中,把【客户】字段名称放在数据透视表的行标签位置上,该字段即是行上下文;将鼠标指针放在【产品】字段上,并单击鼠标右键,选择【添加为切片器】命令,则生成切片器上下文,如下图所示。

Power BI Desktop界面及数据建模

Power BI Desktop是一款可在本地计算机上安装的免费应用程序，可用于连接到数据、转换数据并实现数据的可视化效果。使用Power BI Desktop可以连接到许多不同的数据源，并将其合并（通常称为"建模"）到数据模型中。通过此数据模型，可生成视觉对象，以及可作为报表与组织内其他人共享的视觉对象集合。对于致力于商业智能项目的大多数用户，可以使用 Power BI Desktop 创建报表，然后使用Power BI服务与其他人共享其报表。

本节将介绍Power BI Desktop的界面、基本操作及核心交互建模插件Power Pivot。

7.4.1 Power BI Desktop界面及功能介绍

Power BI Desktop界面如下图所示。

❶ 功能区：处理建模及可视化相关的任务，包含"主页""视图""建模""帮助"4个选项卡，展开可在相关界面中操作、查询及建模等。

❷ 可视化图表区：为数据匹配可选择的可视化图像（图表）。

❸ 字段区：存放所建模型的字段、计算列及度量值。

❹ 数据可视化画板区：选取字段、计算列或度量值，匹配合适的可视化图像（图表），生成数据图表。

❺ 报表、数据、模型按钮：分别显示主界面、数据表及表与表之间的关系。

7.4.2 Power BI Desktop数据建模

Power BI Desktop数据建模的具体操作步骤如下。

❶ 在主页中单击【获取数据】右下角的下拉按钮，弹出【获取数据】界面，在其中根据数据源的数据类型选择不同的数据获取方式，例如选择【文件夹】选项，然后单击【连接】按钮，如下图所示。

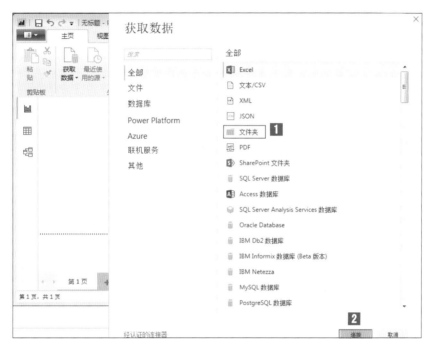

❷ 在弹出的如下图所示的【文件夹】对话框中，可单击【浏览】按钮获取数据源，获取数据源后单击【确定】按钮。

❸ 进入编辑查询界面（Power Query编辑器），对数据源进行清洗、加工，如下图所示。

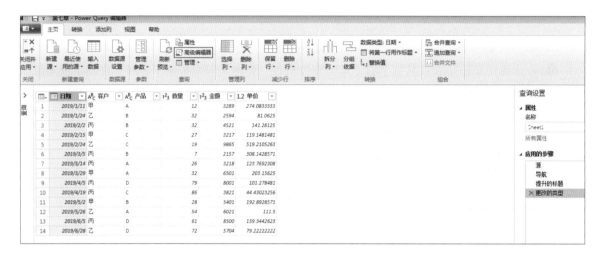

> **Tips** 获取的数据会在"数据区"显示，通过使用"功能区"的各种功能，可以对"数据区"的数据进行筛选行、转换数据、数据格式转换、添加列等操作，每一个操作步骤会记录在右侧的【应用的步骤】栏中，当需要对完成的步骤修改时，可在"功能区"选择【查询】→【高级编辑器】选项进行修改。

❹ 单击【关闭并应用】右下角的下拉按钮，把清洗加工过的数据加载到【字段】界面。选择【建模】→【新建度量值】选项，可为数据模型建度量值，如下图所示。

❺ 在模型区，建立表与表之间的关系。至此，模型创建完毕。

7.5 Excel中数据交互实现案例

本节以江苏、陕西两个项目的销售数据工作簿（包含4个工作表）为原始数据，通过Excel中各个插件获取、清洗、加载（ETL）数据，转换建模并实现交互式动态图表创建，来初步了解Power BI的工作原理。

案例名称	项目销售数据交互案例
素材文件	素材 \ch07\ 江苏项目销售数据 .xlsx、陕西项目销售数据 .xlsx
结果文件	结果 \ch07\ 合并文件 .xlsx

 项目 **范例7-1　项目销售数据交互案例**

【案例分析】

"待合并文件"文件夹内有"江苏项目销售数据""陕西项目销售数据"2个工作簿，如下图所示。

其中，"江苏项目销售数据"工作簿内有"南京"和"无锡"2个工作表，如下左图所示。同样地，"陕西项目销售数据"工作簿内有"西安"和"咸阳"2个工作表，如下右图所示。

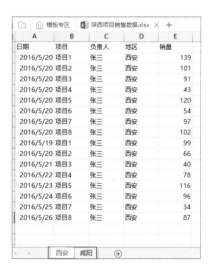

【数据获取及清洗】

制作图表前，首先要获取清洗不同工作簿中的数据。获取及清洗数据的具体操作步骤如下。

第一步 **数据的获取**

❶ 创建一个名称为"汇总文件"的工作簿，如下图所示。

汇总文件

❷ 打开该工作簿，选择【数据】→【新建查询】→【从文件】→【从文件夹】选项，如下图所示。

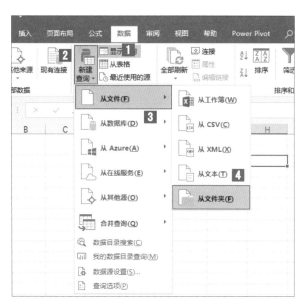

❸ 在打开的【文件夹】对话框中单击【浏览】按钮，如下图所示。

❹ 获取文件数据后，单击【确定】按钮，如下图所示。

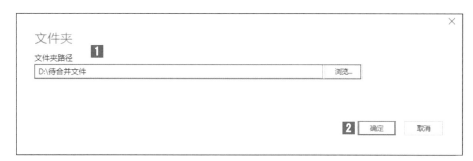

❺ 在打开的界面单击【转换数据】按钮，如下图所示，进入查询编辑界面。

第二步 ▶ **转换数据**

❶ 添加自定义列，选择【添加列】→【自定义列】选项，如下图所示。

❷ 打开【自定义列】对话框，添加自定义列的公式 "=Excel.Workbook([Content])"，单击【确定】按钮，如下图所示。

TIPS 和Excel公式不同，此Dax公式的含义是获取工作簿中的内容。其中Content存储了以二进制格式保存的工作簿，即单个的Excel文件。

❸ 单击"自定义.Data"列后的箭头按钮，展开自定义列，如下图所示。

	Content	Aᴮᴄ Name	ᴬᴮᴄ₁₂₃ 自定义.Na...	ᴬᴮᴄ₁₂₃ 自定义.Data	ᴬᴮᴄ₁₂₃ 自定义.Item	ᴬᴮᴄ₁₂₃ 自定义.Kind
1	Binary	江苏项目销售数...	南京	Table	南京	Sheet
2	Binary	江苏项目销售数...	无锡	Table	无锡	Sheet
3	Binary	陕西项目销售数...	西安	Table	西安	Sheet
4	Binary	陕西项目销售数...	咸阳	Table	咸阳	Sheet

❹ 删除多余列，仅剩"日期""项目""负责人""地区""销量"列。单击【将第一行用作标题】按钮，通过筛选项目列字段，将数据后面多余的标题行删除。

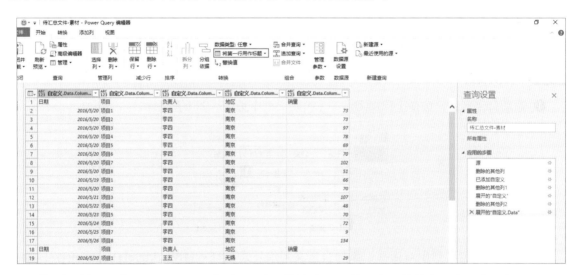

❺ 分别将"日期"和"销量"分别调整为日期格式和整数格式，其他为文本格式，如下图所示。

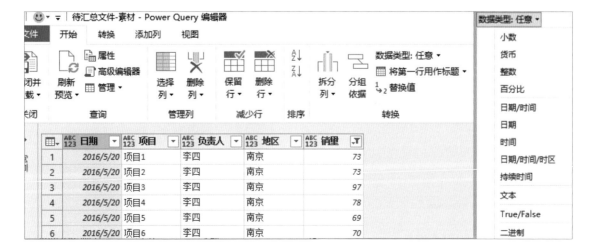

❻ 在【查询设置】窗格中，将查询【属性】的【名称】更改为"项目明细数据"，如下图所示。

【Power Pivot数据建模】

第一步▶ 将数据上传到Power Pivot 数据模型中

❶ 在【开始】选项卡中选择【关闭并上载】→【关闭并上载至】选项，如下图所示。

❷ 在弹出的【加载到】对话框中，选中【仅创建连接】单选按钮，并选中【将此数据添加到数据模型】复选框，单击【加载】按钮，如下图所示。

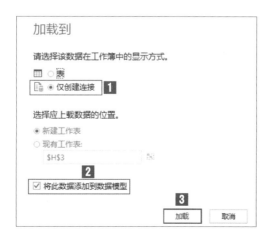

❸ 加载到Power Pivot（数据模型）中以后，通过选择【Power Pivot】→【管理数据模型】选项可以直接进入Power Pivot界面，如下图所示。

第二步 ● 创建关系图

❶ 此时，可以看到只有一个"项目明细数据"表，如下图所示。

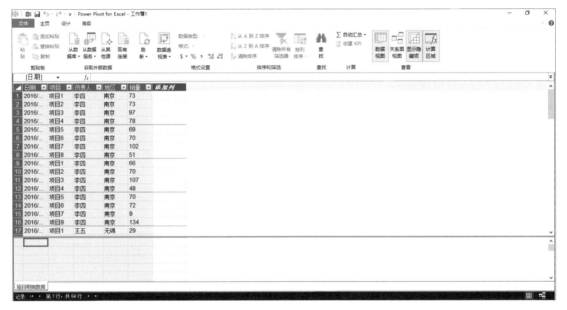

❷ 通过"项目"、"负责人"和"地区"创建一个不重复的参数表，从单元格区域导入数据。将鼠标指针移动至【项目列】任何一个单元格上并单击，如下图所示。

❸ 在【Power Pivot】选项卡下选择【添加到数据模型】选项，在弹出的对话框中选中【我的表具有标题】复选框，然后单击【确定】按钮，如下图所示。

❹ 执行上述操作后，数据会加载到Power Pivot中，效果如下图所示。

❺ 依次将"负责人"和"地区"数据加载到数据模型。如下图所示，此界面为所有表的数据视图模式。

❻ 在【主页】选项卡中选择【查看】→【关系图视图】选项，如下图所示。

❼ 切换到关系图视图下，效果如下图所示。

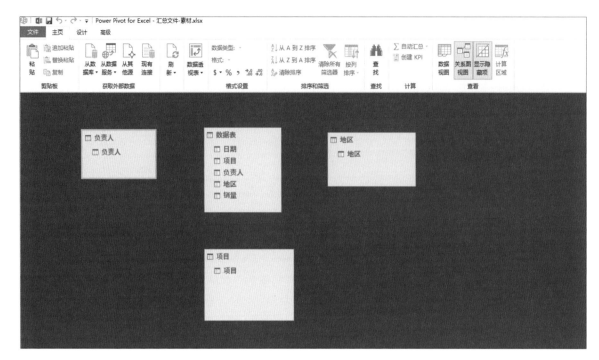

❽ 创建关系模型。选择"负责人"表下的"负责人"字段，同时按住【Ctrl】键将其拖曳到"数据表"的"负责人"字段下，系统就自动创建了"负责人"和"数据表"的数据关系，如下图所示。

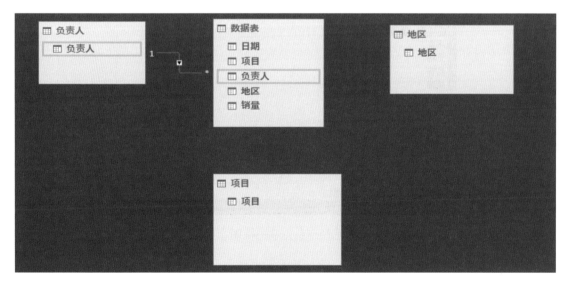

❾ 依次创建"地区"表、"项目"表和"数据表"表的数据关系，如下图所示。

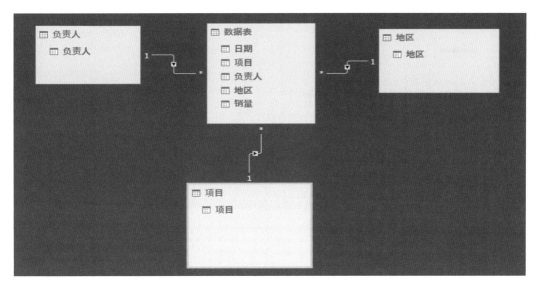

【交互式图表的创建】

第一步 创建数据透视图

❶ 返回数据视图，选择【数据透视表】→【数据透视图】选项，如下图所示。

❷ 在【数据透视图字段】窗格中，分别选择【地区】下的"地区"字段、【项目】下的"项目"字段，如下图所示。

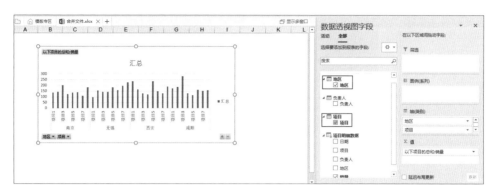

❸ 可通过【轴类别】选项更改对比的维度，如更改为"项目"和"地区"，如下图所示。

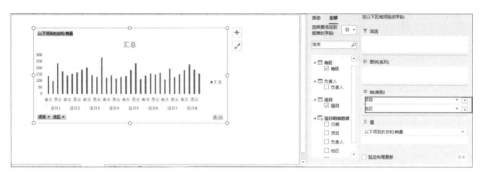

第二步 ▶ **交互式图表切片器的创建**

❶ 在【插入】选项卡中选择【切片器】选项。

❷ 在【插入切片器】窗格中，选择"地区"、"项目"、"负责人"和"日期"4个字段，单击【确定】按钮，如下图所示。

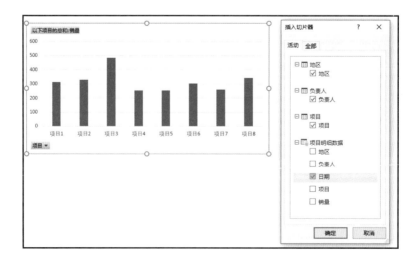

❸ 此时即可插入切片器，分别调整切片器的位置和呈现方式，如下图所示。

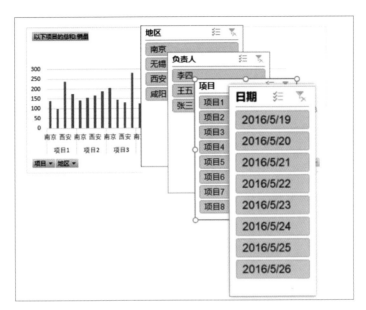

第三步▶ **交互式图表的美化和交互**

❶ 利用上述方法分别创建项目销售情况折线图、地区销售情况柱形图、负责人销售情况条形图，并分别对创建的图表进行美化。通过调整切片器的位置和大小，以及对各数据透视图表进行布局优化后，效果如下图所示。

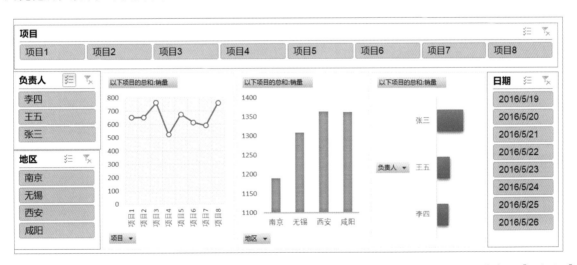

❷ 通过选择切片器中的字段就可以实时生成动态的图表。如下图所示，查看除了【项目3】以外，且【负责人】分别是"李四"和"张三"于2016年5月25日和26日两日在"南京"和"咸阳"两地的销售情况对比图。如果要查看其他对比图，可直接单击带红叉的漏斗型筛选按钮，字段就会恢复到初始状态。

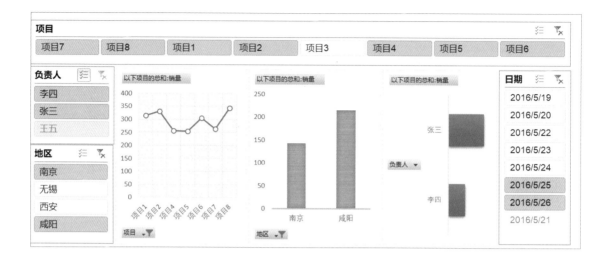

第8章

使用Power BI 动态呈现与分析连锁超市的销售情况

Dashboard是商业智能仪表盘（Business Intelligence Dashboard，BI Dashboard）的简称，它是一般商业智能都拥有的实现数据可视化的模块，是向企业展示度量信息和关键绩效指标（KPI）现状的数据虚拟化工具。*Information Dashboard Design*一书中指出"仪表盘是为了实现某些特定目标而对重要信息进行的视觉传达，对一屏上的内容进行组织呈现，使人一瞥便能掌握其所传达的信息"。

当需要监控实时数据、历史数据筛选、关联数据对比、向上向下钻取等功能时，传统的图表已经不能满足需要。此时要根据用户的需求和文化替换，采用以图表、表格、地图等方式呈现独一无二的关键绩效指标现状的数据虚拟化工具，从而帮助用户提高决策及行动效率，即时地从复杂数据中获取所需信息。

8.1 连锁超市动态呈现注意事项

利用Power BI创建可视化图表，本质上是根据业务数据创建Dashboard的过程，所以关键在于对数据的理解和处理上。

8.1.1 制作Dashboard的条件

制作Dashboard需要满足以下两个条件。

（1）多个指标数据在多个维度上的展示。

（2）各个图表之间能够相互交互影响。

> **Tips** 在整理做图数据源时，需要注意的是，数据整理要有逻辑，按照数据源的特点进行标准流程的梳理，并且要考虑到某列出现异常值情况的处理。

8.1.2 制作Dashboard的诉求及最终效果展示

下面通过一个案例介绍制作Dashboard的诉求、整理明细数据及最终案例效果展示。

案例名称	连锁超市动态 Dashboard 的制作
素材文件	素材 \ch08
结果文件	结果 \ch08\ 连锁超市动态 Dashboard.pbix

 连锁超市Dashboard   **案例8-1　连锁超市动态Dashboard的制作**

本案例主要通过对从系统中导出的2018年至2019年的源数据进行整理、加工并创建各项指标，以多角度多可视化图表的形式，全方位展现超市的销售情况来探索超市在运营中出现的状况。

【诉求理解】

A公司是一家全国连锁的便利店，在北京和上海设有7家分店，每个分店每个月都会将销售情况通过Excel表的形式汇总到总部，总部需要了解各门店和各类别及各个时间点超市的实际运营情况，以期对未来运营决策提供依据。

（1）以多个可视化对象集合的形式，多维度呈现数据。

（2）维度数据以切片器形式呈现。

（3）图表简洁、直观，强调交互性。

【收集并整理明细数据】

将各个门店每个月份的数据整理到一个文件夹下，文件夹中已经存储了从2018年1月至2019年10月的所有数据。该文件夹下部分文件如下图所示。

> - 北京1店2018年1月.xlsx
> - 北京1店2018年2月.xlsx
> - 北京1店2018年3月.xlsx
> - 北京2店2018年1月.xlsx
> - 北京2店2018年2月.xlsx
> - 上海1店2018年1月.xlsx
> - 上海1店2018年2月.xlsx
> - 上海1店2018年3月.xlsx
> - 上海2店2018年1月.xlsx
> - 上海2店2018年2月.xlsx

每个表格的格式如下图所示。

单据日期	产品名称	产品类别	门店编号	销售数量	单位	单价	金额
2018/1/4	健士霸水晶韩式衣架	家居用品	北京市1店	3896	块	1	3896
2018/1/5	莎奴亚男平脚裤	袜子	北京市1店	4108	个	5	20540
2018/1/9	健士霸柔棉洗洁巾	家居用品	北京市1店	4840	块	2	9680
2018/1/10	封箱胶带	办公用品	北京市1店	7726	套	2	15452
2018/1/13	封箱胶带	办公用品	北京市1店	4119	套	1	4119
2018/1/13	广博削笔机	办公用品	北京市1店	3996	块	2	7992
2018/1/14	健士霸中号垃圾袋	家居用品	北京市1店	4479	个	20	89580
2018/1/15	永亮无捻绣花毛巾	毛巾	北京市1店	4017	套	50	200850
2018/1/17	广博削笔机	办公用品	北京市1店	7788	块	1	7788
2018/1/19	莎奴亚男强力棉明根色织三角裤	袜子	北京市1店	4052	块	10	40520

【案例效果展示】

制作完成后的连锁超市的动态Dashboard效果如下图所示。

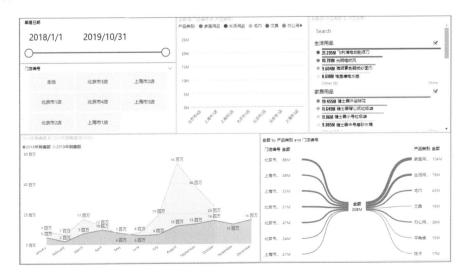

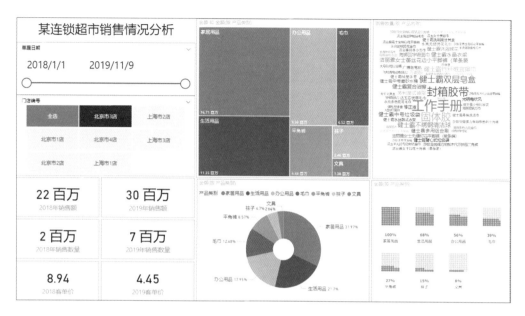

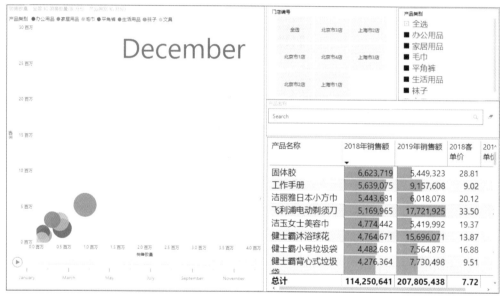

8.2 将文件夹中的数据整合到表格

现将各个文件夹下所有文件整合到Power BI下的一个表中。

❶ 将Power BI软件打开，在【主页】选项卡中选择【获取数据】选项，在展开下拉列表中选择【更多】选项，进入【获取数据】界面，选择【全部】→【文件夹】选项，单击【连接】按钮，如下图所示。

> **Tips**
>
> 要获取文件夹下的数据，需找到文件存放的文件夹。同理，如果是要连接其他的数据源，则要找到相应的选项。

❷ 在弹出的【文件夹】界面中通过【浏览】按钮可选择存放文件的路径，单击【确定】按钮，如下图所示。

❸ 将会打开文件夹下各个工作簿的汇总表，如下图所示。

> **Tips**
>
> 界面解析如下。
>
> （1）【名称】：导入后数据表的名称。
>
> （2）【应用的步骤】：在 Power BI 中数据导入界面后会将每一步操作都做记录，当数据源更新时，会按照步骤逐步对数据进行操作，而无须再次手动操作。

❹ 单击"Content"列下的"Binary"项会在下方显示该工作簿的信息，如下图所示。其中，Binary表示工作簿以二进制的形式被加载进表格。

❺ 删除工作簿数据内容以外的其他列。选中"Content"列并右击，在弹出的快捷菜单中选择【删除其他列】命令，如下图所示。

❻ 获取工作簿中存放的工作表。在【添加列】选项卡下选择【自定义列】选项，在打开的界面中的【自定义列公式】中输入"=Excel.Workbook(【Content】)"，单击【确定】按钮，如下图所示。

❼ 通过自定义列，获取到单个工作簿中工作表的数据内容，将鼠标指针移至【自定义】中任意一个"Table"单元格则会显示工作簿中工作表的基本信息（如Name、Data、Item等），此时可以删除工作簿的数据列，即存放"Binary"数据的列，选中"自定义"列并右击，在弹出的下拉列表中选择【删除其他列】选项，如下图所示。

界面解析如下。

在界面中单击【Table】字段，在弹出的下拉列表中可以看到工作簿中Sheet表的情况，如下图所示。其中包含Name（表示工作表的名称）、Data（表示存放的数据）、Item、Kind、Hidden（是否隐藏）等信息。

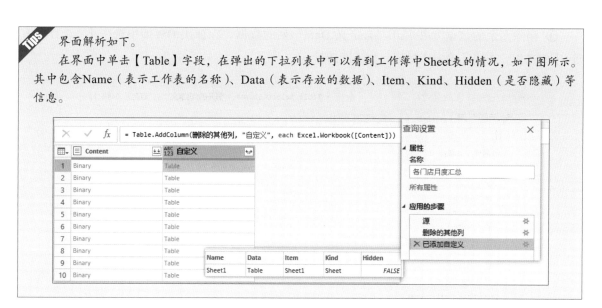

❽ 在弹出的下拉列表中选中【自定义】选项，单击右上方的 ⬚ 图标，展开"Table"列的数据，然后在弹出的界面中选中【展开】单选按钮，单击【确定】按钮，如下图所示。

❾ 在"自定义.Date"列下单击即可查看Sheet表中存放的销售数据，如下图所示。

⑩ 删除多余的数据列并展开"自定义.Data"列的数据，在弹出的界面中选中【（选择所有列）】复选框，单击【确定】按钮，如下图所示。

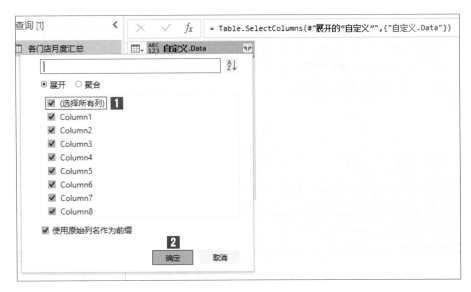

至此，就完成了获取文件夹下数据的操作。

8.3 连锁超市数据的整理

经过前面的处理，文件夹下各个工作簿的数据已经加载进来。此时观察存放的数据内容，不难发现各个工作表内容依次在下方表格中存放，且有多个表头，各个数据列的数据格式不完全一样（见下图），所以本节最重要的是将数据处理成标准的格式。

在Power BI中将数据导入后，会将文件夹中所有文件的数据沿着一个表格向下追加。

Power BI 会默认以一列的数据格式为标准来设定该列的数据格式，如上图所示，表格中的数据并不是完全一致，所以要将"更改数据格式"一步的操作删除，保留到【展开的自定义.Data】的步骤。

❶ 选中某一列的数据，在【转换】选项卡下的【数据类型】中可看到数据类型为"任意"。在【转换】选项卡下的【表格】选项组中选择【将第一行用作标题】选项，如下图所示。

❷ Power BI 会默认以一列的数据格式为标准来设定该列的数据格式，所以在弹出的【应用的步骤】对话框中将自动添加【更改的类型】步骤，因为某列中含有表头数据，一列中的数据格式并不完全一致，此时的转换会造成错误，所以要单击【更改的类型】步骤前的【删除】按钮删掉此步骤，如下图所示。

❸ 选中"单据日期"列，单击该列右上角的下拉按钮，展开【筛选】面板，取消选中【单据日期】字段，然后单击【确定】按钮，如下图所示。

❹ 选中"单据日期"列，在【主页】选项卡下的【数据类型】中将其数据类型转换成"日期"，如下图所示。然后依次将"产品名称"、"产品类别"和"单位"列修改为文本类型，将"单价"和"销售额"改为"小数"类型，其他销售量改为"整数"类型。

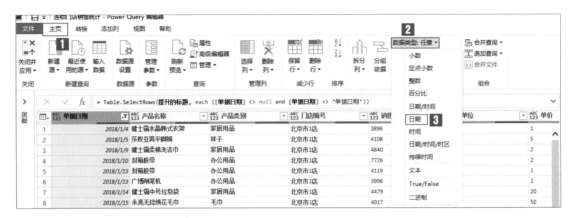

❺ 修改完成后，在【主页】选项卡中选择【关闭并应用】选项，打开【应用查询更改】界面，如下图所示。转换完成后，该界面会自动关闭。

❻ 此时，在Power BI主界面的【字段】框中将会显示所有的数据字段，如下图所示。

8.4　创建连锁超市的数据模型

本节介绍创建连锁超市数据模型的操作方法，具体操作步骤如下。

❶ 单击左侧的【数据】按钮，进入【数据视图】模式，在【主页】选项卡中选择【编辑查询】选项，如下图所示，即可再次进入数据编辑视图中。

❷ 选中"单据日期"列，然后选择【添加列】→【常规】→【重复列】选项，如下图所示，复制一个新的日期列数据。

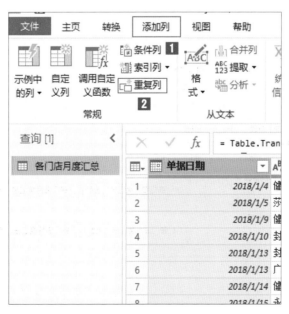

❸ 选中复制后的列，然后选择【日期】→【年】→【年】选项，则会提取新列中的年份数

据，如下图所示。双击列名，修改表头名称为"年份"。

> **Tips**　上述3步在Excel中相当于是在新的一列中通过YEAR函数获取"单据日期"列中年份数据，并将单元格格式设置为整数型。

❹ 返回主界面，在【建模】选项卡下选择【新建度量值】选项，在弹出的如下图所示的输入框中分别输入以下公式。

- 2018年销售额 = CALCULATE(SUM('各门店月度汇总'[金额]),'各门店月度汇总'[年份]=2018)
- 2019年销售额 = CALCULATE(SUM('各门店月度汇总'[金额]),'各门店月度汇总'[年份]=2019)
- 2018年单价 = DIVIDE('各门店月度汇总'[2018年销售额],'各门店月度汇总'[2018年销售数量])
- 2019年单价 = DIVIDE('各门店月度汇总'[2018年销售额],'各门店月度汇总'[2019年销售数量])
- 2018年销售数量 = CALCULATE(SUM('各门店月度汇总'[销售数量]),'各门店月度汇总'[年份]=2018)
- 2019年销售数量 = CALCULATE(SUM('各门店月度汇总'[销售数量]),'各门店月度汇总'[年份]=2019)

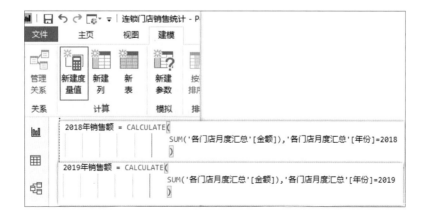

8.5 创建连锁超市数据指标的可视化对象

创建数据化指标的过程就是组建Dashboard的过程，所以关键在于对数据的理解和处理上。数据在不同维度下的表现如何更好地传达出来，关键又在于Dashboard的创建。本节主要以销售额这一个数据指标为探讨对象，介绍Dashboard 的组成。

8.5.1 面积图/分区图可视化对象

面积图作为Excel中经典的图表，主要是反映各类别数据变化的趋势及占比情况。标准的面积图在图表中用折线把每个序列的数据点连接起来，这条折线和纵横轴之间的区域用颜色或阴影填充，看上去就像层层叠叠的山脉，因此更增加了易读性。通常情况下，面积图被用来比较两个或多个类别。在Power BI 中面积图又被称为分区图。直观来看，分区图就是涂上颜色的折线图，但事实上分区图除了能表达折线图的变化趋势，还能通过没有重叠的阴影面积反映差距变化的部分。基本分区图（又称为分层分区图）在折线图的基础上构建而成，轴和行之间的区域使用颜色进行填充以指示量。分区图强调变化随时间推移的度量值，可以用于吸引人们关注某个趋势间的总值。其具体创建步骤如下。

❶ 选择【可视化】→【分区图】选项，如下图所示，创建分区图自定义对象。

❷ 在【字段】区域，选中【2018年销售额】、【2019年销售额】及【单据日期】复选框，则数据就会自动分配到【操作界面】中，其中【轴】区域放置的是【单据日期】字段，以年、季度、月份、日的结构呈现，如右图所示。此处，要删去除了"月份"以外的字段（年、季度、日）。

❸ 至此，一个简单的分区图就创建完成了，如下图所示。

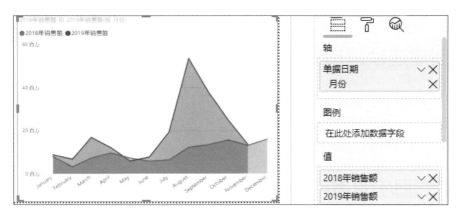

针对分区图可以在【可视化】界面中对【格式】进行调整，常见调整选项如下图所示。

单击可视化对象右上角的【焦点模式】按钮，可以将一个可视化对象在单独的页面中进行设计。下图是【分区图】焦点图模式下常见图形设置。

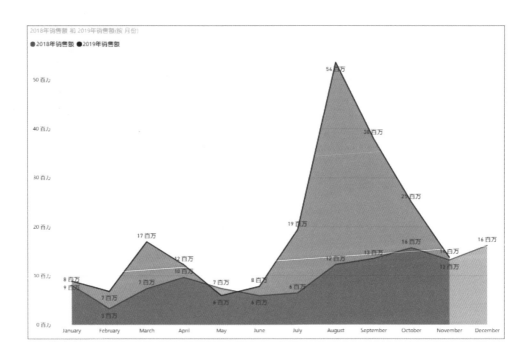

常见的可视化图表的元素有图例、X轴、Y轴和数据标签，下面对分区图的这几个可视化图表元素进行设置。

❶ 选中【分区图】可视化对象，在【格式】选项卡下的【数据颜色】区域中单击【2018年销售额】下的下拉按钮，在【主题颜色】调色板中分别将"2018年销售额"的颜色值改为(197, 218, 244)，将"2019年销售额"的颜色值改为(248, 238, 194)，并设置【数据标签】为"开"，【图例】为"开"，如下图所示。

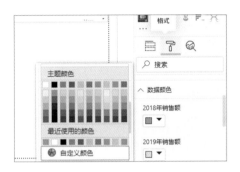

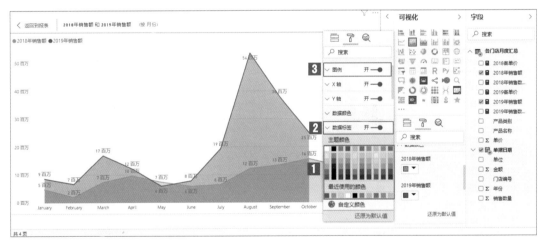

❷ 设置分区图可视化对象后的效果如下图所示。

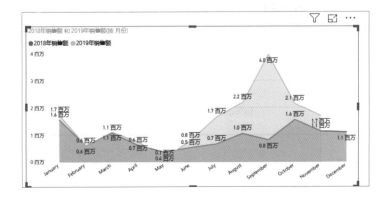

8.5.2 Infographic Designer可视化对象

Infographic Designer图借助图形、图像让生硬的数据显现出趣味性与生命力，也让观者可以轻松地理解并在脑海中留下印象。

创建该非默认的自定义图表对象，首先要加载【Infographic Designer】插件，可通过【主页】选项卡下的【来自应用商店】和【从文件】两种选项来加载。使用【来自应用商店】是从微软应用商店加载该自定义插件，使用【从文件】则将在本地存储的自定义的可视化对象直接导入自定义做图区中。

（1）下面主要介绍用【来自应用商店】选项加载的方法（须保持登录状态）。

❶ 进入【应用商店】界面找到搜索框，输入"infographic"关键词，找到该自定义图表插件，单击【添加】按钮，如下图所示。

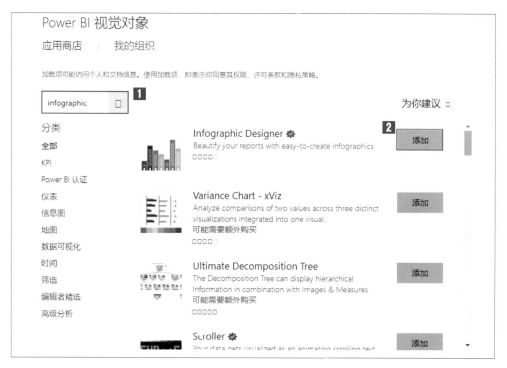

❷ 加载成功后，在【可视化】界面下会显示该插件的小图标，并显示名称和版本号，如下图所示。

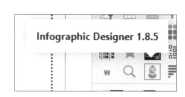

❸ 单击【Infographic Designer】图标，依次将【门店编号】字段拖到【Category】项目，【产品类别】字段拖到【Legend】项目，【金额】字段拖到【Measure】项目，则会创建一个以【门店编号】为X轴，以【金额】为Y轴的簇状柱形图，如下图所示。

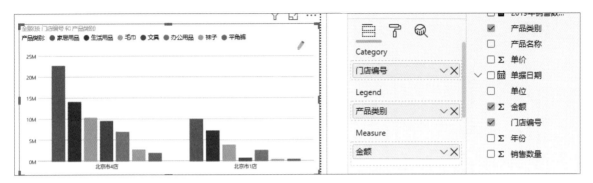

❹ 选择【Infographic Designer】可视化图表，单击右上方的【焦点模式】按钮，则可视化对象进入单独设置界面，对比图如下图所示。

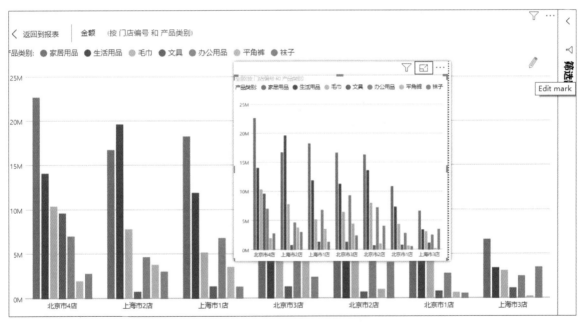

❺ 单击右上角的【铅笔】（Edit mark）图标则可以对柱形图填充方式等进行更改。默认的【shape01】对象是自动填充的柱形图的条形对象，在【Format】选项卡下单击【Shape】右侧的下拉按钮，则会显示出各种填充对象，并且可以导入本地自定义的图像，在此用【圆角矩形】（Round Rectangle）对象填充，【Multiple Units】选择【开】（On），效果如下图所示。

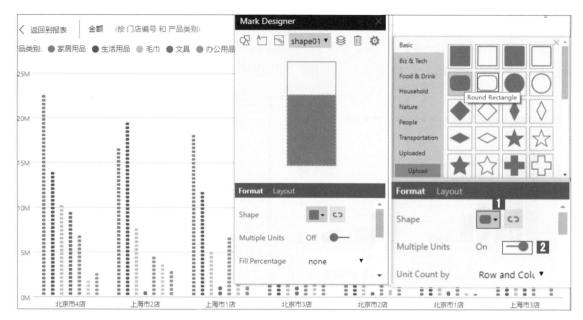

❻ 添加数据标签，单击【Insert Text】后，在柱形图中的每一个数据系列上出现 "Text" 字样，单击【Text】选项下【Data-Binding off】图标 ⊂⊃ ，在弹出的界面中将【Data-Binding Filed】设置为 "金额"，如下图所示。图表上会显示该数据标签，然后可以对该数据标签进行自定义，设置其字体、字体大小、位置等，这里添加边框并将颜色改为浅蓝。

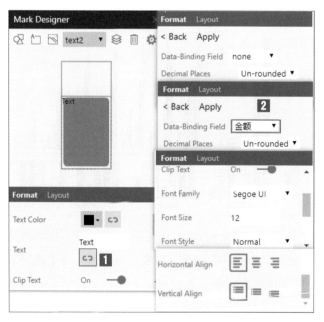

❼ 更换其他填充图层，在编辑界面中可以通过更改【Shape 01】的填充图形来进行个性化的显示。例如，要求显示购买人数，选用 "小人" 形状填充，如下图所示。

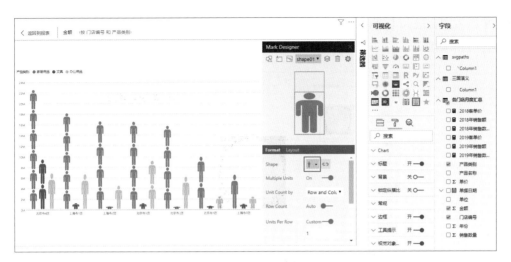

❽ 成交金额选用"金币"形状填充，如下图所示。

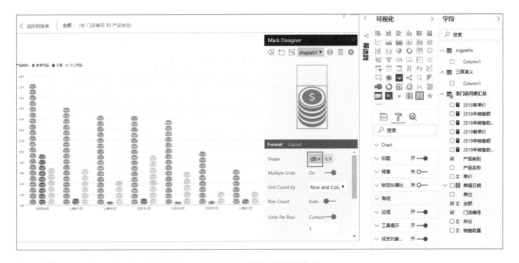

（2）此外，还可以将本地的图标对象导入进行图形填充。

❶ 在【Mark Designer】面板的右上角单击【图层】图标，在弹出的下拉列表中选择
【Upload】选项，如下图所示。

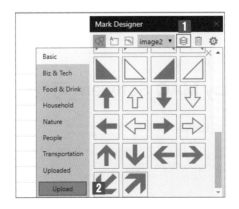

❷ 单击后则会进入【打开文件】界面，在本地文件路径中找到存放的图标对象，并单击【打开】按钮，如下图所示。

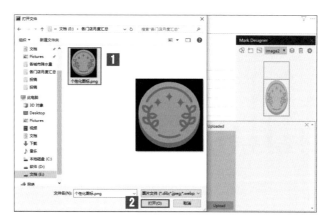

❸ 此时自定义对象被成功引用到可视化图表中，效果如下图所示。

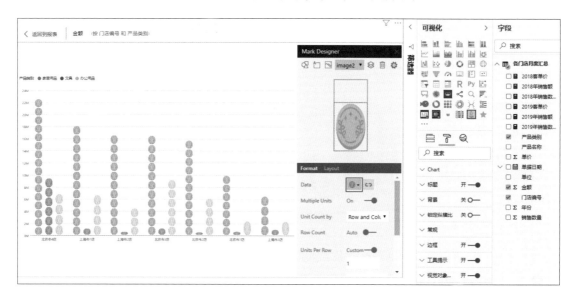

TIPS 值得注意的是，在Infographic Designer中，每一步都相当于是新建一个图层。最常见的操作是添加两个图层，第一个图层是柱形图样式的填充，第二个图层是添加的数据标签。如果在添加数据标签后想修改填充样式，那么我们需要选择对应的图层再进行修改。

8.5.3 Bowtie Chart by MAQ Software 可视化对象

Bowtie Chart被称为领结图或蝴蝶结图，可以快速比较一个或多个类别中的值。平滑的分支线条的宽度表示每个类别的相对大小。用户可以创建一个半边圆领，显示一个总值中各个数据的分布情况，用户也可以创建一个完整的蝴蝶结图，展示聚合值是如何划分成两个不同的子类别的。其具体创建步骤如下。

❶ 从【应用商店】中加载【Bowtie Chart by MAQ Software】插件，【Bowtie Chart by MAQ Software】图标就会出现在右侧【可视化】列表中，如下图所示。

❷ 单击【Bowtie Chart by MAQ Software】图标，在展开的面板中的下拉列表中依次选择【产品类别】、【金额】和【门店编号】选项，即可将其添加至【字段】列表中，并且在做图区会显示如下图所示的图表。

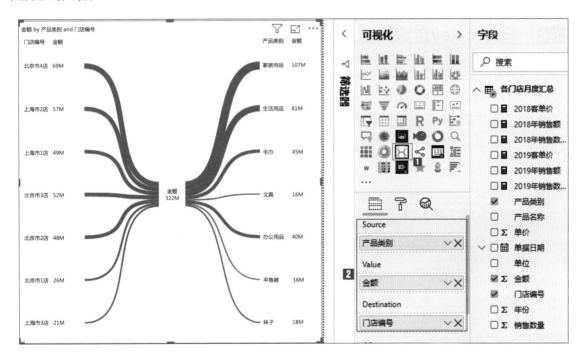

> **Tips**　在图表中可以清晰地看到近两年总销售额在门店维度和类别维度是如何组成的。同时在左侧"门店编号"维度上能够清晰地看出"北京4店"在所有门店中销售最好，"上海3店"销售最差；在"产品类别"维度能够看出"家居用品"销售额最高，"袜子"销售最差。当选中某一个线条时，如"北京4店"，则可查看该店各"产品类别"的销售情况。同理，可查看某一"产品类别"各门店的销售情况。

❸ 添加边框并将颜色改为浅蓝色，即可完成创建 Bowtie Chart by MAQ Software 可视化图表对象的操作，效果如下图所示。

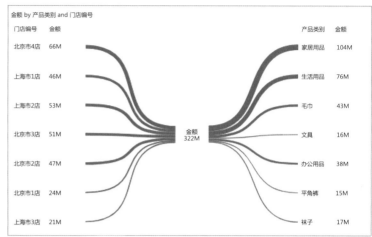

8.5.4 Facet Key自定义可视化对象

Facet Key 图可以理解为关键部分图，按分组显示各类关键项目的度量值，默认显示前5个字段数据，并且在图表中能够清晰地看到排名前几的字段的明细数据。其具体创建步骤如下。

❶ 从【应用商店】中加载【Facet Key】插件，单击添加的【Facet Key】图标，依次选中【产品类别】、【产品名称】和【金额】字段，则会创建如下图所示的可视化对象。

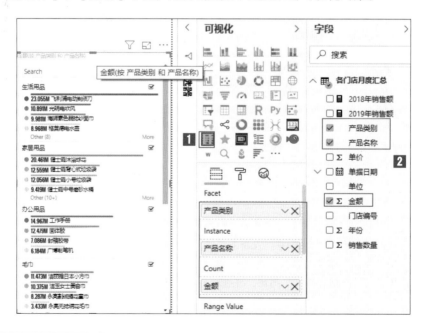

> **Tips** 从图表中可方便地看到"生活用品"销售额最高，该分类下销售最好的产品是"飞利浦电动剃须刀"。销售额次之的是"家居用品"和"办公用品"，具体的产品在此分类下也按照降序排列。同时单击【Other】可查看更多的产品销售信息。

❷ 添加边框并将颜色改为浅蓝色，调整【Facet Count】中的【Initial】值为"5"（显示前5项，默认为4），【Increment】值为50。至此，完成创建Facet Key自定义可视化对象的操作，效果如下图所示。

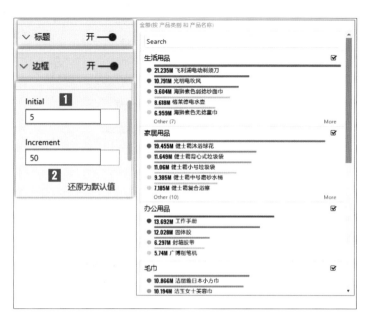

在Facet Key图表最上方的【搜索框】中可以将需要了解的字段输入查看具体的数值。本案例中因为Instance字段是产品名称，则Search界面中能够识别的结果是产品的名称或者产品名称中某一个关键词。

8.5.5　切片器自定义可视化对象

切片器是从Office 2010版本开始引入的功能，使用切片器能够快速、直观地筛选大量信息，并增强了对数据透视表和数据透视图的可视化分析。在Power BI仪表盘制作中要对多个维度数据进行动态交互，实现数据内容的分析和探索，切片器是不可或缺的一部分。其具体创建步骤如下。

❶ 从【可视化】列表中找到带漏斗的图标并单击，创建【切片器】对象。选中【切片器】对象，选中【单据日期】字段，将创建一个滑块状的【单据日期】筛选可视化对象，如下图所示。

❷ 在【可视化】列表中切换到【格式】选项卡，可对【日期输入】下的字体颜色、文本大小和字体系列等进行设置，如下图所示。

❸ 再次创建【切片器】对象，选中【门店编号】字段，创建以门店为主的筛选器，如下图所示。

❹ 在【可视化】的【格式】界面中对【选择控件】选项进行如下设置：【单项选择】为"关"，【使用CTRL选择多项】为"开"，【显示"全选"选项】为"关"。对【常规】进行如下设置：【轮廓线粗细】为"1"，【方向】由"垂直"改为"水平"，添加边框并将轮廓线颜色由灰色改为浅蓝色，如下图所示。

❺ 筛选器对象则变横向排列的筛选块，如下图所示。

综合以上自定义可视化图像，可以组装成一个简单的监控页面。将鼠标指针放在各可视化对象的边缘，拖动改变大小，将各个可视化对象整齐地摆放到做图区域中，效果如下图所示。

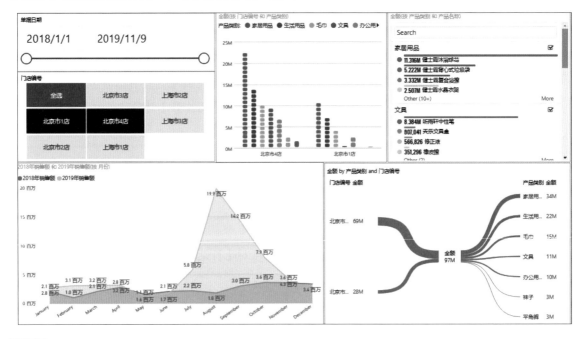

如下图所示，在此界面下可以按照"单据日期"或"门店编号"等查看销售的情况，同时可以在可视化对象上针对某一个系列或者类别查看其他角度的数据变化，如选中【Bowtie Chart】对象中的【家居用品】单选按钮，可以查看该类商品近两年的销售趋势和该分类下排名前5位的销售明细产品。

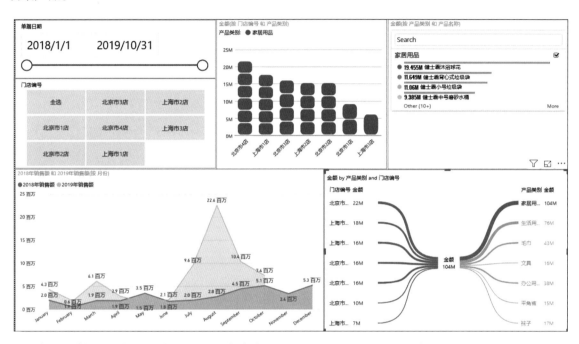

当一个做图区域不能满足数据观察角度的需要时，则需要重新创建一个页面放置更多的可视化图表。在这里，建议右击页面名称，在弹出的快捷菜单中选择【复制页】命令（见下图），这样会重复使用创建好的【切片器】，而不用重新创建。

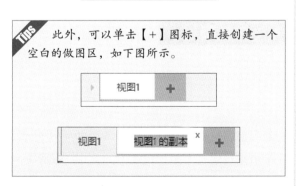

如果要删除多余的可视化对象，可以选中

可视化图表，按【Delete】键，或者在可视化图表右上角单击【…】按钮，在弹出的下拉列表中选择【删除】选项，如下图所示。

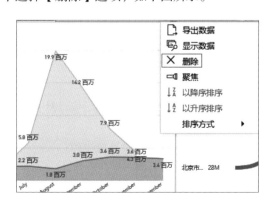

8.5.6 自定义可视化对象卡片图

卡片图也被称为大数字磁贴，一般用于汇报重要的指标，如销售额、销售数量、单价等重点关注的数据指标。其具体创作步骤如下。

❶ 从【卡片图】列表中找到卡片图可视化对象并创建，选中【2018年销售额】度量值，对创建的卡片图的边框、大小和位置进行调整，如下图所示。

❷ 创建更多的卡片图。复制【2018年销售额】可视化对象并粘贴，更改度量值的内容即可创建【2019年销售额】的可视化对象，如下图所示。

❸ 拖动调整新的可视化对象，如右图所示。

Tips 为了指明此页面的内容，需要额外为页面做一些区分，如添加一个页面名称，通过【主页】→【文本框】选项（见下图）即可创建。

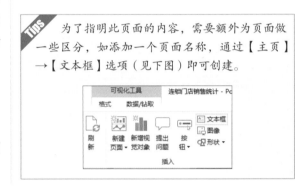

❹ 选择【主页】→【文本框】选项，创建文本框，并对文本框中的内容进行美化设置，修改文字的大小、字体、倾斜、居中等样式，效果如下图所示。

8.5.7 自定义可视化对象树状图

树状图将分层数据显示为一组嵌套矩形。层次结构中的每个级别都由一个有色矩形（分支）表示，其中包含更小的矩形（叶）。Power BI 根据度量值来确定每个矩形内的空间大小。矩形按大小，从左上方（最大）到右下方（最小）排列。通过比较每个叶节点的大小和底纹，可以实现跨其他类别比较销量：矩形越大，颜色越深，值就越大。其具体创建步骤如下。

❶ 在【可视化】窗格中单击【树状图】图标，在【字段】列表中选择【产品类别】和【金额】复选框，此时一个产品类别的树状图就呈现了出来，如下图所示。

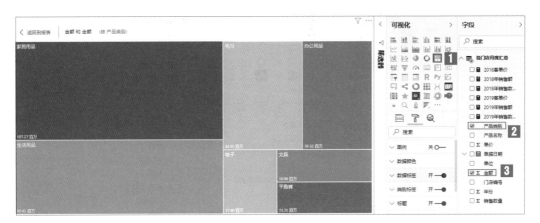

❷ 选中【门店编号】复选框，则会显示某一分类下各个门店的销售情况，如下图所示。

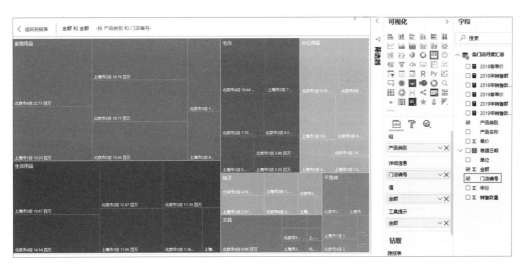

从上述树形图中可直观地看到"家居用品"销售额最高，"家居用品"下"北京市4店"销售额最高。树形图能直观显示各个层级下的销售情况。

8.5.8　定义可视化对象环形图

环形图是Power BI中默认的图表对象，是中空的饼图。饼图借用了饼干的隐喻，用圆形切角的方式呈现各分量在整体中的比例。而环形图是圆饼图的一种变形，在视觉上由于去掉中心的部分，使得环形图较圆饼图更"轻"，但依然能够很好地诠释数据间的占比关系。所以在整页的Dashboard设计中，使用环形图能够避免造成局部视觉上过"重"的问题。其具体创建步骤如下。

❶ 在【可视化】窗格中选择【环形图】选项，在【字段】列表中选中【产品类别】和【金额】复选框，此时一个产品类别的环形图就创建完成了，如下图所示。

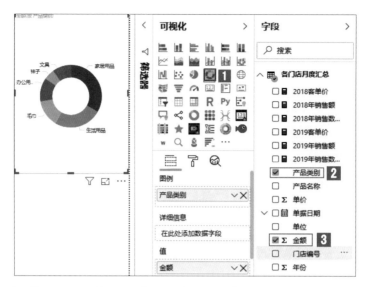

❷ 选择【环形图】可视化对象，在【格式】中选择【详细信息】选项，在展开的列表中选择【类别，总百分比】，设置【标签位置】为"外部"，【形状】下的【内半径】为"28"，【标题文本】为"开"。

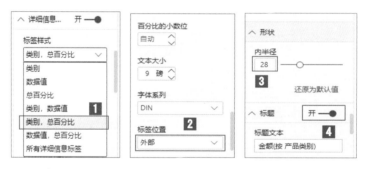

❸ 环形图的可视化效果如下页图所示。

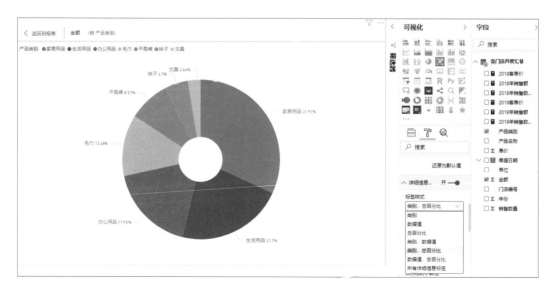

8.5.9　定义可视化对象词云图

词云图，也叫文字云。"词云"一般用于对文本中出现频率较高的关键词或者关键词词频予以视觉上的突出，形成"关键词云层"或"关键词渲染"，弱化大量的非重要文本信息，使观者只要一眼扫过文本就可以领略重点信息。创建前，需要在【应用商店】中加载【WordCloud】插件。

❶ 在【可视化】窗格选择【词云图】选项，在【字段】列表中选中【产品名称】复选框，完成词云图的创建，如下图所示。

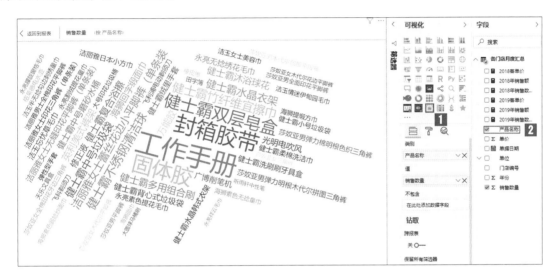

> **Tips**　其中【类别】中存放文本或者关键词，【值】中存放的是词频数据。在词云图中可直观地看到产品名称为【工作手册】的商品销售额最高。词云图能够直观地展现数据结果。

❷ 显示词云图的数值。当鼠标指针选中某个商品名称时可以查看该词条下的销售额，同时可以在【可视化】窗格中设置词云图的文本旋转角度、最少的词频数目及单个词条的颜色等。

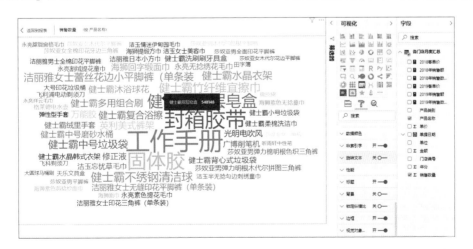

8.5.10 定义可视化对象 Waffle Chart

Waffle Chart（华夫饼图，又称为直角饼图）可以直观地呈现完成业绩等的百分比情况：其每个阵列共有 100 个格子，每一个格子代表1%。相比传统的饼图，华夫饼图表达的百分比占比更直观和准确。创建前，需要在【应用商店】中加载【Waffle Chart】插件。

❶ 在【可视化】窗格中选择【Waffle Chart】选项，在【字段】列表中选择【产品类别】和【金额】字段，则会生成如下图所示的华夫饼图。该图中以【家居用品】销售额最大值为标准，显示其他产品占比的情况。

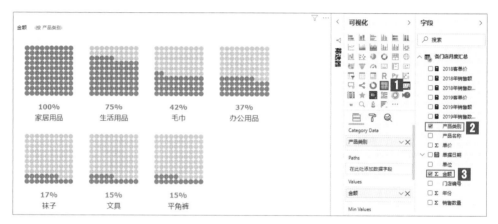

❷ 在【Category Data】中继续添加门店编号则会生成"产品类别+门店名称"的统计结果，如下图所示。因为这样显示的结果较多较杂乱，所以不建议此操作。此外，可以在【可视化】窗格中的【格式】中对可视化对象进行添加边框、调整填充颜色和标题文本等操作。

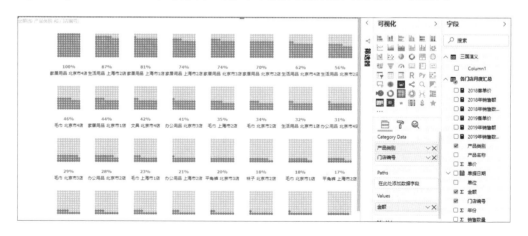

> **Tips** 选择文本字段"产品类别"将会自动添加到【Category Data】列表中，而"金额"会自动添加到【Values】列表中。

至此，完成了某连锁超市销售情况分析可视化对象的制作。调整其中各个可视化对象的大小和位置，默认切片器对象的位置为左上角。

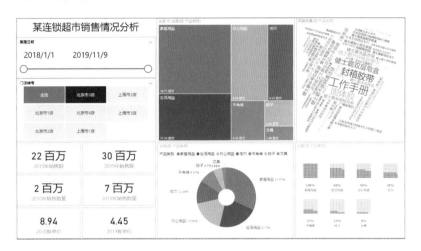

8.5.11 定义可视化对象表格

表格对象类似于在可视化对象中插入一个Excel的表格区域，主要用来提供明细数据，还经常用来测试度量值的返回结果。在操作方面，刚开始接触Power BI的用户都可以轻松使用它。其具体创建步骤如下。

❶ 在【可视化】窗格中选择【表】选项，在【字段】中选中【产品名称】、【2018年销售额】、【2019年销售额】、【2018年单价】和【2019年单价】复选框字段。下图所示即为生成的一个表格可视化对象。

产品名称	2018年销售额	2019年销售额	2018年客单价	2019年客单价
封箱胶带	2,415,351	4,111,906	1.64	2.37
工作手册	5,639,075	9,157,608	9.02	2.36
固体胶	6,623,719	5,449,323	28.81	1.85
广博削笔机	2,379,527	3,741,794	3.80	3.35
健士霸背心式垃圾袋	4,276,364	7,730,498	9.51	9.46
健士霸不锈钢清洁球	2,346,979	4,222,738	6.08	3.77
健士霸多用组合刷	860,862	2,373,624	2.08	2.46
健士霸复合浴擦	3,048,462	4,507,295	6.21	6.74
健士霸沐浴球花	4,764,671	15,696,071	13.87	19.61
健士霸绒里手套	1,629,024	1,941,897	5.11	3.39
健士霸柔棉洗洁巾	2,334,889	4,258,172	7.44	7.79
健士霸双层皂盒	888,922	3,495,962	8.62	1.71
健士霸水晶韩式衣架	626,361	974,605	2.16	1.77
健士霸水晶衣架	2,361,794	4,206,009	8.17	7.68
健士霸洗刷刷牙具盒	701,581	891,066	1.88	2.08
总计	55,640,295	107,226,270	6.73	4.48

❷ 在【格式】选项卡中针对表格中某一列值添加条件格式，不同的列可以添加不同的条件格式。同时，可以设置列的字体颜色、背景色等。下图中"2018年销售额"数据条格式为绿色，"2019年销售额"数据条格式为黄色。

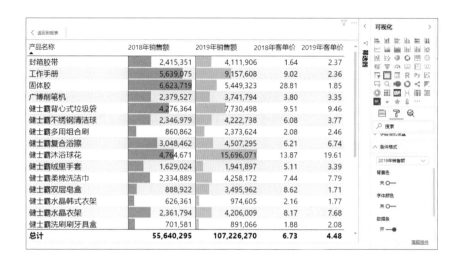

 常见的可视化对象已经创建完成，接下来创建时间维度上的可视化图表，即带时间播放轴的。

8.5.12　定义可视化对象散点图

散点图用两组数据构成多个坐标点，以便考察坐标点的分布，判断两变量之间是否存在某种关联或总结坐标点的分布模式。散点图将序列显示为一组点，值由点在图表中的位置表示，类别由图表中的不同标记表示。散点图通常用于比较跨类别的聚合数据，在Power BI中是默认已加载的可视化对象。与Excel中的散点图相比，在Power BI中则针对散点图进行了强化，增加了一个时间维度（即播放轴），可以查看二维数据随着时间改变而变化的情况。其具体创建步骤如下。

❶ 从【可视化】窗格中选择【散点图】选项，依次将【字段】中的字段拖到相应的【格式】选项卡中，如下图所示。

Tips　将【日期层次结构】拖到播放轴值区域，此时需要删除【月份】外的其他字段。如果要查看按年的变动则保留【年】字段，结合切片器可以查看某一月下每天的变动情况。

❷ 当单击左下角的播放图标，则散点图中的数据点会随着月份的变化而发生位置变化，如下图所示。

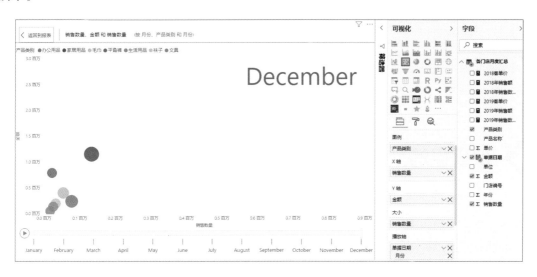

8.5.13　定义可视化对象Text Filter

本案例要求查看单个产品的表现情况，但通过切片器或者其他分类筛选并不能很方便、灵活地满足交互的要求。Power BI 用商店中提供了一个Text Filter可视化对象，可以将需要检索的内容放到值区域，在可视化对象中呈现一个搜索框的状态，输入想要查看的关键词就可以查看相关的数据。该功能与Facet Key顶部搜索框功能类似，但界面更简洁。

❶ 从应用商店加载Text Filter插件，选择【Text Filter】选项，选择【产品名称】字段，即可创建一个可视化对象，如下图所示。

❷ Text Filter和表格对象的交互。在搜索框中输入"水"，则产品名称中包含"水"的商品就被检索出来了，如下图所示。

产品类别	产品名称	2018年销售额	2019年销售额
家居用品	健士霸中号磨砂水桶	3,244,621	6,140,060
家居用品	健士霸水晶衣架	2,361,794	4,206,009
家居用品	健士霸水晶韩式衣架	626,361	974,605
生活用品	格莱德电水壶	2,494,009	6,465,950
总计		8,726,785	17,786,624

产品名称

水

> **Tips** 【Text Filter】选项的Field区域只能接受一个数据列，如果需要其他列的数据，则要再次创建一个可视化对象。它常用于利用传统切片器难以表现的情况。

8.6 仪表盘的交互

自助仪表盘通过交互式设计，能够满足数据分析人员与仪表盘之间的交互需求，灵活地对业务人员的分析操作做出响应。因为数据之间在后台已经创立逻辑关系，所以通过将某个组件设置作为筛选器的方式，实现单击该组件资源来动态筛选其他组件资源的数据结果。

8.6.1 单个视图页面的交互

如下图所示为第8.5节最后介绍的几个可视化对象组成的视图页面，包含了动态的散点图、产品类别筛选、门店编号筛选、业绩表及产品名称搜索框可视化对象。

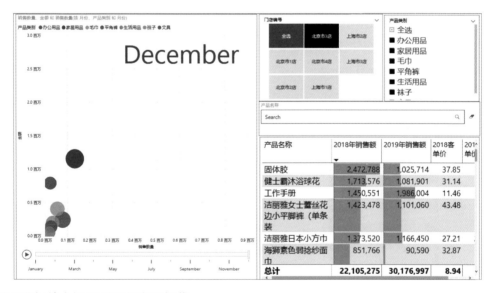

下面进行单个视图页面的交互操作。

❶ 选中【门店编号】中一个或多个门店时，其他可视化对象中会出现仅有选定门店的数据。

❷ 选中【产品类别】中的一个或者多个类别时，只会显示选定类别的数据。

❸ 当在【Text Filter】搜索框中输入"水"时，呈现效果如下图所示。此时可以在其他筛选器进行二次筛选，如查看【北京市1店】的数据情况。

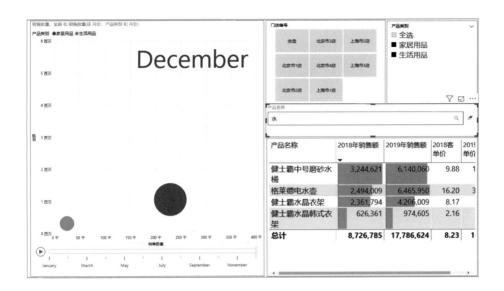

8.6.2　Power BI的智能交互模块"问与答"功能

Power BI 中的"问与答"是什么?"问与答"功能类似于苹果手机中强大的Siri助手,可以使用自然语言提问,基于数据会返回特定对象的结果,如2019年销售额是多少,2018年销售数量以饼图呈现门店销售情况等。

"问与答"功能作为Power BI 智能可视化对象的一部分,可以像创建其他可视化对象一样被创建。如果在【可视化】窗格中没有找到"问与答"功能,可以在【文件】选项卡中选择【选项和设置】→【选项】→【当前文件】→【数据加载】选项,找到【问答】选项并启用,如下图所示。

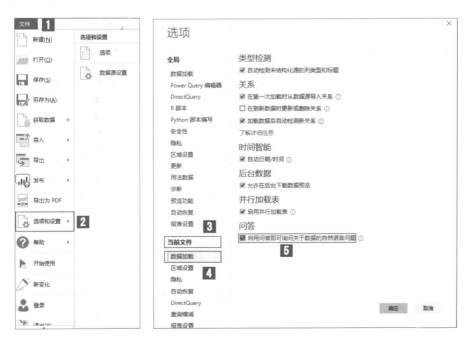

"问与答"功能已经支持中文，但基本语法仍然是英文形式的。其常见语法如下表8.1所示。

表8.1 "问与答"的语法说明

语法名称	用　　途	用　　法
show	展示数据表和数据列（或度量值）	show 2018 年销售额
show as	以什么图表或形式返回数据	show 2018 年销售额 as card
by as	度量值通过某个字段以什么图表展示	2018 年销售额 by 产品类别 as line chart
sort by	将度量值以某个字段分类	sort 2018 年销售额 by 产品类别

当"问与答"返回结果为度量值时呈现的是一个卡片图，或者多个卡片图，如下图所示。

【问与答】界面返回结果和前面创建的度量值结果是一样的。下面进行具体演示。

❶ 在【可视化】窗格中选择【问答】选项，如下图所示。可以看到，在【问与答】界面中已贴心地将常用的问答方法进行了显著标识。

❷ 在【问答】对象中输入"top 10 (2018年销售额)by 产品名称"。在输入过程中下拉列表中会进行语法的提示并在视图显示区中显示出关键的信息，如下图所示以卡片图的形式显示了2018年销售的数值。

❸ 当完全输入后，默认以条形图的形式展现结果，如下图所示。在【问与答】界面可以继续添加条件以实现更准确的结果，如将以上结果以产品类别进行分组显示，只需追加一个条件"产品类别"即可。输入格式为"top 10 (2018年销售额) by 产品名称 by 产品类别"。

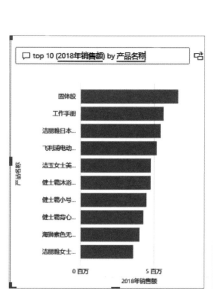

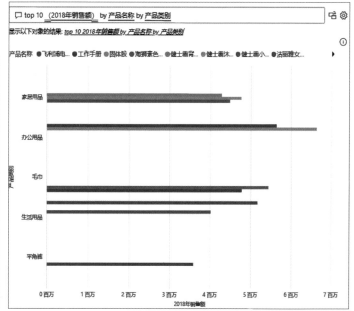

❹ 单击可视化对象右上角的【转换】按钮，按照提示"将此问答结果转变为标准视觉对象"，则会创建一个条形图对象，如下图所示。

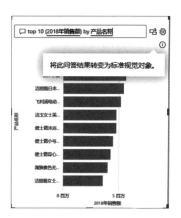

8.6.3　Power BI的"问与答"语法实操

本节介绍Power BI的"问与答"语法相关内容。

（1）show 语句，用来确定度量值以什么样的方式被分类，如下图所示。show 语句的语法格式为：

<度量值> show <字段>

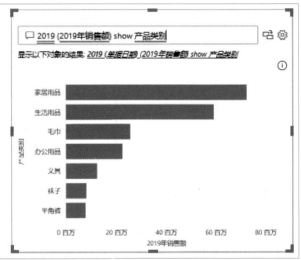

（2）show as 语句，用来确定度量值以什么样形式被分类及用什么样的可视化对象呈现，如下图所示，默认为条形图。show as 语句的语法格式为：

<度量值> show <字段> as <可视化对象名称>

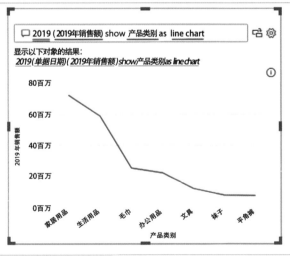

（3）top by语句，用来展示度量值排行前多少的数据，以表的形式呈现，如下图所示。top by

语法格式为：

top <数字> <度量值> by <字段>（数字为要显示的从大到小的数值数量）

（4）ascending by语句，用来控制将度量值按照什么字段进行升序排列，如下图所示。ascending by 语句的语法格式为：

<度量值> ascending by <字段>（ascending by表示以某一列升序排序；descending表示以降序排列）

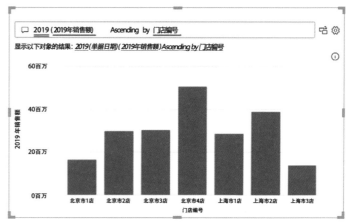

8.7　仪表盘的在线共享

使用 Power BI Desktop可以将可视化仪表盘发布到Power BI。发布成功后可以在移动设备上查看和修改可视化报表，可以在博客等社交媒体、电子邮件或其他网页中轻松地将交互式 Power BI可视化报表进行分享。

8.7.1 发布到Power BI服务器

将仪表盘图表发布到Power BI的方法比较简单，具体操作步骤如下。

❶ 在【主页】选项卡下单击【发布】按钮，如下图所示。

❷ 在弹出的对话框中，选择一个目标，如"我的工作区"，单击【选择】按钮，如下图所示。

❸ 弹出等待上传进展对话框，如下图所示。

❹ 上传成功后弹出的界面如下图所示。

❺ 单击【在Power BI中打开"连锁门店销售统计.pbix"】链接，进入Power BI网页端。

8.7.2　将可视化报表发布到Web

需要特别注意的是，使用"发布到 Web"功能发布后，Internet上的所有人都可以查看你发布的报表或视觉对象，这无须身份验证，并且还可以查看报表聚合的详细数据。发布报表前，请确保可以公开共享数据和可视化效果，请勿发布机密或专有信息。

Power BI 网页端后台界面如下图所示。

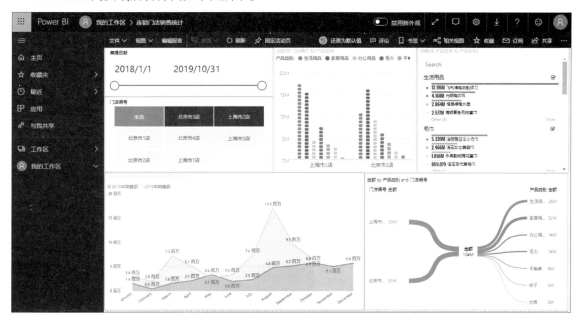

下面介绍如何将可视化报表发布到 Web 中。

❶ 打开可视化报表，然后选择【文件】→【发布到 Web】选项，如下图所示。

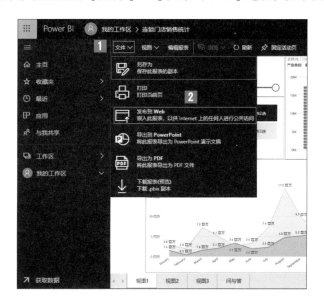

❷ 查看所弹出的对话框中的内容，然后单击【创建嵌入代码】按钮，如下图所示。

❸ 查看如下图所示的警告，并确认数据是否准备好要嵌入公共网站。如果已准备好，单击【发布】按钮，如下图所示。

❹ 在弹出的如下左图所示的对话框中会显示一条链接，可以将此链接发送到电子邮件，将其嵌入 iframe 等代码中，或直接粘贴到网页或博客。如果之前为报表创建了嵌入代码并选择【发布到 Web】命令，则不会显示步骤❷~步骤❹中的对话框。相反，将显示【嵌入代码】对话框，如下右图所示。

第9章

四大图表自动生成工具，
提升效率100%

9.1 百度图说

推荐指数：☆☆☆

百度图说是一款由百度Echarts团队推出的在线制作数据图表的工具，极易上手、操作简单、外观精美、完全免费，简单几步就能做出满足的图表。其首界面如下图所示。

 需要使用百度账号登录【百度图说】才能开始制作图表。

登录后单击网页中的【创建图表】按钮，如下图所示，即可开始创建图表。

进入【创建图表】界面，可以在左侧看到折线图、柱状图、饼图等9种图表类型，在右侧会显示图表预览效果（见下图），百度图说提供了20余种图表效果供用户选择。选择需要创建的图表类型效果，即可开始创建图表。

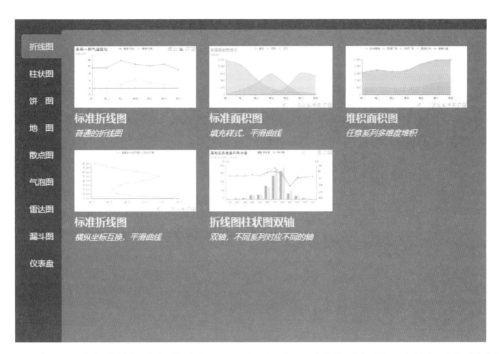

选择图表后，单击【数据编辑】按钮，网页左侧会显示数据编辑栏，在数据编辑栏中便可以对图表的数据进行编辑。

在【数据编辑】界面中，每编辑一个数据时，右侧的图表就会自动发生变化（见下图）。也可直接复制Excel工作表中的数据，将其粘贴至目标位置，实现数据的输入。在【数据编辑】窗口的右上角单击【导入Excel】按钮，可以直接导入Excel文件。

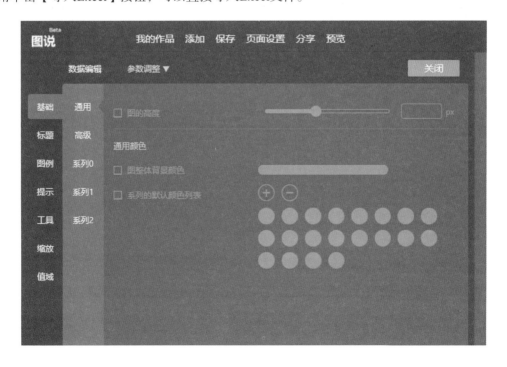

单击【参数调整】按钮，可以对图表的主标题、副标题、颜色、高度等进行调整。

>
>
> 创建的图表可以直接保存到该网站中，下次可以直接使用或编辑。

如果要分享图表，可先选择要分享的图表，进入后，在图表的上方有"分享"功能。单击【私密分享】图标，会自动生成链接；单击【复制】图标，发送给对方，对方直接单击链接，输入4位数分享码就可以查看你制作好的图表。单击图表右上方的【保存为图片】图标，即可将该图表保存为.png格式的图片。

下面通过一个案例介绍使用百度图说制作堆积面积图图表的方法。

案例名称	网站访问来源统计堆积面积图	
素材文件	素材 \ch09\9.1.xlsx	
结果文件	结果 \ch09\ 百度图说堆积面积图 .png	

 统 计 **范例9-1 网站访问来源统计堆积面积图**

❶ 登录百度图说首页，单击【开始制作图表】按钮，进入【创建图表】界面。

❷ 单击【创建图表】按钮，选择【折线图】选项卡中的【堆积面积图】，如下图所示。

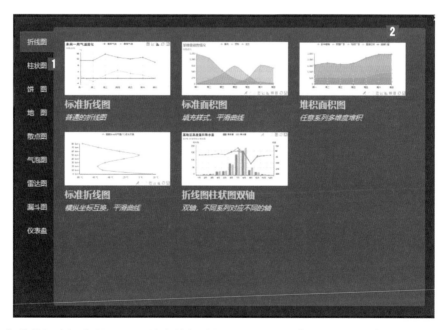

❸ 单击【数据编辑】按钮，再单击数据编辑器右上角的【+导入Excel】按钮导入素材9.1.xlsx（见下图），或直接使用复制粘贴功能将素材内的表格粘贴到编辑器中。

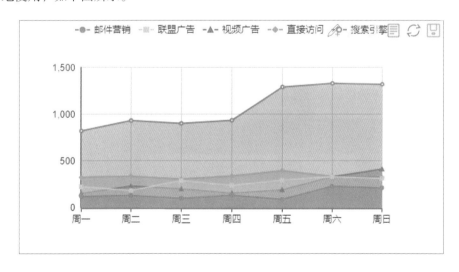

❹ 在【参数调整】界面中根据个人喜好或者汇报模板调整图表的一些参数，如颜色、表头等，得到图表。

❺ 单击图表右上方的【保存为图片】图标，单击【立即保存】按钮，即可将.png格式的图片下载到本地使用，如下图所示。

9.2　图表秀

推荐指数：☆☆☆

图表秀是东软数据可视化团队开发的一款用于在线图表制作的工具。其操作简单易懂，网站内包含多种图表，支持自由编辑和Excel、CSV等表格的一键导入，同时可以实现多个图表之间的联动，使数据更加生动直观。其首界面如下图所示。

进入主页，单击【立即体验】按钮，需注
册或使用第三方账号登录后，才能使用。登录
后，在如下图所示的界面中可以选择【我的模
板】→【新建图表】选项，如下图所示。

进入【新建图表】界面后，选择喜欢的图表样式，如"传统饼图"，效果如下图所示。

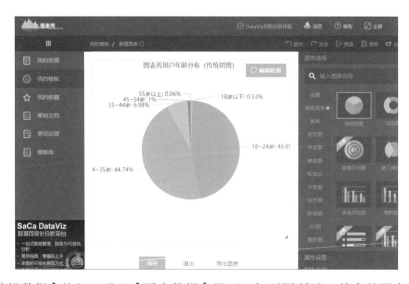

单击【编辑数据】按钮，进入【图表数据】界面，如下图所示。其中的图表数据可以通过
Excel直接导入，也可以手动输入数据。

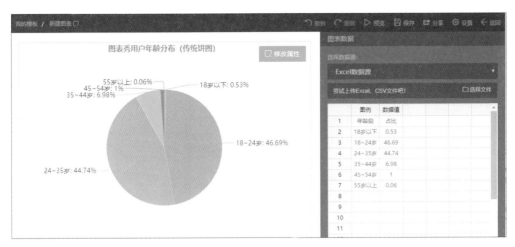

在【图表属性】界面中可以对图表格式进行更改。编辑完成后，保存图表（见下图），在【我的资源】中便可以进行播放、分享和编辑等操作了。

图表秀支持多种格式图表的快速导出，如下图所示。

下面以素材9.1.xlsx为例展示操作流程。

案例名称	使用图表秀制作堆积面积图
素材文件	素材 \ch09\9.1.xlsx
结果文件	结果 \ch09\ 图表秀导出效果 .png

统计　范例9-2　使用图表秀制作堆积面积图

❶ 登录图表秀，进入新建图表界面。

❷ 选择【面积图】选项卡中的【堆积面积图】，如下图所示。

❸ 单击【编辑数据】按钮，再单击数据编辑器的【选择文件】按钮导入"素材9.1.xlsx"如下图所示，或直接使用复制粘贴功能将素材内的表格粘贴到编辑器中。

❹ 在单击【修改属性】按钮打开的界面中，根据个人喜好或者汇报模板调整图表的一些参数，如上下边距、图例等，得到图表。

❺ 单击图表下方的【导出图表】按钮，选择【PNG图片】单选按钮，即可将图片下载到本地使用，如下图所示。

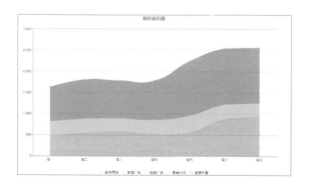

9.3 BDP

推荐指数：☆☆☆☆☆

BDP个人版是一款免费使用、免安装下载的数据可视化分析工具，只需通过简单地拖曳字段，就能呈现出各种精美的可视化图表，数据"小白"也能很快上手。BDP个人版包括数据接入、数据处理、可视化分析、数据报表等功能，形成一个数据闭环，便于集中管理数据。其界面首页如下图所示。

进入BDP个人版的网站，进行简单的注册、登录操作后，就可以在线使用BDP了。使用手机注册和邮箱注册都可以。在BDP中，可以上传本地Excel或CSV数据，也可以从主流数据库来接入数据，还可以对接一些第三方平台的数据，如百度统计、百度推广、百度指数、微信公众号等。其【添加数据源】的界面如下图所示。

BDP提供的公共数据源中包含多方面的数据，能够直接导入自己的数据库中使用，可以用来练手。例如，导入"天气数据"，如下图所示。

进入【新建图表】界面，如右图所示。

创建合表是工作表的重头戏，包含多表关联、数据聚合、追加合并、SQL合表和二维转一维等5种数据处理方式，这些操作在BDP中仅靠拖曳就能实现，比Excel好用很多。简单快捷的更新操作可大大减少重复的工作量，工作效率也能得到大幅提升。

将数据处理完成后，可以通过30多种可视化图表直观展示分析结果。

如下图所示，在【编辑图表】界面中将数据依次拖到【维度】栏（X轴）和【数值】栏（Y轴），再根据需求进行可视化分析。在BDP中不需要编写函数公式，在【数值】栏中可以选择求和、计数、平均值等常见计算方式，也可以选择同环比、留存率、重复率等高级计算方式。根据数据的适用情况选择想要的可视化图表，BDP中提供了普通图表和经纬度地图。

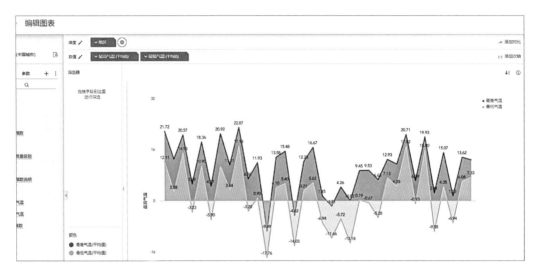

普通图表除了常见的柱图、条形图、折线图，还有一些稍高级的图表，如瀑布图、词云图、漏斗图、行政地图、树图、桑基图等。在BDP中，数据制作成图表后，会统一地展示在仪表盘中，如下图所示。

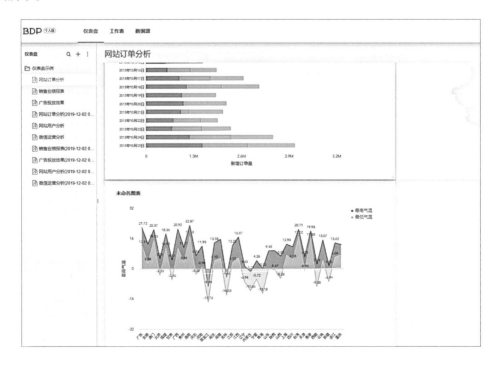

仪表盘能较快速地生成一张好看的报表，高级仪表盘中还能插入文本、图片、视频等多元素，使整个报表更丰富。

（1）仪表盘设计：制作好的图表都在仪表盘中，可以设计仪表盘，让制作出来的图表更美观。直接拖曳图表位置，将图表拖到想要放的位置，直至达到想要的效果。

（2）图表设置：包括导出图片、移动图表、联动设置等，如下图所示。

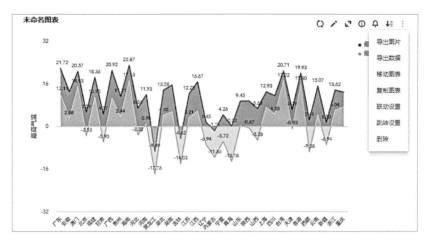

（3）仪表盘导出：可以将制作好的数据报表导出来，支持PNG和PDF格式，将其保存成图片后可以作为汇报的素材。

下面以素材9.1.xlsx为例展示操作流程。

案例名称	使用 BPD 制作仪表盘图表	
素材文件	素材 \ch09\9.1.xlsx	
结果文件	结果 \ch09\BDP 导出效果 .png	

 统　计　范例9-3　使用BPD制作仪表盘图表

❶ 登录BDP个人版，选择顶部【工作表】选项卡，单击【上传数据】按钮，上传素材9.1.xlsx表格，如下图所示。

❷ 选择【仪表盘】选项卡，单击【+】按钮，选择【创建仪表盘】选项，创建一个仪表盘备用，设置完成，单击【确定】按钮，如下图所示。

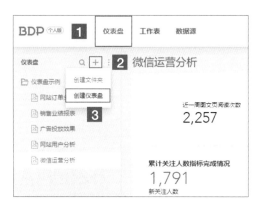

进入【编辑图表】界面。设置【维度】为周一到周日所在的字段，即"_c0"字段，【数值】设置为数据表中各种网站访问方式字段（邮件营销、直接访问、视频广告、联盟广告和搜索引擎）。并根据需要更改图表样式、颜色等，如下图所示。

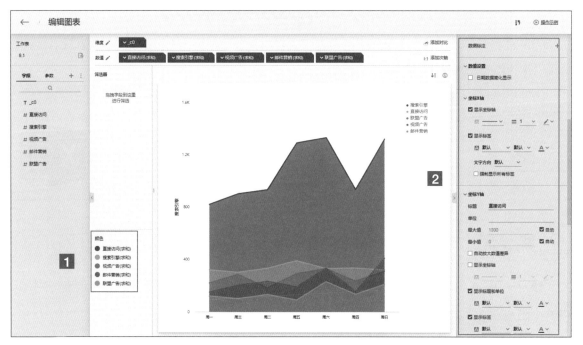

单击编辑图表左侧【→】按钮，返回仪表盘，即可在仪表盘中看到制作好的图表。单击右上角的 按钮，选择【导出仪表盘】选项，如下图所示。

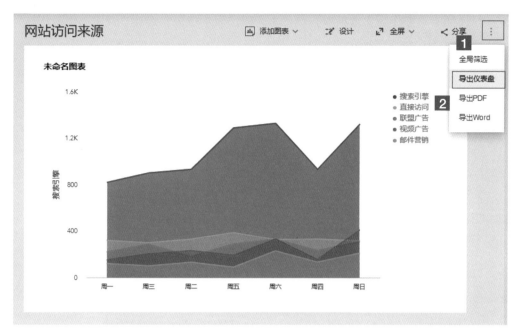

打开【导出仪表盘】对话框，选择需要的尺寸，即可导出PNG图片，如下图所示，

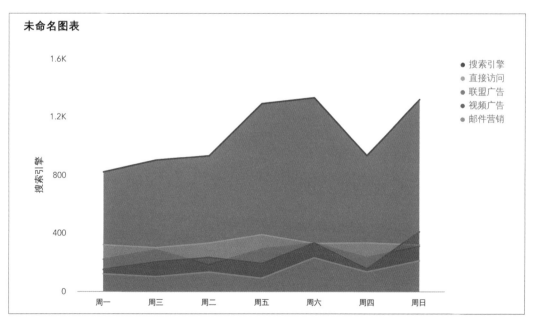

❸ 选择顶部的【工作表】选项卡，单击【新建图表】按钮，选择"普通图表"，选择仪表盘为刚才创建的仪表盘，如下图所示。

❹ 在仪表盘中单击图表右上角的【导出图片】按钮，选择需要的尺寸，即可导出PNG图片，如下图所示。

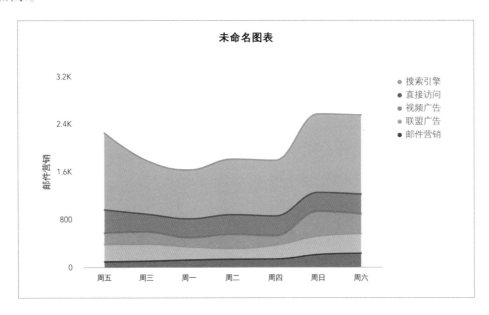

9.4 图表魔方ChartCube

推荐指数：☆☆☆☆☆

图表魔方ChartCube 是由蚂蚁金服数据可视化团队AntV开发的在线图表制作工具。利用 ChartCube 制作图表，过程非常简单。只需选择图表、配置图表、导出图表3步，就可以轻松制作动态图表。

无须注册登录即可进入网站首页，单击【立即制作图表】按钮，如下图所示。

进入【选择图表】界面，选出合适的图表类型，如下图所示。

ChartCube 提供了多种选择图表类型的方法，无论是从图表分类出发、从分析目的出发还是从数据类型出发，都能快速找到适合分析场景的图表类型。如果你已经有心仪的图表类型，也可以通过搜索框直接查找。

这里选的是一款雷达图，进入【配置图表】界面，如下图所示。

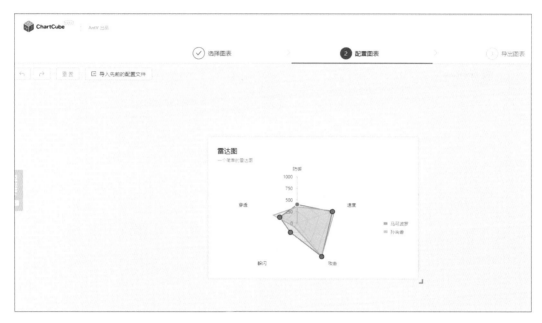

【配置图表】界面中包含【图表】、【数据】和【配置】3个面板，便于设置图表。无论想做什么修改，都可以快速找到方法。如果不想在数据表格中"翻箱倒柜"，还可以直接拖曳图形元素，即可看到图表会随拖曳的图形元素发生改变，如下图所示。

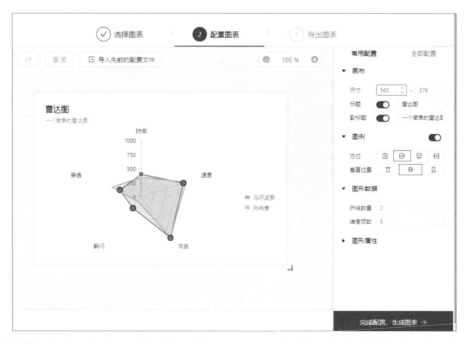

图表制作完成后，自然是要拿出去用了。ChartCube提供了各种导出格式，满足你通过图表来进行操作的需求。图表制作完成后只需预览、导出，如果想要保存操作，可以导出右下角的.chartshaper 配置文件（见下图），下次再将它导入 ChartCube中。

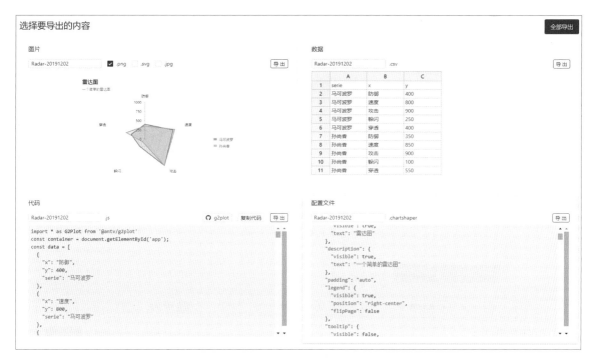

下面以素材9.1.xlsx为例展示操作流程。

案例名称	使用图表魔方 ChartCube 制作堆积面积图	
素材文件	素材 \ch09\9.1.xlsx	
结果文件	结果 \ch09\ChartCube 导出效果 .png	

 **统 计**　**范例9-4　使用图表魔方ChartCube制作堆积面积图**

❶ 打开ChartCube网站，选择面积图类中的堆叠面积图。

❷ 在【配置图表】界面中，选择下方的数据区域，为了与之前几个图表保持格式一致，需要多做一个操作——转置数据。在Excel中复制素材9.1.xlsx数据表中的表格，粘贴时执行【选择性粘贴】命令，转置得到下方表格（见右图），再将下方表格复制粘贴到ChartCube的数据窗口中。

❸ 在右侧的【常用配置】窗格中设置画布尺寸、图例、图形数据等参数，如下图所示。

❹ 单击上图中的【完成配置，生成图表】按钮，即可看到导出的3项内容，如下图所示。

❺ 单击【图片】栏右侧的【导出】按钮，即可下载PNG格式的图表，如下图所示。

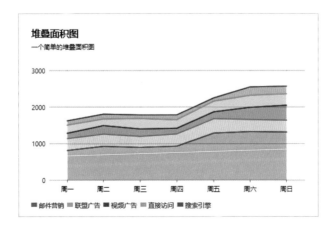

第10章

九步法构建数据可视化
分析系统

数据可视化分析在工作中的重要性不言而喻。所谓一图胜千言，图表可视化系统不仅可以清晰、直观地向阅读者传递复杂的数据信息，还可以为阅读者带来视觉上的感官刺激，这种刺激有助于加深阅读者对图表信息的记忆，起到过目不忘的目的。

现在大多数可视化分析系统是属于私人定制的，也越来越成为一种趋势，下面，我们通过一个制作业销售与利润分析案例来介绍如何通过九步法构建数据可视化分析系统。

九步法构建数据可视化分析系统的思维导图如下图所示。

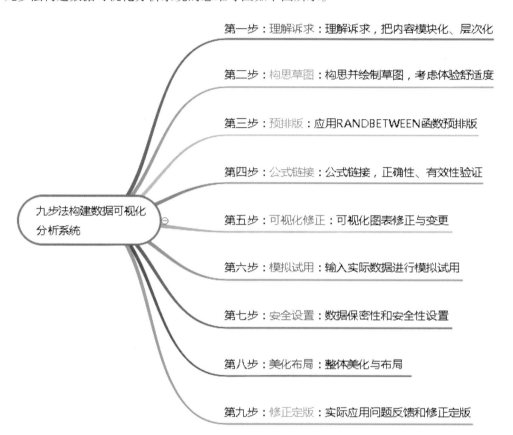

案例名称	九步法构建数据可视化分析系统	
素材文件	素材 \ch10\10.1.xlsx	
结果文件	结果 \ch10\10.1.xlsx	

10.1 第一步：理解诉求，把内容模块化、层次化

每个企业的管理模式都有细微的差异，构建数据可视化分析系统的第一步就是理解诉求，把内容模块化、层次化。

10.1.1　主要内容与作用

首先需要知道，要做什么事？目的是什么？达到什么效果？例如某汽车零部件销售企业领导一句话的诉求：做一个可视化图表分析系统，要看销售达标、销售毛利、库存变动、销售净利，同时要细分到片区和客户，还有当月和汇总情况。

分析是为了发现问题和解决问题。借助于图形化的手段，能够清晰、快捷、有效地传达与沟通信息。从用户的角度，数据可视化可以让用户快速抓住要点信息，让关键的数据点从人类的眼睛快速通往心灵深处。数据可视化一般会具备以下几个特点。

（1）准确性。

（2）创新性。

（3）简洁性。

通过对领导需求的分析，得知需要对销售达标、销售毛利、库存变动、销售净利全面考虑。由于不同企业、不同部门或不同阶段领导的诉求可能存在变化，这就需要根据实际需求产生变动，达到如表10.1所示要求。

表10.1　诉求分析

序　号	项　目	内容细化	备　注
1	销售达标	销售实际与目标对比，看是否达标	累计、分月、汇总、片区和客户
2	销售毛利	收入与支出对比，看是否存在异常情况	累计、分月、汇总、片区和客户
3	库存变动	库存分析环比，看是否有改善	累计、分月、汇总、片区和客户
4	销售净利	销售净利，看贡献度	累计、分月、汇总、片区和客户

10.1.2　必须考虑的细节和关键点

必须考虑的细节和关键点主要包括以下3个方面。

（1）基础数据是否齐备，能否支持分析系统，如下图所示。

1	销售情况	每月目标是否齐全，细分到月和客户
2	销售毛利	销售和成本都需要细分到零件，成本是如何计算和分摊的
3	库存变动	库存数据有库存目标
4	销售净利	期间费用数据是否齐全，如何分摊

（2）诉求是否存在延伸问题。正常的需求并不能完全表达领导或客户的意思，这时就需要对诉求进行延伸，例如是否要看排行榜，片区和客户是否会新增。这样领导或客户才会对你的工作认可。

（3）需要支持的事项准备。做系统时需要使用的资源，如客户资源及原始数据的采集等，这些需要不同部门人员的支持。原始数据是数据分析的基础。原始数据来源于日常工作，是日常工作执行过程中留下来的痕迹——工作记录。原始数据必须是随着工作的执行同步采集，很难事后补充。原始数据的记录质量很大程度上决定了数据分析工作的可操作性，以及结果的可用性。数据采集过程中存在的普遍性问题如下。

① 采集不足或过度采集；文字描述过多而数据不足，无法做统计分析，只能当作工作记录用。

② 数据结构经常变动，缺乏持续性。

③ 数据结构的设计过于关注管理者的需求，忽视了作业规范。

④ 缺乏数据填写标准的定义或虽然定义了但标准难以把握。

⑤ 原始记录填写随意，描述方式或格式不一致。

⑥ 必填项缺乏强制性，存在空白。对于空白，人为的理解可以是：没有、同上、不知道、忘添了。Excel的理解是：什么也不是（Null）。

⑦ 某些数据可以很轻易地后补，缺乏客观性。

数据标准定义如下。

（1）明确必填项和选填项。

（2）每一项数据尽量起一个容易理解的名称，容易引起误解的名称是填写错误的主要根源。

（3）关键信息分开填写，不要合并。

（4）需要做分类统计的数据必须定义清晰、易掌握的分类标准。

（5）名称要保持一致，最好定义一张标准的名称表，例如地名表、客户清单。

（6）数量要定义计量单位，并杜绝全角输入。

（7）日期要定义统一的书写格式，杜绝用"."","做日期分隔符，杜绝模糊日期。特征描述类属性的分类不宜过多（3~5个为宜）。

10.1.3　容易出现问题点预警

制作图表系统时，要特别注意以下几种问题。

（1）返工。如果不提前做诉求延伸，可能会导致返工。

（2）无法实现。基础数据采集不到，导致构思失效。

（3）缺少沟通确认。没有与模型使用者、模型需求者、数据输入者进行沟通。

10.2　第二步：构思并绘制草图，考虑体验舒适度

在制作系统前，要充分考虑用户的体验舒适度。

1. 主要内容与作用

对于图表的样式，可以手绘草稿或电脑编辑。对于图表中的输入数据部分，需要考虑是通过开发者工具中的插入表单控件还是通过切片器来完成，原则是尽量让用户点一点、选一选就出结

果，用做软件的思维来做Excel图表。

在制作时需要考虑图表的类型、大小、数量、放置的位置等因素，如下图所示。

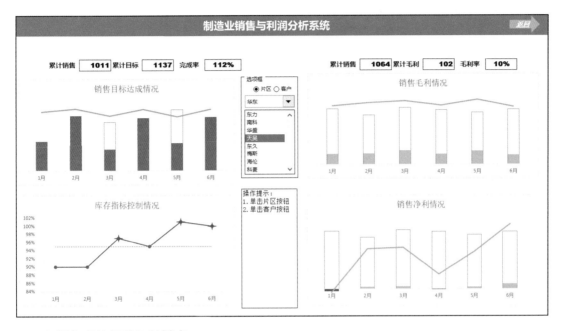

2. 必须考虑的细节和关键点

（1）在制作系统时需要考虑到实际应用的情况，按钮不能太复杂；如果按钮太多，会导致公式嵌套和判断混乱，不便于编写和后续修改。

（2）考虑到系统使用者的习惯和舒适度，增加或者减少按钮的数量，降低复杂度，增加舒适度。

（3）图表中数据的大小、差异倍数，不同的部门、不同的产品、不同的品牌的销售额和销售利润等都存在较大差异的可能性，在进行初步布局时都要考虑在内。

3. 容易出现问题点预警

（1）在进行初步设计时不要设计太完美，因为可能存在较大难度，甚至导致结果无法实现。

（2）提前考虑可能存在的漏项，否则就有可能存在公式链接完毕有要修改的问题，从而需要打破原有构思框架，不得不重新来绘图。

（3）初稿阶段没有和领导沟通，绘制的图形不能完全代表领导要求的内容，例如可能领导更喜欢饼形图，而初稿做的是柱形图。等到做完后再修改，任务量大，做大量的无用功。

10.3 第三步：应用RANDBETWEEN函数预排版

应用RANDBETWEEN函数预排版在整个图表绘制的过程中起着承前启后的作用，重要性不言而喻，并且其涉及的内容多且杂。

10.3.1 主要内容与作用

预排版的主要内容及作用包含以下几点。

1. 基础数据表

构建基础数据表要考虑制作图表时需要的所有内容，有些内容是需要选择输入的，有些需要手动输入，而有些则是需要自动计算，这时可以通过颜色对不同的区域进行区分。基础数据表样本如下图所示。

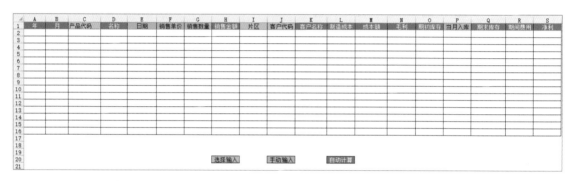

在上图中，黄色部分的数据需要选择输入，绿色部分的数据需要手动输入，而灰色部分的数据则要通过函数自动计算。

如需要选择输入产品代码，就可以通过【数据验证】选项来实现。

❶ 选中【产品代码】列下方的空单元格，选择【数据】→【数据工具】→【数据验证】选项，打开【数据验证】对话框，在【设置】选项卡下的【允许】下拉列表中选择【序列】选项，单击【来源】后的【折叠】按钮，如下图所示。

❷ 在"产品成本库"工作表中选择"零件号"列数据，单击【展开】按钮，如下图所示。

零件号	零件名称	制造成本
C0001	零件名称1	101
C0002	零件名称2	102
C0003	零件名称3	103
C0004	零件名称4	104
C0005	零件名称5	105
C0006	零件名称6	106
C0007	零件名称7	107
C0008	零件名称8	108

数据验证 ? ×

=产品成本库!$C$2:$C$9

❸ 返回【数据验证】对话框，单击【确定】按钮，即可在"产品代码"列下的单元格中看到下拉按钮，通过下拉按钮可以选择数据，如下图所示。

▲	A	B	C	D	E
1	年	月	产品代码	名称	日期
2			C0003 ▼		
3			C0001		
4			C0002		
5			C0003		
6			C0004		
7			C0005		
8			C0006		
9			C0007		
10			C0008		
11					
12					
13					
14					
15					
16					

❹ 重复上面的操作步骤，设置"片区"列和"客户代码"列，效果如下图所示。

	H	I	J	K
	销售金额	片区	客户代码	客户名称
		华北 ▼		
		华南		
		华北		
		华东		
		华中		
		东北		

	I	J	K	L
	片区	客户代码	客户名称	制造成本
	华北	HN002 ▼		
		HN001		
		HN002		
		HB001		
		HB002		
		HD001		
		HD002		
		HZ001		
		HZ002		

日期、销售单价、销售数量、当月入库等数据可通过手动输入的方式输入，如下图所示。而年、月、名称、销售金额、客户名称、制造成本、毛利、成本额、期初库存、期末库存、期间费用和净利等数据则需要通过函数进行计算，这里暂时先不介绍与函数相关的内容。

E	F	G
日期	销售单价	销售数量
2023/5/3	500	300

2. 图表数据源

图表数据源是根据需要在基础数据表中提取出来用于制作图表的数据。本案例中的图表数据源包含4个，如下图所示，通过该数据源可制作4张图表。

	1月	2月	3月	4月	5月	6月
目标	1183	1139	1007	1079	1111	1063
实际	1021	1102	1098	1129	1188	1035
完成率	86%	97%	109%	105%	107%	97%

	1月	2月	3月	4月	5月	6月
销售额	1101	1104	1199	1014	1117	1146
毛利	192	192	280	259	215	225
毛利率	17%	17%	23%	26%	19%	20%

	1月	2月	3月	4月	5月	6月
库存指标	95%	95%	95%	95%	95%	95%
实际指标	90%	99%	101%	91%	101%	104%
超标	#N/A	99%	101%	#N/A	101%	104%

	1月	2月	3月	4月	5月	6月
销售额	1101	1104	1199	1014	1117	1146
净利	34	32	98	-44	3	32
毛利率	3%	3%	8%	-4%	0%	3%
亏损	#N/A	#N/A	#N/A	-44	#N/A	#N/A

3. 图表样式

图表样式是通过图表数据源可生成的图表的样式。本案例中销售目标达成情况图表样式及对应的图表数据源如下图所示。

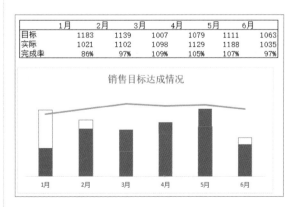

	1月	2月	3月	4月	5月	6月
目标	1183	1139	1007	1079	1111	1063
实际	1021	1102	1098	1129	1188	1035
完成率	86%	97%	109%	105%	107%	97%

销售目标达成情况

销售毛利情况图表样式及对应的图表数据源如下图所示。

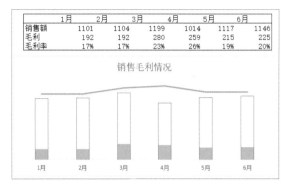

超过平均值的月份。

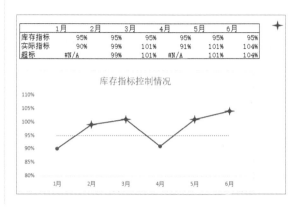

库存指标控制情况图表样式及对应的图表数据源如右图所示，其中星星图标可用于标识

销售净利情况图表样式及对应的图表数据源如下图所示。

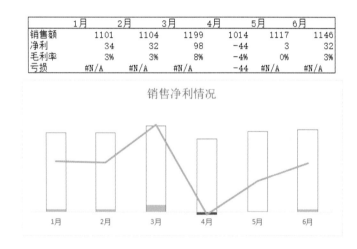

4. 数据验证表

数据验证表主要用于控件链接等，如基础数据录入与新增。此外，如果有需要，还可以制作透视表并通过切片器来实现数据的选择，如下图所示。

10.3.2　必须考虑的细节和关键点

第三步中必须考虑的细节和关键点如下。

（1）基础数据用颜色来区分，显得人性化。如片区、客户代码、产品代码等采取选择输入。日期、销售单价、销售数量和当月入库选择手动输入。年、月、名称、销售金额、客户名称、制造成本、毛利、成本额、期初库存、期末库存、期间费用和净利等选择自动生成。

（2）数据新增是手动输入还是通过下拉菜单选择，需要从规范和运算量大小来考虑。

（3）基础数据的输入要尊重尽量不要出现重复项的输入习惯。

（4）客户名称可能会变更，需要用代码锁定。

（5）图表的数据源与图表既要分开，又要结合。

① 分开：将数据源放在图表右侧，甚至可以将数据源隐藏或分组折叠起来，这样修改方便，结构清晰。

② 结合：图与表结合的模式，如果是全图模式，会导致单调；数据少采用表和数字格式，增加与减少可以采用条件格式等。

最后与模型的需求者、使用者及数据输入者三者进行沟通确认，听取建议，遵从他们的使用习惯。并且，这时就需要定版，否则公式链接后再修改，变动会比较大，工作量会增加不少。

10.3.3　容易出现的问题点预警

预排版阶段容易出现的问题点预警如下。

（1）设计图表时没有颜色或颜色刺眼，如果没有颜色会影响美观，而如果颜色刺眼则会影响用户的操作体验。

（2）没有考虑输入的规范性，导致统计或计算出错，例如，出现空格、#N/A等。

（3）结构没分开或空间不够，导致无法透视数据。

（4）随意插入行、列、单元格，导致图表数据结构错乱。

10.4　第四步：公式链接，正确性、有效性验证

公式链接是提取图表数据源的操作，工作量是极大的。对于设计者来说，要将逻辑厘清，否则公式使用错误会导致做图数据错误，生成的图表就不能正确显示信息，因此，需要充分考虑公式的链接是否正确、是否有效等。

1. 主要内容与作用

主要是应用公式建立链接，把绘图的数据源从基础数据表索引或统计出来。

2. 必须考虑的细节和关键点

（1）修改基础数据表。在基础数据表中增加辅助列，如存在跨年或跨月问题时，或统计净利率在10%以下的、10%~20%之间、20%~30%之间和30%以上的数据，可以对数据进行分类，便于后期统计。

（2）效率问题。

① 应用自定义名称，便于修改，能快速进行识别，提高效率，如下图所示。

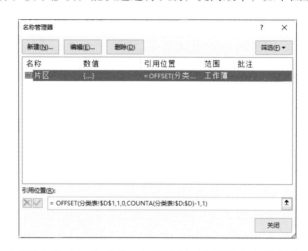

② 少用数组公式，否则会影响工作效率，可以增加辅助列来实现操作目标。

（3）图表效果。

为了使图表效果更直观，数据表中可用空白或#N/A来实现图表效果。如下图中的"亏损"行中，没有亏损的数据填充"#N/A"。

	1月	2月	3月	4月	5月	6月
销售额	1072	1115	1010	1167	1068	1094
净利	-9	46	-70	18	75	99
毛利率	-1%	4%	-7%	2%	7%	9%
亏损	-9	#N/A	-70	#N/A	#N/A	#N/A

这样制作出的图表，可以用特殊颜色把亏损的数据显示出来，如下图中红色数据系列即为亏损的月份。

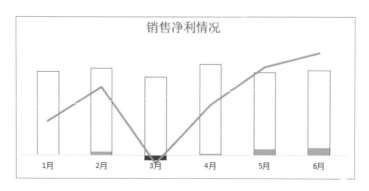

（4）验证数据。对公式进行数据验证，避免输入错误。

3. 容易出现问题点预警

（1）做一个可视化分析模型，可能需要一周，甚至更长时间，并且在以后的修改过程中需要重新解读公式，容易造成理解困难，导致效率低下。

（2）应用数组公式导致运算速度下降。

在本章中使用的是RANDBETWEEN函数来生成随机数进行模拟。

10.5 第五步：可视化图表修正与变更

Excel图表不仅要直观，还要美观。在制作过程中，可以对图表进行修饰、美化。

1. 主要内容与作用

修改图表样式主要作用是让图表直观、美观、聚焦、有价值。修改时主要设置图表中的各种对象的格式，如改变图表颜色、图案、边框，调整图表大小，设置标题格式、图例格式、数据系列格式、坐标轴格式，添加或取消网格线、高低点连线、涨跌柱线，添加趋势线等。

2. 必须考虑的细节和关键点

（1）图表轴的最大值、最小值是否锁定。

（2）是否需要增加亮点或提示的文本。

（3）图表标签的显示，是采用标签还是采用运算表样式等。

上述这些都是在修正图表时需要考虑的问题。

3. 容易出现问题点预警

标签全显示在图表上，导致图表负担过重，可以采用图与表结合的形式，如下图所示。

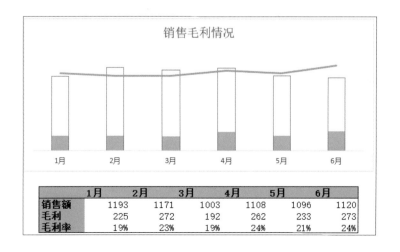

	1月	2月	3月	4月	5月	6月
销售额	1193	1171	1003	1108	1096	1120
毛利	225	272	192	262	233	273
毛利率	19%	23%	19%	24%	21%	24%

> 可视化图表的应用范围广泛，内容形式多种多样，在制作时与需求者充分沟通，在理解需求的基础上再制作，防止多次重复，做无用功。

10.6 第六步：输入实际数据进行模拟试用

输入实际数据对可视化模型进行调试，是制作后的可视化系统能否正常运行的关键步骤，主要用于发现并解决问题。

1. 主要内容与作用

该步骤主要内容是输入实际数据，其作用是输入实际数据对模型进行调试，从而发现并解决问题。

2. 必须考虑的细节和关键点

输入实际数据，进行模拟试用。由于实际数据可能为0，因此在代入公式时可能会出现错误，所以在代入数据时，要验证公式的正确性。

（1）考虑结果是否正确，公式是否正确。如果实际数据为0，计算可能会出错。

（2）图表坐标轴的最大值、最小值是否锁定，图表显示是否有问题，图表是否需要再修正。

（3）新增项目是否可以显示，如果不能显示，具体解决办法如下。

❶ 在片区中包含华南、华北、华东、华中和东北5个选项，如下图所示。

❷ 如果要添加片区"西北"，首先在"分类表"工作表中输入"西北"，在数据源中添加西北片区后，在选项框中并没有显示，如右图所示。这时就需要进行调整。

❸ 在新建名称对话框中新建"片区"名称，设置【引用位置】为"= OFFSET(分类表!$D$1,1,0,COUNTA(分类表!$D:$D)-1,1)"，单击【确定】按钮，如下图所示。

❹ 此时即可在【名称管理器】对话框中看到新增的名称，如下图所示。

❺ 选中【片区】下拉列表框并右击，在弹出的快捷菜单中选择【设置控件格式】命令，如下图所示。

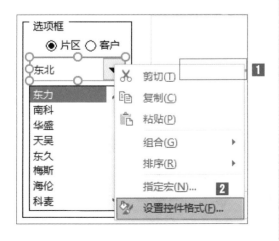

❻ 在弹出的【设置控件格式】对话框中切换到【控制】选项卡，设置【数据源区域】为"片区"，【单元格链接】为"$V$5"，以及【下拉显示项数】为"8"，然后单击【确定】按钮，如下图所示。

❼ 此时在下拉列表中已显示【西北】选项，如下图所示。

（4）运算效率是否有问题，是否可以通过变通或辅助列来实现。

3. 容易出现问题点预警

（1）间断解读公式导致理解困难，造成效率低。

（2）图表数量级差异较大，需要修正图表。

（3）图表标签显示问题，如标签过多、过长的问题。

 10.7 第七步：数据保密性和安全性设置

对数据设置保密性及锁定、隐藏重要数据，可以确保可视化系统安全运行。

1. 主要内容与作用

（1）设置密码保护，进行区域控制或结构固化，确保分析系统安全。

（2）设置数据验证，通过下拉菜单形式确保输入规范性。

2. 必须考虑的细节和关键点

（1）哪些内容是可以编辑或修改的，例如自动计算的需要锁定。

（2）哪些内容是可见的、可隐藏的，例如辅助列、敏感数据等需要隐藏。

3. 容易出现问题点预警

锁定后无法进行排序、插入、删除等操作。

10.8 第八步：整体美化与布局

根据数据源制作图表后，就需要对所有的图表进行美化和对整体图表进行布局。此时，必须考虑颜色的搭配，从而使可视化系统看起来更舒服。

1. 主要内容与作用

美化图表与表格，做整体布局，让分析系统更美观。

2. 必须考虑的细节和关键点

（1）颜色搭配：讲究配色技巧，不刺眼、不凌乱。

（2）图表美化：让图表更形象、生动、具体。

（3）增加图标或LOGO。

同时可以考虑制作进入的系统界面（见下图），然后链接到每个表单，再对所链接的图形进行优化。

3. 容易出现问题点预警

（1）容易出现图表误区，如直观和美观等问题。

（2）为了图表而做图表，不够形象和生动。

（3）为了美化而美化，缺少价值，受众易曲解或难理解。

10.9 第九步：实际应用问题反馈和修正定版

最后一步是根据用户在使用过程中遇到的问题反馈进行可视化系统的修订，直至确定最终版本。

1. 主要内容与作用

对问题进行采集和修正，让系统更完美。

2. 必须考虑的细节和关键点

（1）与需求方等进行沟通，确认是否还有需要微调的地方。

（2）给出说明和注意事项，规避使用者或输入者因使用不当、数据输入不规范导致数据结果错误。

3. 容易出现问题点预警

（1）没有把风险考虑全，或告知信息不全、漏项，导致输入或统计结果错误。

（2）前期沟通不畅，最后出现较大的变更，导致结构性、颠覆性的调整或返工。

通过九步法构建的数据可视化分析系统，最终效果如下图所示。

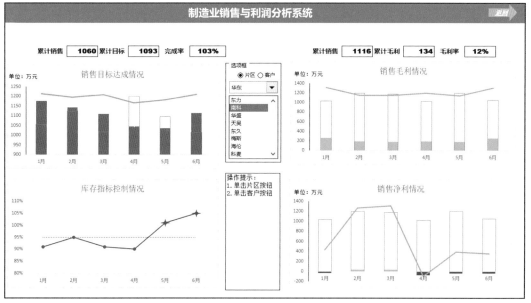

10.10 高手点拨

（1）基础数据表要尽可能延伸，否则会存在统计不齐全的可能，从而出现返工现象。或者基础数据采集不到，导致构思失效。

（2）多沟通确认，如果没有与模型使用者、模型需求者、数据输入者进行沟通，可能会导致构造的模型不能满足需求。

（3）模型草图不需要设计太完美，可能会无法实现。考虑可能的漏项，再建立链接。

（4）在基础数据表中，对不同输入方式的内容可以采用不同的颜色进行区别，例如手动输入或者通过下拉列表选择，尽量不要出现重复项的输入。必须考虑输入的规范性，否则可能会导致统计或计算出错，如空格、#N/A等。

（5）客户名称可能会变更，用代码进行锁定。

（6）图表数据源与图表分开和结合要选取适当，若结构没分开或空间不够，将无法透视。若随意插入行、列、单元格，会导致图表数据结构错乱。

（7）应用公式做链接，把绘图的数据源从基础数据表中索引或统计出来。

（8）修改图表样式，让图表更加直观、美观、聚焦核心关切问题、凸显价值。同时避免标签全显示在图表上，导致图表负担过重，可以采用图与表结合的形式。

（9）输入实际数据时，需要验证公式的正确性，也可以设置数据验证，通过下拉列表形式确保输入的规范性。当图表数量级差异较大时，需要对图表进行修正。

（10）最后再进行一次沟通，对系统进行微调，如图标和表格的美化、颜色搭配、系统界面、图标Logo等。

第11章

典型财务数据可视化分析
系统

案例名称	典型财务数据可视化分析系统
素材文件	素材 \ch11\11.xlsx
结果文件	结果 \ch11\11.xlsx

11.1 第一步：理解诉求，把内容模块化、层次化

按照第10章的九步法制作财务数据可视化分析系统，首先进行第一步，理解诉求，把内容模块化、层次化。

11.1.1 财务分析常用指标

财务分析分为偿债能力、营运能力、盈利能力、发展能力等几个方面，财务分析常用指标如表11.1所示。

表11.1 财务分析常用指标

序 号	方 向	常用指标	企业个性化指标
1	偿债能力	流动比率、速动比率、现金比率、现金流量比率、到期债务本息偿付比率、资产负债率、股东权益比率、权益乘数、负债股权比率、有形净值债务率、偿债保障比率、利息保障倍数、现金利息保障倍数	
2	营运能力	存货周转率、应收账款周转率、流动资产周转率、固定资产周转率	库存额
3	盈利能力	资产报酬率、净资产报酬率、股东权益报酬率、毛利率、销售净利率、成本费用净利率、每股利润、每股现金流量、每股股利、股利发放率、每股净资产、市盈率、主营业务利润率	保本点、费用率、实物成本率、利润额
4	发展能力	营业增长率、资本积累率、总资产增长率、固定资产成新率	销售额

11.1.2 企业指标诉求

财务指标的设置与企业的当期经营情况和经营负责人的关注点相关，对企业经营和发展形成支撑，简单、易解、有效就是好指标。在制作本案例图表分析系统时关注的指标如表11.2所示。

表11.2 企业指标诉求

序 号	指 标	要 求
1	销售额与利润	实际与预计累计走势图
2	实物成本率	目标与实际对比分析
3	应收账款周转天数	实际与指标对比分析
4	账龄分析	以月度分析
5	部门费用预算控制	按部门与目标对比分析和汇总情况

11.2 第二步：构思并绘制草图，考虑体验舒适度

根据第11.1节中所关注的销售额与利润、实物成本率、应收账款周转天数、账龄分析、部门费用预算控制这5个指标就可以来构思并绘制草图了，要充分考虑体验舒适度及是否需要按钮等需求。

以下只是构思图，不一定是最终需要的真实图。

（1）销售额与利润草图使用折线图展示，需要添加一个选择年份的控件，实现展示不同年份销售额与利润的数据，草图效果如下图所示。

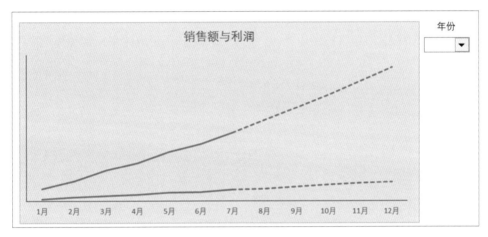

（2）实物成本率使用柱-线组合图图表展示，既能看去年及本年累计情况，也能看到目标与每个月的实际情况，草图效果如下图所示。

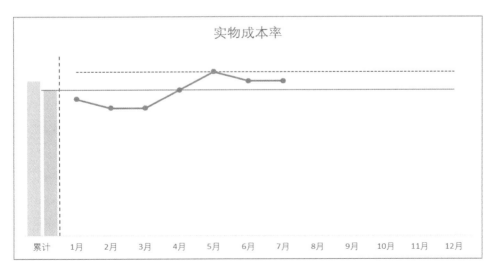

（3）应收账款周转天数使用柱-线组合图图表展示，草图效果如下图所示。

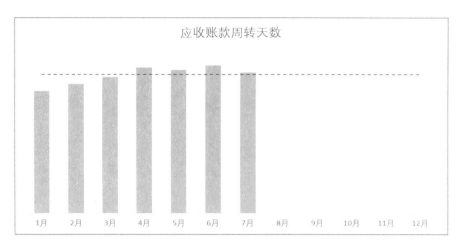

（4）账龄分析使用柱-线组合图图表展示，需要添加选择月份的控件，实现查看每月走势，草图效果如下图所示。

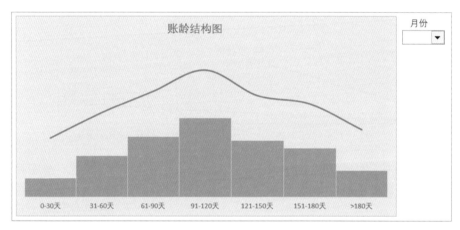

（5）部门费用预算控制使用柱形图图表展示，需要查看各部门的费用预算，这里提供的有部门单选按钮，草图效果如下图所示。

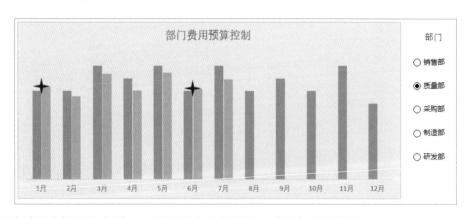

对于动手能力较强者来说，也可以手动绘制草图，效果如下图所示。

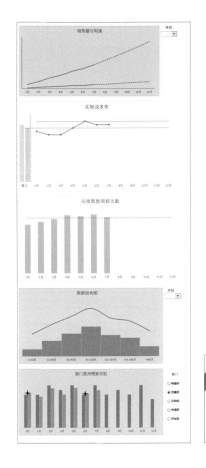

11.3　第三步：应用RANDBETWEEN函数预排版

在这一步中需要明确数据源项目、制作基础数据表和分类表、生成透视表数据源及制作图表。预排版时需要对图表细化，并初步搭配颜色。预排版将遵从数据的逻辑，按照时间、空间、主次、大小、层级、习惯等原则排列多个图表。在本案例中可以按照主次排版，如按照销售额与利润、实物成本率、应收账款周转天数、账龄分析、部门费用预算控制的顺序排版图表。

11.3.1　构建基础数据表和分类表

首先需要明确各图表所需数据有哪些，才能制作出基础数据表。制作基础数据表时，要确保各图表所需数据都能在该表中获取，并做到规范、不遗漏、不重复。

如果没有收集业务实际的数据，在基础数据表中可使用RANDBETWEEN函数生成虚拟数据，以便查看数据源和图表的效果。将来再用输入的实际数据替代使用RANDBETWEEN函数生成的虚拟数据。根据第二步完成的草图，整理出各图表数据源所需项目，将这些项目都放入基础数据表中。

1. 基础数据表

基础数据表结构如下图所示。该数据表主要用于制作图表时，从该基础数据表中提取做图源数据。

财务可视化分析系统基础数据表									选择输入			自动计算		输入/粘贴		
年份	月份	客户代码	客户名称	目标销售额	实际销售额	实物成本额	实物成本率	利润额	利润率	应收账款周转天数	账龄金额					
											0-30天	31-60天	61-90天	91-120天	121-150天	151-180天	>180天

在基础数据表中通过设置颜色对输入数据的方式进行标识，方便数据输入人员清晰地看出正确输入数据的方式。

（1）黄色区域可通过选择输入的方式输入数据。

（2）橙色区域中不需要输入数据，只需在其他位置输入数据后即可自动计算出结果。

（3）绿色区域则需要数据输入人员通过手动输入或复制粘贴的方式输入。

设置完成基础数据表格式后，如果要增加基础数据，可以复制最后一行，并在下方粘贴。

2. 部门费用基础表

部门费用基础表如下图所示。该表主要用于制作部门费用预算控制图表时，从该基础表中获取做图数据。

部门费用基础表														
部门	年份	目标/实际	1月	2月	3月	4月	5月	6月	7月	8月	9月	10月	11月	12月
销售部		目标												
		实际												
质量部		目标												
		实际												
采购部		目标												
		实际												
制造部		目标												
		实际												
研发部		目标												
		实际												

部门费用基础表需要手动添加数据,【目标】行可以在年初时直接填写,【实际】行需逐月根据实际费用填写。

3. 分类表

分类表用于数据规范输入。在基础数据表中,黄色区域可通过设置有效性规范输入。设置数据有效性时可以在分类表中选择数据源,用于设置下拉菜单选项,实现数据的正确性和规范性输入。分类表如下图所示。

客户代码	客户名称		部门		年份	月份
G0001	美多多公司		销售部		2010年	1
G0002	好多多公司		质量部		2011年	2
G0003	更大大公司		采购部		2012年	3
G0004	美滋滋公司		制造部		2013年	4
G0005	乐翻天公司		研发部		2014年	5
					2015年	6
					2016年	7
					2017年	8
					2018年	9
					2019年	10
					2020年	11
						12

> **Tips** 上图在【客户代码】下方的数据中可以看到包含空行,这是预留空间,为了方便以后直接增加客户代码,而不需要修改下拉列表。如果客户不会增加,只需要选择上方的5行数据即可。

以年份为例,设置数据有效性的具体操作步骤如下。

❶ 选择"基础数据表"工作表,选择A5:A21单元格区域,如下图所示。

▲	A	B	C	D	E
1					
2					
3	年份	月份	客户代码	客户名称	目标销售额
4					
5					
6					
7					
8					
9					
10					
11					
12					
13					
14					
15					
16					
17					
18					
19					
20					
21					

❷ 选择【数据】→【数据验证】→【数据验证】选项,如下图所示。

❸ 打开【数据验证】对话框,在【设置】选项卡下【允许】下拉列表中选择【序列】选项,选中【提供下拉箭头】复选框,单击【来源】后的【折叠】按钮,如下图所示。

❹ 选择"分类表"工作表中的年份数据，单击【数据验证】对话框后的【展开】按钮，如下图所示。

❺ 完成数据来源的选择后。查看公式如下图所示。

❻ 切换到【输入信息】选项卡，在该选

项卡下可以设置选择单元格后的提示信息，如"输入年份"等，如下图所示。

❼ 切换到【出错警告】选项卡，在该选项卡下可以设置输入数据错误时的提示信息，如"输入错误"等，如下图所示。设置完成后，单击【确定】按钮。

❽ 此时选择A列下的单元格，即可看到提示信息，如下图所示。

❾ 单击A6单元格后的下拉按钮，在弹出的下拉列表中即可选择正确的年份数据，如下图所示。

❿ 如果要输入的数据不在设置的数据有效性范围内，将会弹出【输入错误】提示框，如下图所示。

⓫ 使用同样的方法，即可在基础数据表中为需要输入月份（见下图）、客户代码及部门等的列设置数据有效性下拉列表。

> **Tips**　在基础数据表中，"客户代码"列需要通过选择下拉列表输入，而与"客户代码"对应的"客户名称"则可以通过函数调用的形式输入。

基础数据表设置完成后，就可以使用RANDBETWEEN函数生成虚拟数据。最好充分考虑实际状况，使虚拟的数据与实际数据接近。

11.3.2　生成图表数据源

在基础数据表中生成虚拟数据后，就可以从基础数据表中获取做图数据，生成制作图表的源数据。这里数据源中的数据也是使用RANDBETWEEN函数生成的虚拟数据。

1. 销售额与利润图表数据源

使用Excel制作图表时，特别是折线图图表，如果数据源中有0值，会使图表曲线直接接触横轴，图表美观性变差。这时，可以在单元格中输入"=NA()"，让其在单元格返回"#N/A"错误值，如下图所示。这样图表在识别数据时，将会忽略掉"#N/A"错误值。

销售额与利润	1											
项目	1月	2月	3月	4月	5月	6月	7月	8月	9月	10月	11月	12月
营业额-预测	51	37	44	49	54	53	39	56	64	65	55	61
营业额-实际	36	36	34	30	32	31	34					
利润额-预测	6	7	5	6	4	5	4	9	5	4	7	4
利润额-实际	5	5	6	7	5	5	7					
累计营业额	51	88	132	181	235	288	327	#N/A	#N/A	#N/A	#N/A	#N/A
累计营业额-预测	#N/A	#N/A	#N/A	#N/A	#N/A	#N/A	327	383	447	512	567	628
累计利润额-实际	5	12	17	23	27	32	36					
累计利润额-预测	#N/A	#N/A	#N/A	#N/A	#N/A	#N/A	36	45	50	54	61	65

2. 实物成本率图表数据源

实物成本率图表数据源如下图所示，通过该数据源可制作柱-线组合图图表。

实物成本率													
	累计	1月	2月	3月	4月	5月	6月	7月	8月	9月	10月	11月	12月
目标		67%	67%	67%	67%	67%	67%	67%	67%	67%	67%	67%	67%
实际		68%	67%	64%	68%	65%	64%	67%					
本年1-7月累计	64%	64%	64%	64%	64%	64%	64%	64%	64%	64%	64%	64%	64%
去年累计	65%												
本年累计	64%												

3. 应收账款周转天数图表数据源

应收账款周转天数柱-线组合图图表数据源表格如下图所示。

应收账款周转天数												
	1月	2月	3月	4月	5月	6月	7月	8月	9月	10月	11月	12月
目标天数	60	60	60	60	60	60	60	60	60	60	60	60
周转天数	51	62	51	65	58	50	52					

4. 账龄分析图表数据源

账龄分析柱-线组合图图表数据源表格如下图所示。

单元格链接	标题						
3	3月账龄结构图						
3月	0-30天	31-60天	61-90天	91-120天	121-150天	151-180天	>180天
金额	9	15	17	22	17	11	7
比例	9%	15%	17%	22%	17%	11%	7%

1月
2月
3月
4月
5月
6月
7月

5. 部门费用预算控制图表数据源

部门费用预算控制柱形图图表数据源表格如下图所示。

部门费用预算控制												
2												
部门	1月	2月	3月	4月	5月	6月	7月	8月	9月	10月	11月	12月
预算费用	9	9	6	7	7	9	7	7	7	6	9	9
实际费用	10.2	10.5	5.4	7.6	7.6	8.4	6.0					
超支	10.17	10.53	#N/A	7.63	7.63	#N/A	#N/A					

11.3.3　制作图表

生成图表的数据源后，就可以根据需要制作出对应的图表。

1. 销售额与利润图表

制作销售额与利润图表折线图图表的效果如下图所示。在图表右侧，可以看到包含一个【数值调节钮】和一个【组合框】按钮，通过这两个按钮可以实现年份的选择。其中，【数值调节钮】按钮可依次增大或减小年份，【组合框】按钮则可实现在下拉列表中选择年份。

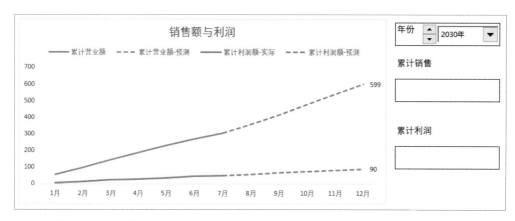

图表的制作这里不再详细赘述，下面介绍【数值调节钮】和【组合框】的设置方法。

❶ 选择【开发工具】→【控件】→【插入】→【表单控件】→【数值调节钮】选项，如下图所示。

❷ 在图表右侧绘制一个【数值调节钮】控件，选择绘制的控件并右击，在弹出的快捷菜单中选择【设置控件格式】命令，如下图所示。

❸ 打开【设置控件格式】对话框，在【控制】选项卡下设置【最小值】为"1"、【最大值】为"10"、【步长】为"1"，【单元格链接】选择P8单元格，单击【确定】按钮，如下图所示。

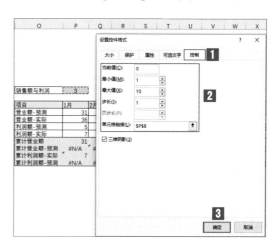

❹ 选择【开发工具】→【控件】→【插入】→【表单控件】→【组合框】按钮，如下图所示。

❺ 在图表右侧绘制一个【组合框】控件，选择绘制的控件并右击，在弹出的快捷菜单中选择【设置控件格式】命令，如下图所示。

❻ 打开【设置控件格式】对话框，单击【控制】选项卡下【数据源区域】右侧的【折叠】按钮，选择"分类表"工作表中的J3:J13单元格区域，如下图所示。

❼【单元格链接】选择P8单元格，并设置【下拉显示项数】为"8"，单击【确定】按钮，如下图所示。

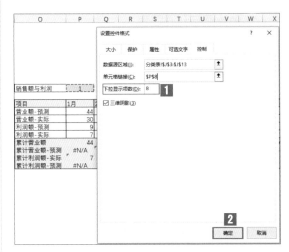

❽ 分别调整【数值调节钮】和【组合框】控件的大小和位置，单击【数值调节钮】的【上】按钮即可增大年份，单击【下】按钮即可减小年份。P8单元格中的值会随着选择的年份不断变化，如下图所示。

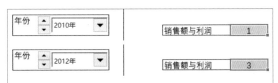

❾ 单击【组合框】右侧的按钮，在弹出的下拉列表中可选择年份数据，如下图所示。

两个控件的【单元格链接】选项均选择的 P8 单元格，在使用公式从基础表中提取每年营业额及利润额的预测和实际数据时，主要使用该单元格判断提取数据的年份。

累计销售

累计利润

在图表右侧还包含"累计销售"和"累计利润"区域（见右图），这两个区域是设置了边框线的单元格，主要用于计算并显示选择年份的"累计销售"额和"累计利润"额。

2. 实物成本率图表

实物成本率图表如下图所示。在该图表中可以看出去年累计及本年累计情况，还可以看到目标与每个月的实际情况。在右侧的"分析说明"区域中可以直接输入文字，添加对图表的情况说明。

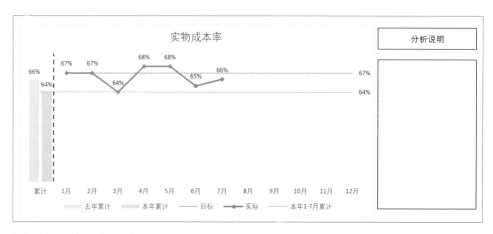

3. 应收账款周转天数图表

应收账款周转天数图表如下图所示。在该图表中可以看出周转天数与目标天数之间的关系，在右侧可添加"分析说明"内容。

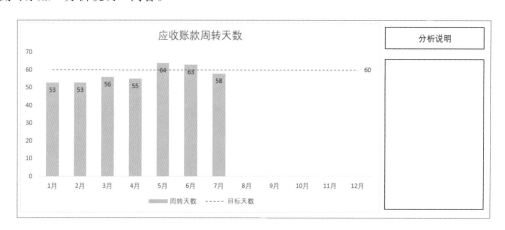

4. 账龄分析图表

账龄分析图表如下图所示。在该图表中可以通过选择月份，显示不同月份的账龄结构。

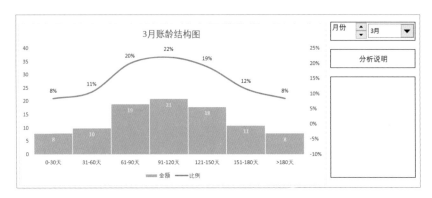

月份的【数值调节钮】控件和【组合框】控件的制作与年份的【数值调节钮】控件和【组合框】控件的制作方法相同，设置分别如下左图和下右图所示。

5. 部门费用预算控制图表

部门费用预算控制图表如下图所示。在该图表中可以通过【选项按钮】选择部门，显示不同部门的费用预算控制情况。

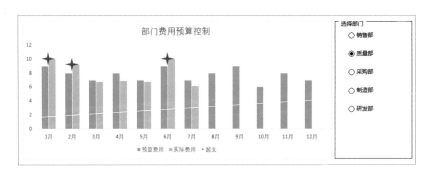

设置【选项按钮】的具体操作步骤如下。

❶ 选择【开发工具】→【控件】→【插入】→【表单控件】→【选项按钮】选项，如下图所示。

❷ 在图表右侧绘制一个【选项按钮】控件，选择绘制的控件并右击，在弹出的快捷菜单中选择【设置控件格式】命令，如下图所示。

❸ 打开【设置控件格式】对话框，在【控制】选项卡下设置【单元格链接】为"$O$88"。单击【确定】按钮，如下图所示。

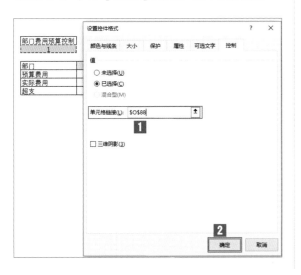

❹ 更改按钮的名称为"销售部"，效果如下图所示。

❺ 使用同样的方法，再创建4个按钮，并依次命名为质量部、采购部、制造部、研发部。调整位置后，效果如下图所示。

❻ 单击不同的选项按钮，O88单元格中的值将会随之变化，效果如下图所示。

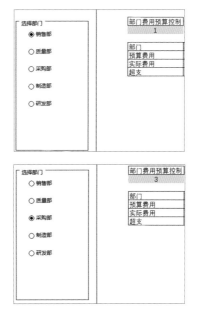

应用RANDBETWEEN函数预排版后效果如下图所示。

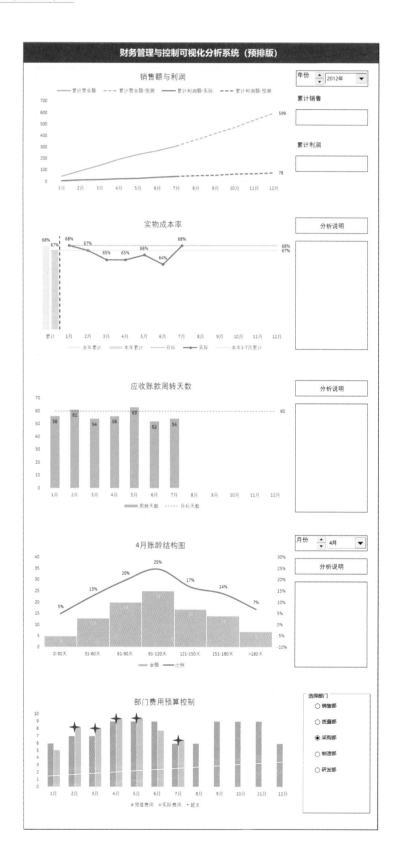

11.4　第四步：公式链接，正确性、有效性验证

公式链接和正确性、有效性验证必须考虑以下的细节和关键点。

1. 链接问题

（1）能否把需要的数据正确地从数据表中获取，这就要确保在源数据中使用的公式正确。公式的使用灵活多变，在本例中就不再赘述了。

（2）需要验证选择的按钮与图表数据是否为一一对应的关系，在本例中创建的【数值调节钮】【组合框】【选项按钮】需要依次单击，核对单元格链接区域的值是否能实现联动、数据显示是否流畅等。

（3）通过IF函数或其他方式规避可能存在的错误，避免数据无法获取或图表无法正确显示。如在本例的第5个图表数据源中就使用了IF函数公式"=IF(P92>P91,P92,NA())"，其作用是如果"实际费用 > 预算费用"，则显示实际费用，否则显示为"#N/A"错误，如下图所示。这样就可以将"实际费用 > 预算费用"的月份用自定义的数据点格式标记出来。

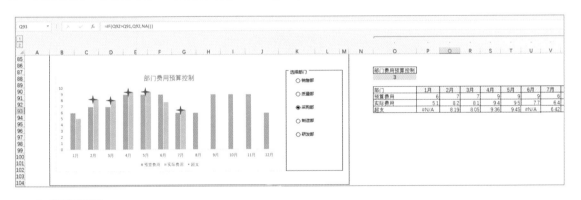

2. 效率问题

充分考虑工作量是否大，可根据数据量的大小来调整使用的函数，并且要尽量少使用数组函数。

3. 图表效果

（1）要查看图表效果是否与要求匹配。

（2）是否存在图表数据已经获取，但是图形显示不对。

（3）是否需要辅助数据来实现更好的图表效果。

在账龄结构图图表中，图表的标题会随着选择的月份变化，实现变化图表标题的具体操作步骤如下。

❶ 在P66单元格中输入公式"=O66&"账龄结构图""，O66单元格中的数据随着数值调节按钮和组合框控件的选择不同而改变，如下图所示。

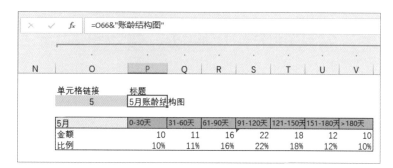

❷ 选择图表标题框，在编辑栏中输入"="，单击D64单元格。这样通过【数值调节钮】改变月份后，O66单元格中的值会改变，P64单元格也会随之变化，并显示在图表标题中。

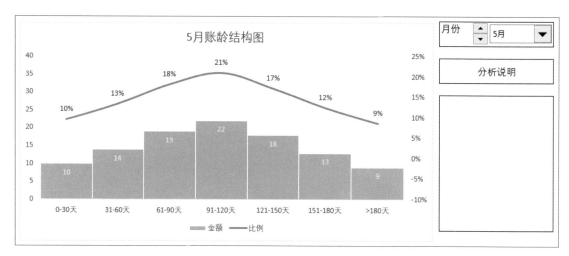

4. 验证数据

（1）检查下拉菜单的设计是否准确，是否需要修改。

（2）新增数据，需要验证统计结果是否正确。

11.5 第五步：可视化图表修正与变更

经过第四步后图表模型就基本固定下来了，此时再次基于诉求者、使用者和输入者三者进行沟通，对提出的意见进行修改。

例如，预排版的系统中使用柱形图较多，应收账款周转天数再采用柱形图，显示效果会不够明显，且缺少特色，此时可以把柱形图修改为XY散点图。具体操作步骤如下。

❶ 在更改为XY散点图前，需要先更改数据源。更改后的数据源如下图所示。第3行为辅助列，主要作用是实现XY之间的偏移量。

X	1	2	3	4	5	6	7	8	9	10	11	12
Y	51	57	61	59	61	61	60					
辅助	6	4	-2	2	0	-1						

❷ 选择应收账款周转天数图表并右击，在弹出的快捷菜单中选择【更改图标类型】命令，如下图所示。

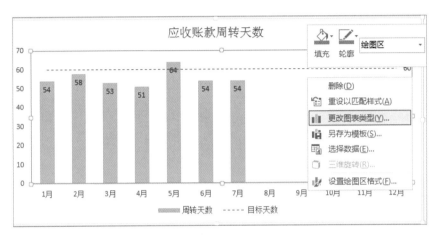

❸ 在弹出的【更改图表类型】对话框中选择【XY散点图】选项卡中的【带直线散点图】图表类型，单击【确定】按钮，如下图所示。

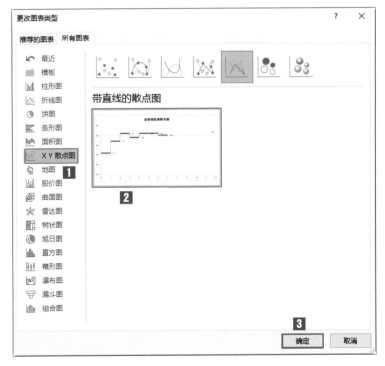

❹ 完成更改图表类型的操作后，效果如下图所示。

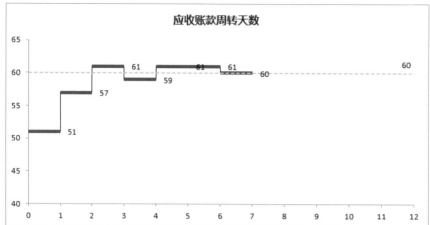

11.6 第六步：输入实际数据进行模拟试用

输入实际数据进行模拟试用必须考虑的细节和关键点如下。

（1）结果是否正确，公式是否正确。如果实际数据为0，则计算可能会出错。

（2）图表轴的最大值、最小值是否锁定，图表显示是否有问题，图表是否需要再修正。

（3）新增项目是否可以显示，删除的数据是否还显示在图表中。

（4）运算效率是否有问题，是否可以通过变通或辅助列来实现。

11.7 第七步：数据保密性和安全性设置

数据保密性和安全性设置必须考虑的细节和关键点如下。

（1）哪些内容是可以编辑或修改的，例如自动计算的需要锁定。

（2）哪些内容是可见的、可隐藏的，例如辅助列、敏感数据等。

11.8 第八步：整体美化与布局

在以上的7步确认无误后，就可以通过添加背景色、设置字体和字号等操作对图表进行整体美化和布局了。其具体操作步骤如下。

❶ 选择图表所在的单元格区域，选择【开始】→【字体】→【填充颜色】按钮，在弹出的下拉列表中选择颜色填充，如下图所示。

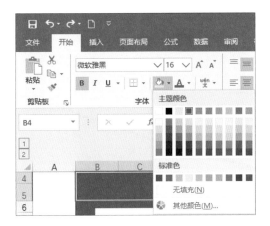

❷ 填充图表背景后的效果如下图所示。

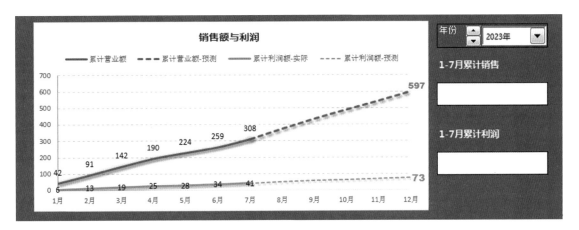

❸ 根据客户的需求，设置个性化的部门费用预算控制图表，效果如下图所示。

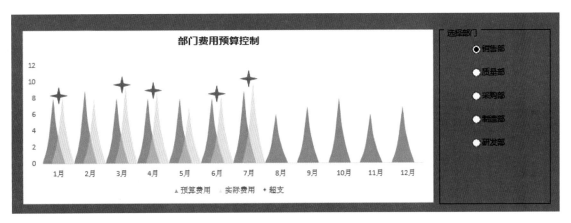

❹ 在销售额与利润图表中，可以使用公式计算出累计销售额，并设置字体的字号及颜色，制作好的图表如下图所示。

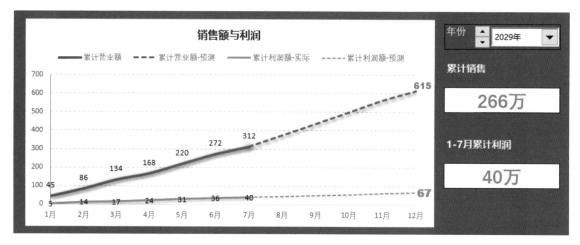

❺ 根据需要设置其他图表，效果如下图所示。

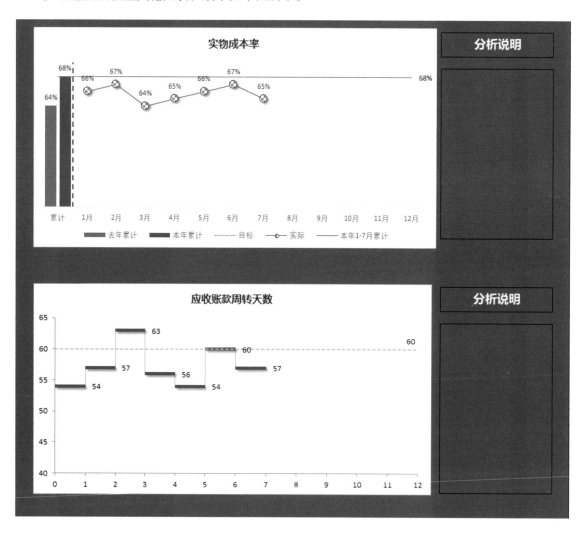

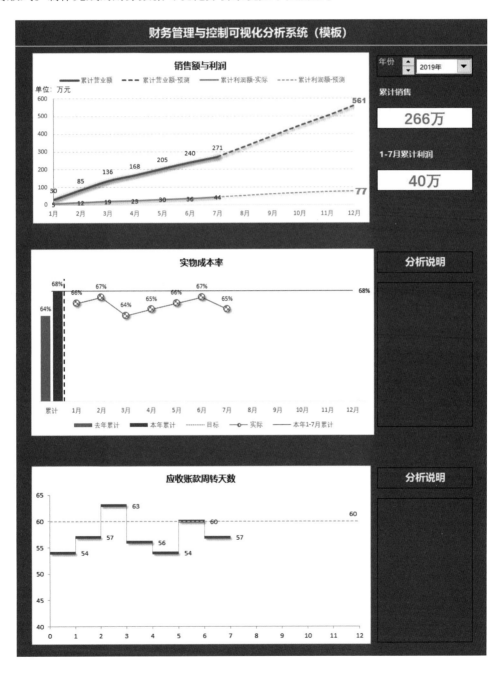

11.9 第九步：实际应用问题反馈和修正定版

最后再根据三者的诉求对图表进行修改，如修改配色、修改细节问题等，经过反复修订，确定最终版式。制作完成的财务数据可视化分析系统如下图所示。

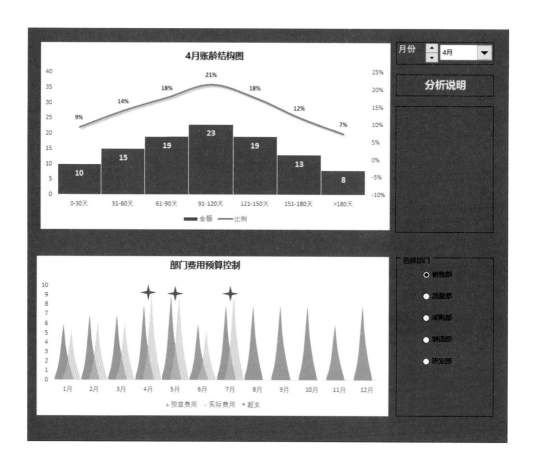

第12章

典型人力资源管理
可视化分析系统

人力资源管理是任何一个企业不可或缺的管理功能。将人力资源管理数据可视化，可以帮助管理者发现问题、分析问题，并做出解决问题的决策。本章将结合构建数据可视化分析系统九步法，介绍如何搭建一个典型的人力资源管理可视化分析系统。

案例名称	典型人力资源管理可视化分析系统
素材文件	素材 \ch12\12.xlsx
结果文件	结果 \ch12\12.xlsx

12.1 第一步：理解诉求，把内容模块化、层次化

制作可视化系统的第一步，需要理解系统需求者的诉求，并将系统内容按模块有层次地整理出来。在本案例中，则需要了解人力资源管理的工作内容和指标。要明白，人力资源管理指标的设置与企业文化和企业管理要求相关。人力资源管理指标需要对企业经营和发展形成支撑，既要服务企业员工，同时又要监管企业员工。

人力资源管理的工作内容和常用指标如表12.1所示。

表12.1　人力资源工作常用指标

序　号	方　向	常用指标
1	招聘配置	招聘完成率、人员需求满足度、人岗匹配度、试用期离职率、人员离职控制率、关键岗位储备率、核心员工离职率等
2	培训开发	培训计划完成率、培训达标率、培训覆盖率、员工满意度、文化活动完成率、内部教材开发率、文化活动完成率等
3	绩效管理	人工成本费用率、直接间接人工比、薪酬预算控制率、绩效方案优化完成率、部门费用控制率等
4	薪资福利	工资总额控制率、薪酬核算准确率、薪酬发放及时率、考勤达标率、人事报表完成率等
5	员工关系	员工满意度、管理体系和制度完整率、关键岗位适岗率、人事档案完整率、员工变动手续及时性、劳动争议处理等

不同的公司有不同的管理要求，存在不同的关注点，这里我们从人力资源管理的常用指标中摘录几个指标进行举例。本案例所摘录的指标内容如表12.2所示。

表12.2　人力资源常用指标及要求

序　号	指　标	要　求
1	培训计划完成率	分月走势和整体情况
2	培训费用预算达成率	分月走势和整体情况
3	培训覆盖率	看总体指标
4	平均人工成本费用	分月走势和整体情况
5	直接间接人工比	分月走势和整体情况
6	考勤达标率	按部门分月走势和整体情况

制作数据可视化系统时，可按照软件开发的思路进行。该步骤的工作相当于软件开发工程中的"需求调研"阶段。为了避免今后出现返工，一定要注意与可视化系统的需求者、使用者、基础数据输入者进行充分的沟通，挖掘出真正的需求，才能保证做出来的可视化系统对他们是有价值的、可操作的。另外，收集人力资源管理工作中正在使用的数据样本、图表样本等，也是理解和确定可视化系统内容不可缺少的一步。

12.2　第二步：构思并绘制草图，考虑体验舒适度

通过调研，明确可视化系统内容的范围后，便可进入构思和绘制草图这一步。根据上一步中明确的各项人力资源指标和要求，分别构思对应的图表设计。

本案例中，根据上一步明确的6个人力资源管理的指标和要求，设计了6个图表的草稿，效果如下图所示。

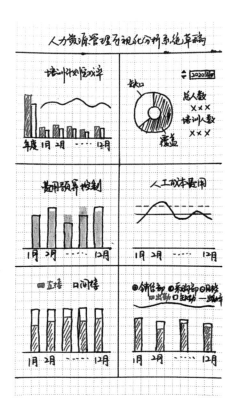

草图排版可以有多种风格。本案例中，草图排版使用了田字格排版。田字格排版适合于各图表在同一个层次、不存在主次关系或者层级区别不明显的情况下使用。本案例中，前5个图表按照公司整体级别来设计；第6个图表"考勤达标率"按照部门级别设计，主要是考虑到部门较多，全部放在一张图上会非常复杂难懂。

（1）构思图表设计时，需要考虑图表和背后数据的逻辑性。例如，本案例中的图表设计草稿就遵循了"时间的连续逻辑""层级逻辑""习惯逻辑"等。

（2）进行图表设计时，还要考虑系统使用者的使用方便性和体验舒适度。尽量减少不必要的按钮，避免过于复杂的设计给使用者带来困惑或负担。

（3）构思阶段的草图制作主要聚焦于内容，需要考虑图表的可实现性；不在乎形式，手绘或用电脑软件制作皆可。

> **Tips** 这一步相当于软件开发的"设计"阶段。在设计过程中和完成后，需要与用户进行多次沟通确认，以便及时做出修改，避免今后返工浪费工时。

12.3 第三步：应用RANDBETWEEN函数预排版

根据前面步骤中收集的信息和完成的草图，进行初步的图表设计和制作。本步具体分为构建数据源、制作图表和制作基础数据表、分类表。本步中，还未收集到实际数据，所以可用RANDBETWEEN函数生成虚拟数据，以便查看图表效果。构建思路示意图如下图所示。

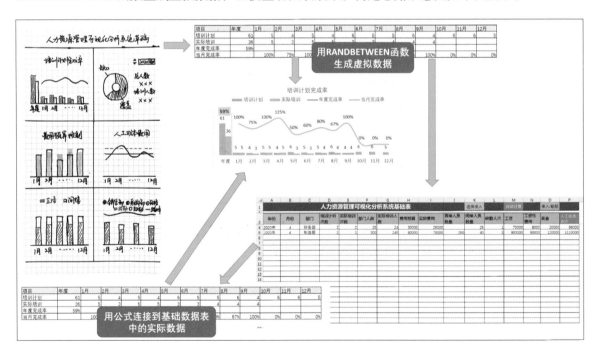

12.3.1 构建数据源并制作图表

根据第二步完成的草图，构建各个图表的数据源；为了看出图表效果，在数据源中使用

RANDBETWEEN函数生成虚拟的数据；再根据草图，由数据源制作出图表。

> **Tips**　即便使用虚拟数据，也尽量不要与实际数据偏差太大。最好对实际数据的范围有一定的了解，至少数量级不要弄错。

1. 培训计划完成率图表

数据源如下图所示。草绘图表中包含每月的培训计划和实际培训的对比情况、每月完成率的曲线，所以数据源中需要每月培训计划和实际培训的数据，以及根据这两者计算出的每月完成率。另外，图表中还包含年度情况，为了方便，构建数据源时可增加"年度完成率"数据。

项目	年度	1月	2月	3月	4月	5月	6月	7月	8月	9月	10月	11月	12月
培训计划	61	5	4	5	4	6	5	5	6	4	6	6	5
实际培训	36	5	3	5	5	3	3	4	4	4			
年度完成率	59%												
当月完成率		100%	75%	100%	125%	50%	60%	80%	67%	100%	0%	0%	0%

根据数据源绘制簇状柱形图和折线图的组合图表，如下图所示。绘制过程中，尽量避免标签过多而导致出现图表杂乱的现象。

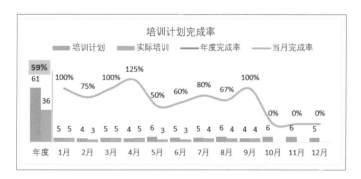

2. 培训覆盖率图表

数据源和图表如下图所示。图表由两个部分构成，第一部分是培训覆盖率和缺口率对比，第二部分是总人数和培训人数的展示，因此数据源应该包括总人数、培训人数，以及根据总人数和培训人数计算得出的覆盖率和缺口率。

3. 培训费用预算达成率图表

数据源如下图所示。草绘图表中预算目标和实际使用金额按月份顺序展示，所以构建数据源时也应将这两个系列的数据按月份顺序构建。

费用预算控制

	1月	2月	3月	4月	5月	6月	7月	8月	9月	10月	11月	12月
目标	7	6	6	6	5	7	7	7	7	6	6	7
实际	5	5	6	6	6	6	7	7	7			

根据数据源绘制簇状柱形图，如下图所示。在绘制过程中，应合理设置系列重叠度、图形的层次先后顺序，让图表显得直观、美观。

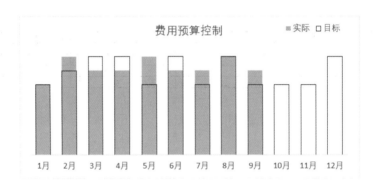

4. 平均人工成本费用图表

数据源如下图所示。草绘图表中平均人工成本费用按月份顺序展示，所以构建数据源时也应将数据按月份顺序构建。

平均人工成本费用

	1月	2月	3月	4月	5月	6月	7月	8月	9月	10月	11月	12月
年度目标	15	15	15	15	15	15	15	15	15	15	15	15
当月实际	16	14	15	15	14	15	15	15	14			
当月累计	14.9	14.9	14.9	14.9	14.9	14.9	14.9	14.9	14.9	14.9	14.9	14.9

根据数据源绘制折线图，如下图所示。在绘制过程中，可以适当设置数据标记、线条的格式，使全年的平均人工成本费用的变化趋势一目了然。

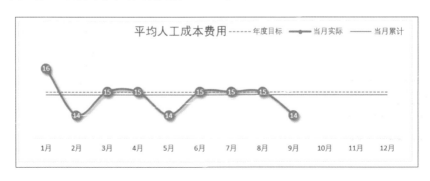

5. 直接间接人工比图表

数据源如下图所示。根据图表设计的需要，数据源应包含直接人数、间接人数及两者的比率数据，并按月份顺序构建。

	1月	2月	3月	4月	5月	6月	7月	8月	9月	10月	11月	12月
直接人数	494	496	472	492	471	478	465	487	461			
间接人数	51	49	73	53	74	67	80	58	84			
直接间接	10%	10%	15%	11%	16%	14%	17%	12%	18%			

根据数据源绘制堆积柱形图，如下图所示。为使图表显得美观，绘制过程中可以选择适当的颜色填充数据系列，并显示数据标签。

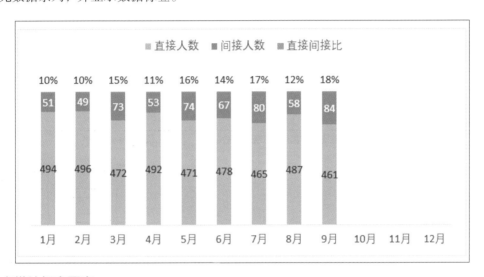

6. 考勤达标率图表

数据源如下图所示。草绘图表中需要部门人数情况和出勤率这两个部分，所以构建数据源时应包含部门人数、出勤人数、缺勤人数和出勤率的数据。

出勤率			3									

	1月	2月	3月	4月	5月	6月	7月	8月	9月	10月	11月	12月
部门人数	65	65	65	65	65	65	67	67	67			
出勤	64	65	65	63	63	62	64	67	64			
缺勤	1	0	0	2	2	3	3	0	3			
出勤率	98%	100%	100%	97%	97%	95%	96%	100%	96%			

根据数据源绘制堆积柱形图和折线图的组合图表，如下图所示。在绘制过程中，可以通过次坐标的设置将对比情况清晰地展示出来。

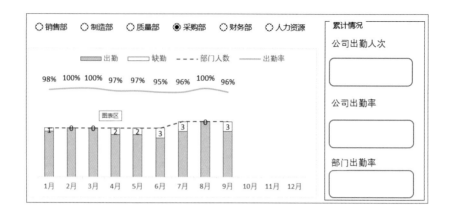

> **Tips** 制作、修改数据源和图表时，常常需要插入或删除单元格、行、列。为了避免数据和图表的错乱，可以将数据源和图表分开，单独放置。

该步完成后的图表效果如下图所示。

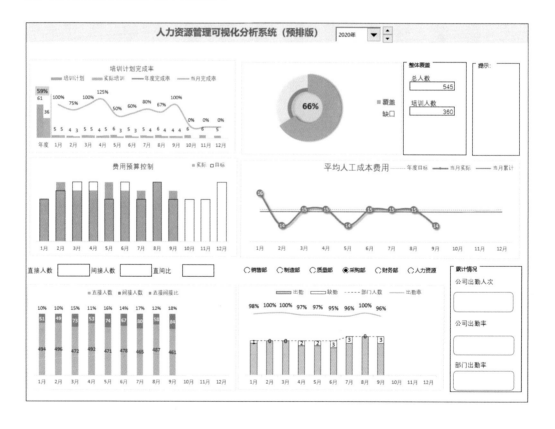

12.3.2　制作基础数据表和分类表

根据构建的数据源，制作基础数据表。基础数据表用于可视化系统的数据输入。将来由基础数据表中的实际数据替代数据源中使用RANDBETWEEN函数生成的虚拟数据，这部分内容将在第12.4节中的"第四步"介绍。制作基础数据表时，遵循"项目不遗漏、减少同一项目的重复输入、数据规范输入"的原则进行设计和制作。本案例的基础数据表，效果如下图所示。

年份	月份	部门	培训计划次数	实际培训次数	部门人数	实际培训人数	费用预算	实际费用	直接人员数量	间接人员数量	缺勤人次	工资	工资性费用	奖金	人工成本合计
2020年	4	财务部	2	2	26	24	30000	26000		26	1	70000	8000	20000	98000
2020年	4	制造部	2	1	300	240	80000	78000	260	40	3	900000	90000	120000	1110000

图表背后数据的正确性和规范性非常重要。在基础数据表中，可以使用分类表增加选择输入的方式，尽量避免数据的输入性错误。本案例中，基础数据表中的"年份""月份""部门"就使用了分类表。下面介绍具体的数据有效性设置方法。

1. 方法一：数据验证的方法

选中A4单元格，选中【数据】→【数据工具】→【数据验证】选项，在弹出的【数据验证】对话框中在【允许】下拉列表中选择【序列】，在【来源】中引用分类表中年份对应的单元格区域，单击【确定】按钮，如下左图所示。此时，可以查看输入效果，如下右图所示。

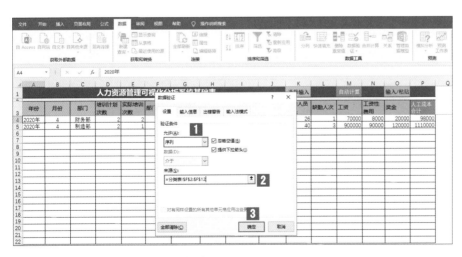

2. 方法二：自定义名称的方法

❶ 选择【公式】→【定义的名称】→【名称管理器】选项，在弹出的【名称管理器】对话框

中单击【新建】按钮，如下图所示。

❷ 弹出【编辑名称】对话框后，在【名称】文本框中输入"年份"，在【引用位置】文本框中引用分类表中年份对应的单元格区域，单击【确定】按钮，如下图所示。

❸ 返回到【名称管理器】对话框中，单击【关闭】按钮，如下图所示。

❹ 选中A5单元格，选择【数据】→【数据工具】→【数据验证】选项，在弹出的【数据验

证】对话框中的【允许】下拉列表中选择【序列】，在【来源】文本框输入"=年份"，然后单击【确定】按钮，如下左图所示，其中"年份"是前面自定义的名称。此时，可以查看输入效果，如下右图所示。

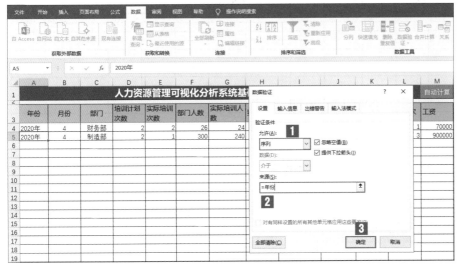

> **Tips** 如果分类表的内容非常多，则不适合使用选择输入的方式。但在后续步骤中仍然要进行数据检查，以确保数据的正确性和规范性。

另外，为了方便数据输入者工作，在基础数据表中可以使用不同颜色提醒和区分不同的输入要求，如下图所示。

	A	B	C	D	E	F	G	H	I	J	K	L	M	N	O	P
1				人力资源管理可视化分析系统基础表							选择输入		自动计算		输入/粘贴	
3	年份	月份	部门	培训计划次数	实际培训次数	部门人数	实际培训人数	费用预算	实际费用	直接人员数量	间接人员数量	缺勤人次	工资	工资性费用	奖金	人工成本合计
4	2020年	4	财务部	2	2	26	24	30000	26000		26	1	70000	8000	20000	98000
5	2020年	4	制造部	2	1	300	240	80000	78000	260	40	3	900000	90000	120000	1110000

> **Tips** 如果基础数据表中使用了公式计算，则增加数据时注意保留公式。本案例中，新增数据时需要保留P列（人工成本合计）的公式，可直接复制最后一行，在其下方进行粘贴。

该步是制作可视化系统过程中最关键的一步。需要灵活运用前面各章节的内容，同时需要和可视化系统需求者、使用者和数据输入者确认图表和基础数据表的设计内容，以避免遗漏和偏差的发生，也减少未来修改带来的返工。

12.4 第四步：公式链接，正确性、有效性验证

在制作好基础数据表、图表数据源和图表后，如下图所示，将数据源中的RANDBETWEEN函

数生成的虚拟数据更改成用公式从基础数据表中获取数据。

年份	月份	部门	培训计划次数	实际培训次数	部门人数	实际培训人数	费用预算	实际费用	直接人员数量	间接人员数量	缺勤人次	工资	工资性费用	奖金	人工成本合计
2020年	4	财务部	2	2	26	24	30000	26000		26	1	70000	8000	20000	98000
2020年	4	制造部	2	1	300	240	80000	78000	260	40	3	900000	90000	120000	1110000

（表头上方另有：选择输入　自动计算　输入/粘贴）
（标题：人力资源管理可视化分析系统基础表）

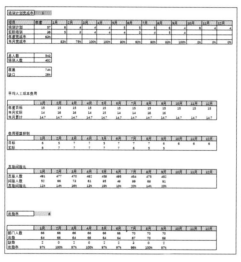

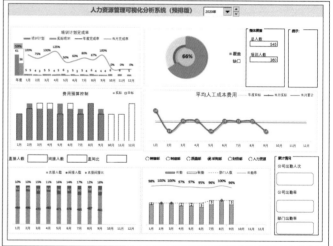

更改公式后，要验证图表的效果是否正确，确认是否需要修改基础数据表或图表样式。通常，检查内容有以下几点。

1. 公式链接问题

（1）需要的数据是否可以从基础数据表中获取。

（2）按钮选择是否与图表数据一一对应。例如"考勤达标率"表中，选择"制造部"后，图表的数据源应该变成制造部的数据。

（3）是否存在通过IF函数或其他方式规避错误，导致数据无法获取或图表无法显示的情况。

> **TIPS**　根据需要修改基础数据表。如果一个表格无法满足，也可以根据需要将基础数据表分成两个或更多的表。

2. 效率问题

是否存在运算效率问题，根据数据量大小来调整使用不同的函数，尽量少使用数组函数。如果数据量达到万条以上，建议不要使用SUMPRODUCT函数或所谓的"万金油"公式。

3. 图表效果

（1）是否存在图表数据已经获取，但图形显示不正确的情况。

（2）是否需要增加辅助数据来实现。

4. 验证数据

（1）分类表中新增数据后，数据源数据取得及图表效果是否正确。例如，在"部门"分类表中新增一个部门后，验证各图表是否能正确显示。

（2）基础数据表中新增数据后，数据源数据取得及图表效果是否正确。

> **TIPS** 第三步和第四步相当于软件开发的"开发"阶段，也是工作量最大的阶段，注意多与用户沟通确认。尤其是第四步修改成公式链接前，最好能确保基础数据表的结构、图表数据源结构和图表样式不会有大的变更，否则修改工作量将非常巨大。

12.5 第五步：可视化图表修正与变更

从第二步到第四步，每一步的操作过程中都需要不断与用户交流、沟通和确认。每一次交流的过程中，都可能会出现新的工作，即对可视化图表修正和变更。本案例中，在第三、四步后对图表主要做了两处修正。

在"培训费用预算达成率"图表中，为了更直观地看到整体趋势，将其后面3个月的目标值改成用虚线表示，如下图所示。

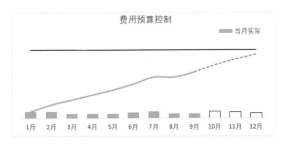

为此数据源也做出相应的修改，使用"I CAN DO"原则构建数据源。变更后的数据源如下图所示。

	1月	2月	3月	4月	5月	6月	7月	8月	9月	10月	11月	12月
当月目标									5	5	5	6
当月实际	6	5	5	7	5	6	7	5	5			
总费用目标	70	70	70	70	70	70	70	70	70	70	70	70
费用累计	6	11	16	23	28	34	41	41	46			
辅助									46	51	56	62

在"平均人工成本费用"图表中，增加了误差线，使原来略显单调的图表更加美观。变更后的图表如下图所示。

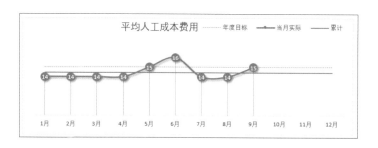

> **Tips** 　在"考勤达标率"图表中，"公司出勤人次""公司出勤率""部门出勤率"是如何制作的呢？以"公司出勤人次"为例，选择【插入】→【插图】→【形状】选项，在弹出的面板中选择需要的形状后，单击该形状，在编辑栏中输入"="，单击数据源"公司出勤人次"单元格，按【Enter】键即可，如下图所示。

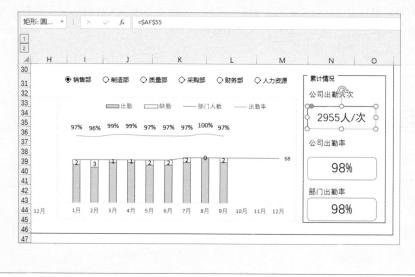

<h2>12.6　第六步：输入实际数据进行模拟试用</h2>

在经过前面五步操作后，可视化图表系统模型已经搭建出来。然后进入本步，输入真实数据进行试用和测试，并根据实际数据测试发现、修正问题。

输入实际数据后，检查内容的要求和第四步类似。具体注意以下几点。

（1）数据源公式是否正确，图表显示结果是否正确。

（2）图表轴的最大值、最小值是否需要锁定。例如"考勤达标率"图表是根据部门细分的动态图，如果不同部门数据的数量级不同，图表变化会比较大。为了避免这个问题，可以锁定轴的最大值、最小值。

（3）基础数据表和分类表中新增数据后，图表是否可以正常显示。

（4）运算效率是否有问题。

> **Tips** 该步中，除了使用实际数据进行模拟试用外，也可以让数据输入者来试用，以便发现更多实操问题，同时可以帮助数据输入者熟悉使用该系统。

12.7 第七步：数据保密性和安全性设置

根据需要，对数据进行保密性和安全性设置，需要考虑的关键点如下。

（1）哪些内容是可以编辑或修改的，例如"人工成本合计"列使用公式自动计算，并不需要编辑和输入，可对该列数据进行锁定操作。

（2）哪些内容是可见的，哪些内容需要隐藏，例如一些辅助列或敏感数据等需要设置密码保护，进行区域控制或结构固化，确保分析系统安全。

12.8 第八步：整体美化与布局

最后美化图表，对整体布局进行微调整，可以让分析系统更加美观。本案例中，对文字颜色和背景做了调整，使关键信息更加突出，视觉效果体验更加舒服。美化后的可视化图表效果如下图所示。

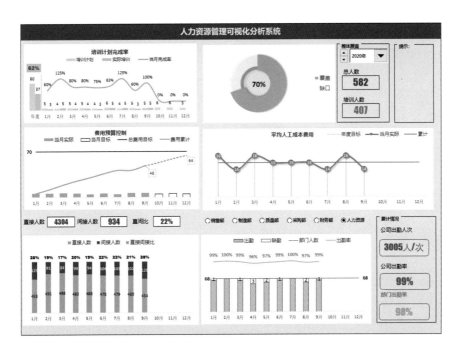

至此，人力资源管理可视化分析系统就制作完成了。

12.9 第九步：实际应用问题反馈和修正定版

在日后实际应用过程中，难免发生新的问题或需求。此时，需要与诉求者、使用者、输入者充分沟通，对可视化系统进行修正。

如果在第一步到第四步的过程中充分把握了用户的需求，并且图表设计得到了用户的确认，那么在实际应用过程中发生新问题的可能性会大大降低。因此，前面的每一步都要做到位。

12.10 高手点拨

了解人力资源管理工作的内容和指标，有助于理解用户需求和寻找图表设计的思路。再按照第10章介绍的九步法，不难完成人力资源管理可视化系统的制作。其中，第三步"应用RANDBETWEEN函数预排版"和第四步"公式链接，正确性、有效性验证"这两步非常关键，需要制作基础数据表、构建数据源和制作图表。这两步是整个制作过程中最为关键的步骤，也是花费工时最多的步骤，需要注意多与用户（诉求者、使用者、数据输入者）沟通、确认。

制作过程中，需要活用前面几章介绍的数据逻辑关系的原则、函数的使用、图表制作方法和技巧、动态图的制作方法等内容。

第13章

典型商业智能看板

商业智能（Business Intelligence，BI）是指从业务数据中有效地提取信息，为商业决策提供支持的一种技术。商业智能看板是指根据业务需要，将大量数据可视化的方式展现出来的图表系统。制作该板一般需要大量的数据，以便从中对比分析和趋势分析。

一个典型的商业智能看板，主要以供应链管理（供、产、销和质量管理）为主，也有对财务、人力资源制作看板的情况。本章将结合构建数据可视化分析系统九步法和透视表的使用，介绍如何搭建典型的供应链管理商业智能看板。

案例名称	典型商业智能看板	
素材文件	素材 \ch13\13.xlsx	
结果文件	结果 \ch13\13.xlsx	

13.1 第一步：理解诉求，把内容模块化、层次化

制作商业智能看板的第一步，需要理解系统需求者的诉求，并将系统内容按模块有层次地整理出来。本案例以供应链管理为例，第一步需要了解供应链管理的业务模块和业务指标。业务的设置与公司顾客的要求、公司内部经营管理模式相关，所以一般以满足客户需要和提升内部管理水平为原则。

供应链管理的业务模块和常用指标如表13.1所示。

表13.1 供应链管理的业务模块及常用指标

序　号	业务模块	常用指标
1	销售	销售额、销售量、订单交付满足率、回款、客户投诉、新客户销售额、库存量、销售结构变化等
2	制造	订单完成率、库存资金、安全库存、采购满足率、物流、累计产出量、投入产出比、设备故障等
3	采购	供应物流、交付满足率、库存量、库存资金、付款等
4	质量	纳入不良件数、纳入不良次数、0公里不良、索赔金额、索赔率、供应商追赔金额等
5	其他	利润额、毛利额、变动成本额（原材料、动能、辅料等）、累计工时与费用等

不同的公司有不同的管理要求，存在不同的关注点，这时我们从供应链管理的常用指标中摘录几个指标进行举例。本案例所摘录的指标内容如表13.2所示。

表13.2 供应链常用指标及内容

序　号	指　　标	要　　求
1	销售额与销售量	分客户、每月、每季度，以及整体的销售
2	毛利	分客户、每月、每季度，以及整体的毛利

续表

序　号	指　标	要　求
3	订单满足率	分客户、每天的订单满足率
4	安全库存	分产品、每天的需求和安全库存
5	质量投诉	分产品、投诉类型

TIPS　了解和熟悉供应链管理的业务，可以帮助理解商业智能看板的需求。注意和商业智能看板的需求者、使用者、基础数据输入者进行充分的沟通，挖掘出真正的需求，才能保证制作出来的商业智能看板对他们是有价值的、可操作的。

13.2　第二步：构思并绘制草图，考虑体验舒适度

通过调研，明确商业智能看板内容的范围后，便可进入构思和绘制草图这一步。根据上一步中明确的各项指标和要求，分别构思对应的图表设计。

本案例中，根据上一步明确的5个供应链管理的指标和要求，设计了5个图表的草稿，效果如下图所示。

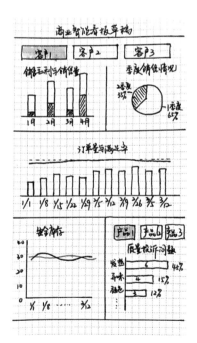

（1）构思阶段的草图制作主要聚焦于内容，需要考虑图表的可实现性；不在乎形式，手绘或用电脑软件制作皆可。

（2）在草图设计过程中和完成后，需要与用户进行多次沟通确认，以便及时做出修改，避免今后返工浪费工时。

（3）构思图表设计时，需要考虑图表和背后数据的逻辑性。本案例中的图表设计草稿遵循了"时间的连续逻辑""主次逻辑"等。

（4）进行图表设计时，还要考虑系统使用者的使用方便性和体验舒适度，尽量避免过于复杂的设计给使用者带来困惑或负担。

13.3 第三步：应用RANDBETWEEN函数预排版

根据前面步骤中收集的信息和完成的草图，进行初步的图表设计和制作。本案例使用透视表构建数据源。本步包括以下内容：明确数据源项目、制作基础数据表和分类表、制作透视表数据源、制作图表。本步中，还未收集到实际数据，所以可用RANDBETWEEN函数生成虚拟数据，以便查看图表效果。

13.3.1 明确数据源项目

首先需要明确各图表所需数据有哪些，才能制作出基础数据表及透视表，进而绘制出图表。根据第二步完成的草图，整理出各图表数据源所需项目，将这些项目都放入基础数据表中。构建思路示意图如下图所示。

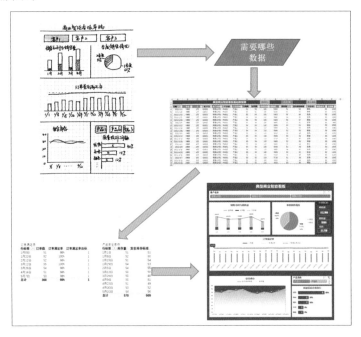

13.3.2 制作基础数据表和分类表

基础数据表用于商业智能看板的数据输入，应包含各个图表所需的数据。制作基础数据表时，需确保各图表所需数据都能在该表中获取，且规范、无遗漏、不重复。到该步为止，还没有收集业务实际的数据，所以在基础数据表中可使用RANDBETWEEN函数生成虚拟数据（见下图），将来由输入的实际数据替代使用RANDBETWEEN函数生成的虚拟数据即可。

为了方便对数据表的操作，可以为基础数据表定义表名称具体操作步骤如下。

❶ 选择数据表区域，选择【插入】→【表格】→【表格】选项，单击【创建表】对话框中的【确定】按钮，如下图所示。

❷ 选择数据表区域，选择【设计】→【属性】→【表名称】选项，在【表名称】文本框中输入自定义的表格名称"基础表"，如下图所示。即可将数据表定义为一个名称为"基础表"的表格。

定义表名称的好处在于，需要增加数据时可自动带出公式，避免了手动增加行可能出现的误操作。将鼠标光标放在表格右下角的填充柄上，向下拖曳（见下图），新增加的数据行中会自动填充公式，如下图所示。

典型商业智能看板基础数据表

选择输入　　自动计算　　输入/粘贴

日期	季度	月	客户代码	客户名称	产品编号	产品名称	订单数	交货量	销售价格	销售额	库存量	安全库存标准	投诉类别	制造成本	毛利额
2020/1/1	1季度	1月	G0002	有限公司2	PN001	产品1	53	52	100	5200	54	53	锈色	80	1040
2020/1/8	1季度	1月	G0001	有限公司1	PN001	产品1	50	49	100	4900	51	51	异味	80	980
2020/1/15	1季度	1月	G0003	有限公司3	PN001	产品1	53	53	100	5300	51	49	发热	80	1060
2020/1/22	1季度	1月	G0002	有限公司2	PN002	产品2	50	49	110	5390	55	57	发热	90	980
2020/1/29	1季度	1月	G0003	有限公司3	PN001	产品1	51	51	100	5100	51	50	锈色	80	1020
2020/2/5	2季度	2月	G0002	有限公司2	PN001	产品1	53	52	100	5200	55	56	发热	80	1040
2020/2/12	1季度	2月	G0001	有限公司1	PN002	产品2	55	55	110	6050	53	56	锈色	90	1100
2020/2/19	1季度	2月	G0003	有限公司3	PN002	产品2	50	50	110	5500	51	49	发热	90	1000
2020/2/26	1季度	2月	G0002	有限公司2	PN002	产品2	52	51	110	5610	53	50	噪音	90	1020
2020/3/5	1季度	3月	G0003	有限公司3	PN002	产品2	55	55	110	6050	54	51	发热	90	1100
2020/3/12	1季度	3月	G0001	有限公司1	PN001	产品1	55	54	100	5400	52	53	噪音	80	1080
2020/3/19	1季度	3月	G0002	有限公司2	PN002	产品2	53	52	110	5720	52	49	发热	80	1040
2020/3/26	1季度	3月	G0001	有限公司1	PN001	产品1	51	51	100	5100	51	51	异味	80	1020
2020/4/2	2季度	4月	G0002	有限公司2	PN001	产品1	52	51	110	5610	55	57	其它	80	1020
2020/4/9	2季度	4月	G0002	有限公司2	PN001	产品1	52	51	100	5100	54	56	发热	80	1020
2020/4/16	2季度	4月	G0001	有限公司1	PN002	产品2	54	54	110	5940	51	54	松动	90	1080
2020/4/23	2季度	4月	G0002	有限公司2	PN001	产品1	55	55	100	5500	53	54	松动	80	1100
2020/4/30	2季度	4月	G0003	有限公司3	PN001	产品1	54	53	100	5300	50	49	发热	80	1060
2020/5/7	2季度	5月	G0001	有限公司1	PN002	产品2	50	49	110	5390	54	55	发热	90	980
2020/5/10	2季度	5月	G0003	有限公司3	PN001	产品1	53	52	100	5200	51	49	发热	80	1040
2020/5/15	2季度	5月	G0003	有限公司3	PN002	产品2	51	51	110	5610	53	52	锈色	90	1020

Microsoft Excel

该表向工作表中插入了行，这将导致表下方单元格中的数据向下移动。

☐ 不再显示此对话框(D)

确定

新增的一行中，有公式的单元格已自动被填充，如下图所示。

典型商业智能看板基础数据表

选择输入　　自动计算　　输入/粘贴

日期	季度	月	客户代码	客户名称	产品编号	产品名称	订单数	交货量	销售价格	销售额	库存量	安全库存标准	投诉类别	制造成本	毛利额
2020/1/1	1季度	1月	G0002	有限公司2	PN001	产品1	53	52	100	5200	52	52	锈色	80	1040
2020/1/8	1季度	1月	G0001	有限公司1	PN001	产品1	52	52	100	5200	53	55	异味	80	1040
2020/1/15	1季度	1月	G0003	有限公司3	PN001	产品1	54	54	100	5400	53	54	发热	80	1080
2020/1/22	1季度	1月	G0002	有限公司2	PN002	产品2	51	51	110	5610	53	55	发热	90	1020
2020/1/29	1季度	1月	G0003	有限公司3	PN001	产品1	50	50	100	5000	50	50	锈色	80	1000
2020/2/5	2季度	2月	G0002	有限公司2	PN001	产品1	50	50	100	5000	55	58	发热	80	1000
2020/2/12	1季度	2月	G0001	有限公司1	PN002	产品2	50	49	110	5390	55	54	锈色	90	980
2020/2/19	1季度	2月	G0003	有限公司3	PN002	产品2	50	50	110	5500	53	54	发热	90	1000
2020/2/26	1季度	2月	G0002	有限公司2	PN002	产品2	54	53	110	5830	52	50	噪音	90	1060
2020/3/5	1季度	3月	G0003	有限公司3	PN002	产品2	50	50	110	5500	50	50	发热	90	1000
2020/3/12	1季度	3月	G0001	有限公司1	PN001	产品1	55	55	100	5400	54	53	噪音	80	1080
2020/3/19	1季度	3月	G0002	有限公司2	PN002	产品2	52	52	110	5720	53	49	发热	80	1040
2020/3/26	1季度	3月	G0001	有限公司1	PN001	产品1	53	52	100	5200	50	50	异味	80	1040
2020/4/2	2季度	4月	G0002	有限公司2	PN002	产品2	53	53	110	5830	50	50	其它	90	1060
2020/4/9	2季度	4月	G0002	有限公司2	PN001	产品1	54	54	100	5400	50	50	发热	80	1080
2020/4/16	2季度	4月	G0001	有限公司1	PN001	产品1	51	51	110	5610	53	50	松动	90	1020
2020/4/23	2季度	4月	G0002	有限公司2	PN001	产品1	52	51	100	5100	51	51	松动	80	1020
2020/4/30	2季度	4月	G0003	有限公司3	PN001	产品1	53	53	100	5300	54	54	发热	80	1060
2020/5/7	2季度	5月	G0001	有限公司1	PN002	产品2	55	55	110	5500	55	53	发热	90	1100
2020/5/10	2季度	5月	G0002	有限公司2	PN002	产品2	53	52	100	5200	52	55	发热	80	1040
2020/5/15	2季度	5月	G0003	有限公司3	PN002	产品2	50	50	110	5500	55	54	锈色	90	1000
	1季度	1月				#N/A	53	53		#N/A	50		#N/A		#N/A

定义表名称的另一个好处在于，后面创建透视表时，可以选择"基础表"，而不用选择单元格区域。这样，如果基础数据表中数据增加，只要刷新所有透视表，即可将最新数据反映到根据透视表制作的图表中。

本案例的基础数据表，效果如下图所示。

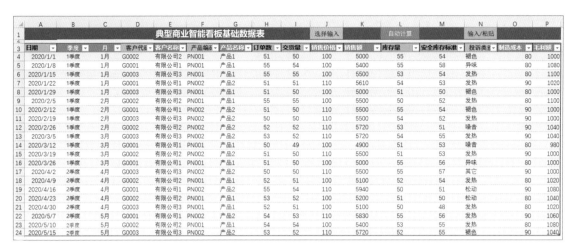

在基础数据表中，除了直接输入数据外，还可以使用分类表选择数据，或使用函数和公式自动计算得到数据。

> **Tips** 为了方便数据输入者的工作，在基础数据表中可使用不同颜色提醒和区分不同的输入要求。
> （1）黄色标题所在列区域可以通过下拉列表选择的方式输入。
> （2）橙色标题所在列区域是使用公式自动计算的，不需要输入。
> （3）绿色标题所在列区域需要手动输入，或通过复制粘贴的形式输入。

（1）分类表用于数据规范输入。在基础数据表中，可以使用分类表增加选择输入的方式，尽量避免数据的输入性错误，帮助实现数据的正确性和规范性。

基础数据表中用到分类表的项目时，可以在下拉列表中直接选择相应数据，如下图所示。

本案例中，基础数据表中的"客户代码""产品""投诉类别"分别使用了分类表。分类表如下图所示。

分类表的制作方法有数据验证和自定义名称两种方法。前面章节已经有详细介绍，这里不再赘述。本案例中，"客户代码"、"产品"和"投诉类别"均使用自定义名称来引用分类表。

以"客户代码"为例，"客户代码"的数据验证中使用名称"客户范围"。名称"客户范围"的引用位置中，使用公式"=OFFSET(分类表!$C$1,1,0,COUNTA(分类表!$C:$C)-1,1)"，表示分类表中C列中有值的数据将作为"客户名称"的引用范围。即，如果分类表中C2:C4单元格区域有值，则基础数据表中"客户代码"的下拉列表中将有3个值可选择。如果分类表中C2:C5单元格区域有值，则基础数据表中"客户代码"的下拉列表中将有4个值可选择。具体操作示意图如下组图所示。

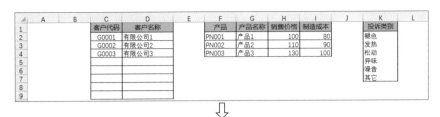

　如果分类表中内容时常变动，可灵活使用OFFSET函数，减少维护基础数据表的工作量。

（2）函数和公式用于计算和统计数据列，以减轻数据输入的工作量和提高数据正确性。例如，"客户名称"使用VLOOKUP函数，通过"客户代码"在分类表中直接查找出相应的客户名称，避免重复输入；"毛利额"使用公式，直接由表中的"交货量""销售价格""制造成本"计算得出。具体公式如下两图所示。

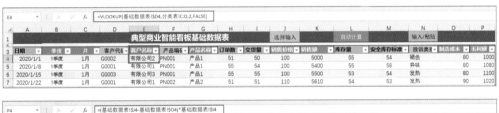

　灵活使用函数和公式，可事半功倍，大大减少数据的重复输入，提高数据的正确性。因此，掌握制作图表所需的常用函数很重要。

13.3.3　制作透视表数据源

根据前面明确的各图表所需数据项目和基础数据表，制作透视表数据源。创建数据透视表的方法在前面的章节中已做过介绍，这里不再赘述。

如下图所示，创建透视表时，对要分析的数据可以通过指定为自定义的"基础表"来实现选取，而不用手动选择单元格区域。同时，也避免了基础数据表中的数据增加后，一个一个修改透视表的单元格区域。

对每个数据透视表定义数据透视表名称，方便后面制作图表时引用。

以"订单满足率"为例，单击数据透视表的任意区域，选择【分析】→【数据透视表】选项，在【数据透视表名称】文本框中输入自定义名称，如下图所示。

13.3.4 制作图表

根据第二步完成的草图，由数据源制作出各图表。该步完成后的图表，整体效果如下图所示。

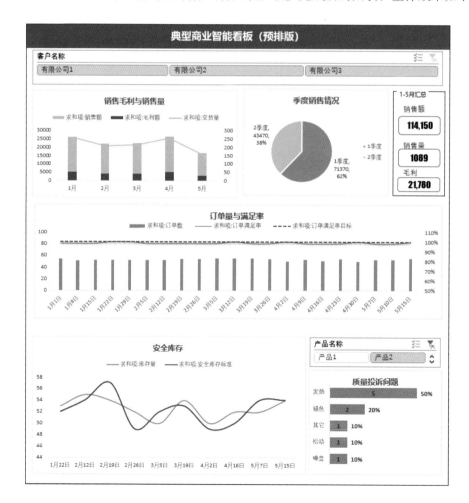

1. 销售毛利与销售量图表

数据源如下图所示。在数据透视表中，按月份对基础数据表中的销售额、毛利额、交货量求和。

销售量与销售额			
行标签	求和项:销售额	求和项:毛利额	求和项:交货量
1月	26320	5160	258
2月	22370	4160	208
3月	22680	4320	216
4月	26500	5100	255
5月	16970	3180	159
总计	114840	21920	1096

根据数据源绘制堆积柱形图和折线图的组合图表，如下图所示。绘制图表过程中，注意主/次坐标轴的设置。

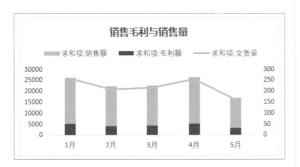

2. 季度销售情况图表

数据源如下图所示。图表由两个部分构成，第一部分是按季度展示销售额，第二部分是展示销售额总和、销售量总和、毛利总和。因此数据源也分成以下两个。

（1）一个数据源使用数据透视表，按季度对销售额求和，如下图所示。

季度销售	
行标签	求和项:销售额
1季度	71370
2季度	43470
总计	114840

（2）一个数据源使用公式，如右上图所示。

根据数据源绘制饼图图表，如下图所示。绘制图表过程中，设置数据标签格式，显示类别名称、值和百分比，让图表信息更加清晰。相比草图，该图表中还增加了右侧的合计信息，可给受众提供更多信息，帮助发现和分析问题。

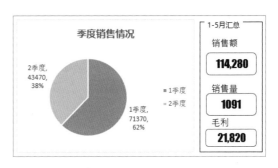

3. 订单量与满足率图表

数据源如下图所示。在数据透视表中，按日期对订单数、订单满足率、订单满足率目标求和。

订单满足率			
行标签	求和项:订单数	求和项:订单满足率	求和项:订单满足率目标
1月1日	54	98%	1
1月8日	51	98%	1
1月15日	52	98%	1
1月22日	52	100%	1
1月29日	52	100%	1
2月5日	52	98%	1
2月12日	52	98%	1
2月19日	54	98%	1
2月26日	54	98%	1
3月5日	55	98%	1
3月12日	55	100%	1
3月19日	55	98%	1
3月26日	54	98%	1
4月2日	50	100%	1
4月9日	53	98%	1
4月16日	51	98%	1
4月23日	54	98%	1
4月30日	50	100%	1
5月7日	53	98%	1
5月10日	53	98%	1
5月15日	55	100%	1
总计	1111	99%	1

根据数据源绘制簇状柱形图和折线图的组合图表，如下图所示。绘制过程中，合理设置折线图的数据系列格式、主次坐标轴格式，让图表显得更直观、美观。

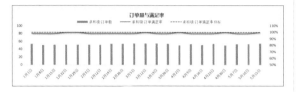

4. 安全库存图表

数据源如下图所示。在数据透视表中，按日期对库存量、安全库存标准求和。

产品安全库存		
行标签 ▼	求和项:库存量	求和项:安全库存标准
1月22日	53	52
2月12日	55	54
2月19日	54	57
2月26日	52	49
3月5日	50	52
3月19日	54	53
4月2日	50	49
4月16日	52	50
5月7日	52	54
5月15日	54	54
总计	526	524

根据数据源绘制折线图，如下图所示，全年安全库存的变化趋势一目了然。绘制过程中，可将线条设置为平滑，让图表看起来更美观。

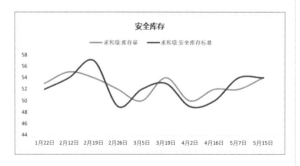

5. 质量投诉问题图表

数据源如右上图所示。数据透视表中包含对投诉类别计数和各方面产品质量投诉占比情况。

质量问题排行		
行标签 ▼	计数项:投诉类别	计数项:投诉类别2
发热	5	50%
褪色	2	20%
其它	1	10%
松动	1	10%
噪音	1	10%
总计	10	100%

"计数项:投诉类别2"列是投诉类别的占比，设置方法如下。

❶ 单击数据透视表的任意区域，在【数据透视表字段】窗格中单击【值】中的【计数项:投诉类别2】的下拉按钮，在弹出的下拉列表中选择【值字段设置】选项，如下图所示。

❷ 在弹出的【值字段设置】对话框中，在【值显示方式】下的【值显示方式】下拉列表中选

择【列汇总的百分比】选项即可，如下图所示。

根据数据源绘制堆积条形图，如下图所示。为了直观，绘制过程中可选择适当的颜色（或无颜色）填充数据系列，并显示数据标签。

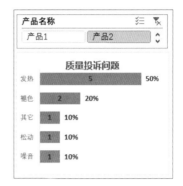

如下图所示，图表1、图表2、图表3、图表5使用切片器，既可以实现图表功能，又能提高图表的运行效率。其中，图表1、图表2和图表3共用一个切片器，是如何做到的呢？

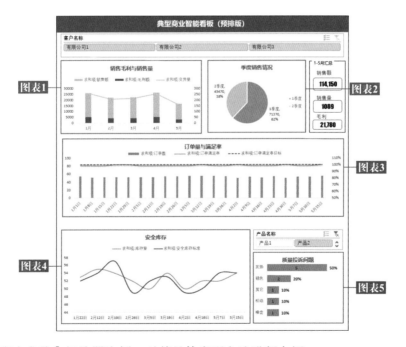

下面以【客户名称】切片器为例，对其具体实现方法进行介绍。

❶ 单击数据透视表的任意区域，选择【插入】→【筛选器】→【切片器】选项，如下图所示。

❷ 在弹出的【插入切片器】对话框中选中【客户名称】复选框后，单击【确定】按钮，如下图所示，即可得到切片器【客户名称】。

❸ 单击切片器【客户名称】任意一个客户名称并右击，在弹出的快捷菜单中选择【报表连接】命令，如右上图所示。

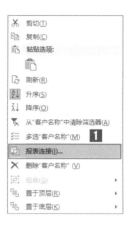

❹ 在弹出的【数据透视表连接（客户名称）】对话框中，选择需要连接的数据透视表后，单击【确定】按钮，如下图所示，即可完成一个切片器连接到多个数据透视表及根据透视表制作的图表。

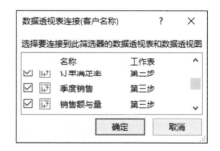

Tips　在基础数据表中增加、修改和删除数据后，需要刷新所有透视表，图表才能反映最新的数据结果。
第三步是制作商业智能看板过程中最关键的一步。需要灵活运用前面各章节的内容，同时需要和商业智能看板需求者、使用者和数据输入者确认图表和基础数据表的设计内容，以避免遗漏和偏差的发生，也减少未来修改带来的返工。

13.4　第四步：公式链接，正确性、有效性验证

在制作好基础数据表、图表数据源和图表后，本步检查图表的效果是否正确，确认是否需要修改基础数据表或图表样式。通常，检查内容有以下几点。

（1）公式链接问题。使用公式的地方，是否都正确显示结果。

（2）效率问题。是否存在运算效率问题。本案例使用切片器和数据透视表，相比全部使用公式引用数据要高效得多。

（3）图表效果。是否存在图表数据已经获取，但图形显示不正确的情况。是否需要增加辅助数据来实现。

（4）验证数据。分类表中新增数据后，数据源数据取得及图表效果是否正确。基础数据表中新增数据后，数据源数据取得及图表效果是否正确。

 本案例中，在基础数据表中使用了较多公式，所以第四步和第三步同步进行，以确保数据表的正确性。建议在实际工作中，在该步，针对以上检查内容再检查一遍。

13.5　第五步：可视化图表修正与变更

从第二步到第四步，每一步的操作过程中都需要不断与用户交流、沟通和确认。每一次交流的过程中，都可能会出现新的工作，即对可视化图表修正和变更。本案例中，在第三步和第四步后对看板图表主要做了两处大的修改。

在"安全库存"图表中，将折线图改为带标记的折线图和面积图的组合图表。第三步中的折线图效果也很直观，但经过本步的更改后，图表视觉效果更加丰富和美观。变更前后的图表如下图所示。

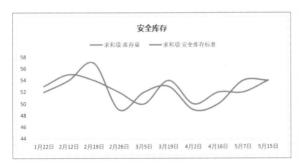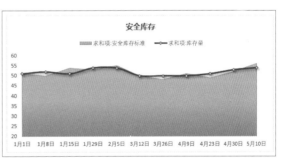

在"质量投诉问题"图表中，设置条形图的数据系列颜色，将其中"比率"数据系列设置为无颜色，使两个数据系列区分开来；同时，添加数据标签，避免可能产生的误会，降低理解难度。变更前后的图表如下图所示。

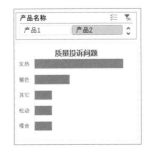

通常情况下，虽然是主要根据业务需求来修正和变更图表，但有时也需要根据用户的偏好来修正。总之，每步操作过程中，都需要多与用户交流和确认。

13.6 第六步：输入实际数据进行模拟试用

在经过前面五步操作后，商业智能看板模型已经搭建出来。然后进入本步，输入真实数据进行试用和测试，并根据实际数据测试发现、修正问题。

输入实际数据后，检查内容的要求和第四步类似。具体注意以下几点。

（1）数据源的透视表和公式是否正确，图表显示结果是否正确。

（2）是否存在实际数据为0或数据不连续，导致图表不美观的情况；是否需要修正图表图形。

（3）是否存在实际数据之间差异很大的情况。可根据差异情况，考虑更换图表类型，或者对图表轴的最大值、最小值进行锁定。

（4）基础数据表和分类表中新增数据后，图表是否可以正常显示。

本步中，除了使用实际数据进行模拟试用外，也可以让数据输入者试用，以便发现更多实操问题，同时可以帮助数据输入者熟悉使用商业智能看板系统。

13.7 第七步：数据保密性和安全性设置

根据需要，对数据进行保密性和安全性设置，关键点如下。

（1）哪些内容是可以编辑或修改的，例如"销售额"和"毛利额"两列数据使用公式自动计算，并不需要编辑和输入，可对两列数据进行锁定操作。

（2）哪些内容是可见的，哪些内容需要隐藏，例如"价格"等敏感数据需要设置密码保护，进行区域控制或结构固化，确保商业智能看板系统的安全。

13.8 第八步：整体美化与布局

商业智能看板的主体内容在前几个步骤中已经被确定下来，不会发生大的更改。本步主要是美化图表，对整体布局进行微调整，让看板更加美观。本案例中，主要对颜色和背景做了调整，整体颜色集中在橙色和蓝灰色，使关键信息更加突出，视觉效果体验更加舒服。

 商业智能看板的颜色建议集中在3~5种，让图表看起来更加大气、和谐，同时避免过于单调或花哨。

另外，本案例中对个别图表进行了微调。

（1）在"销售毛利与销售量"图表中，删除垂直坐标轴，让图表看起来更清爽。

（2）在"订单满足率"图表中，增加"订单满足率目标"的数据标签，可以更直观地让受众明白实际情况与目标之间的差距。

美化后的可视化图表效果如下图所示。

至此，商业智能看板系统就制作完成了。

13.9　第九步：实际应用问题反馈和修正定版

在日后实际应用过程中，难免发生新的问题或需求。此时，需要与诉求者、使用者、输入者充分沟通，对商业智能看板进行修正。

如果在每个步骤中（尤其是在第一步到第四步的过程中）充分把握了用户的需求，并且图表设计得到了用户的确认，那么在实际应用过程中发生新问题的可能性会大大降低。因此，前面的每一步都要做到位。

13.10 高手点拨

按照第10章介绍的九步法进行操作，完成商业智能看板的制作就不会一头雾水了。制作过程中，在理解供应链管理业务模块和指标的基础上，需要活用前面几章介绍的函数、图表制作方法和技巧、数据透视图的制作方法等内容。本案例中，第三步"应用RANDBETWEEN函数预排版"和第四步"公式链接，正确性、有效性验证"这两步，使用数据透视构建数据源，是提高制作效率的一个好方法，但要理解数据透视的方式也有一定的局限性。

（1）使用透视表不太容易制作特别个性化的图表，但可通过变通的方法实现。本案例中的"质量投诉问题"图表就是一个例子，虽然帕累托图很适合这种发现和分析主次问题的情况，但使用透视表却无法制作帕累托图。这时候，需要开动脑筋，变通灵活地设计图表，以便达到相同或类似的效果，如下图所示。

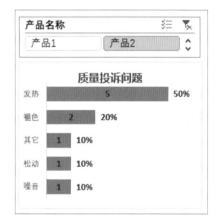

（2）在数据量极少的情况下，使用透视表制作出来的图表，效果可能比较单调。本案例的"销售毛利与销售量"图表中，如果显示数据只有一个月份，效果会较为单调，如下图所示。

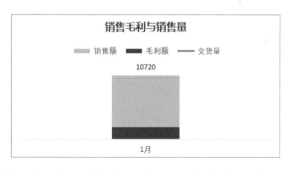

因此，如果能接受透视图这样呈现效果的可以直接用透视图来做；如果对图表呈现要求较高的，可以借用透视数据和函数配合，从新对图表数据进行再次构建，个别图表借鉴第10章的做法，也就是数据透视与统计相结合，灵活应用，实现完美呈现。应该说，师傅领进门，修行在个人！